SKYLINE

天际线

望远 知新

THE STORY OF LIFE IN 10½ SPECIES

鹦鹉螺与长颈鹿

10½章生命的故事

[英国] 玛丽安·泰勒　著
王西敏　译

译林出版社

图书在版编目（CIP）数据

鹦鹉螺与长颈鹿 ： 10 1/2章生命的故事 / （英）玛丽安·泰勒（Marianne Taylor）著 ； 王西敏译．
南京 ： 译林出版社，2025．8．-- （译林自然科普经典）．
ISBN 978-7-5753-0814-4

Ⅰ．Q-49

中国国家版本馆CIP数据核字第2025DK1014号

著作权合同登记号　图字：10-2021-590 号

鹦鹉螺与长颈鹿：10½章生命的故事　[英国] 玛丽安 · 泰勒／著　王西敏／译

责任编辑　杨雅婷
装帧设计　孙逸桐
校　　对　王　敏
责任印制　董　虎

原文出版　MIT Press, 2020
出版发行　译林出版社
地　　址　南京市湖南路 1 号 A 楼
邮　　箱　yilin@yilin.com
网　　址　www.yilin.com
市场热线　025-86633278
排　　版　南京展望文化发展有限公司
印　　刷　江苏凤凰新华印务集团有限公司
开　　本　718 毫米 ×1000 毫米　1/16
印　　张　16.75
版　　次　2025 年 8 月第 1 版
印　　次　2025 年 8 月第 1 次印刷
书　　号　ISBN 978-7-5753-0814-4
定　　价　79.00 元

目录 CONTENTS

序 言

从最早的时候起，我们人类就一直是自然界的编目员。曾经，我们的生存完全取决于记住什么是安全和美味的，什么是凶猛或有毒的。如今，为了生存而这么做的因素可能已经减少，但整理和分类的任务仍然至关重要，而且自然而然地令人信服。

请想象一下位于赤道的雨林。这个多层次的生态系统在各个层面都充满了生命，从土壤中的微生物到森林地面上行进的一排排行军蚁。繁茂的附生植物散落在古树的树枝上，寻找着上面的光线，它们五颜六色的花朵伴随着成群结队的蝴蝶和蜜蜂；而高高的树冠上，宝石色的青蛙和奇异的鸣禽熠熠生辉。

在充斥着嘈杂声音的热带地区，对生物进行分类似乎是不可能的；但前往较冷的温带甚至极地，编目任务会变得更加容易。这是因为即使个体数量仍然很多，生物的多样性却在减少。例如，在冬季的南极冰面上，几乎没有任何种类变化——只有数千只帝企鹅，也许还有一个人类摄制组。这里有两种相对较大的温血脊椎动物，但企鹅长着羽毛，喙上没有牙齿，而摄制组的成员有着柔软多毛的皮肤，嘴里长满了牙齿。观察这些共同点和差异是人类开始建立分类系统的方式，从婴儿期开始，我们就在所有构成我们世界的物体中注意这些东西了。

改变优先级

像其他所有生物一样，我们是进化的产物——生命之树（可能）始于一根单独的树干，但在漫长的时间里扩展到今天我们周围的所有生命形式。然而，对我们来说，了解地球上生命的进化是最近的事。

当我们的祖先在非洲进化时，他们会将大多数动物归为危险的、可食用的或两者令人兴奋的组合。如今，我们在六岁的时候，可能已经把我们生活中的动物分为友好的或咬人的，软的、尖的或黏的，活的或由塑料制成的。

成年后，我们这些成为动物生物学家的人试图使用一个能准确地反映不同动物的进化以及它们之间关系的分类系统。为了实现这一点，我们设计了一个庞大而复杂的系统，它的基础是解剖学、发育生物学、古生物学以及越来越多的遗传学等科学的结合。植物、真菌和其他生物也是如此。分类学是对生物体之间的联系的研究，它是如此复杂和耗时，以至于大多数使用它的人往往只关注一个小群体，不论是肝吸虫、流感病毒、太平洋小岛上的猫头鹰，还是人类化石。

对大多数人来说，我们对分类学的理解介于六岁的孩子和肝吸虫生物学家之间。我们知道跳蚤和蜜蜂是昆虫，而蜘蛛不是，因为蜘蛛有八条腿，昆虫只有六条腿，但我们可能不明白为什么腿的数量比其他定义特征更重要——毕竟，跳蚤和蜘蛛没有翅膀，而蜜蜂有，蜜蜂和蜘蛛都有毛，跳蚤则没有。研究分类学有助于理解这样的谜题。它还给出了令我们惊讶的事实，几乎到了令人不安的程度：蘑菇真的比土豆更接近人类吗?

分类系统

在人类文化中，每一个不同的实体或“某类事物”都有自己的名称。例如，一件带有座位和靠背的家具，设计得可以让一个人坐在上面，它被称为“椅子”。在这个类别中，有许多子类别，例如扶手椅、帆布椅、办公椅，甚至轮椅。这些椅子也有自己的子类别，在“扶手椅”中有翼背扶手椅、俱乐部椅等。这样的分类系统被称为“包含型等级系统”：俱乐部椅被包含在较大的类别“扶手椅”中，“扶手椅”被包含在较大的类别“椅子”中，而“椅子”则是“家具”的一个子类别。

对自然生命进行分类也需要使用包含型等级系统，而在“生命”之下的级别分类（至少对于动物而言）通常如下所示：

域

界

门

纲

目
科
属
种
亚种
（不是所有的种下面都可以分出亚种）

我们拿一个简单的动物为例：

域	真核域
界	动物界
门	脊索动物门
纲	哺乳纲
目	食肉目
科	猫科
属	豹属
种	虎
亚种	苏门答腊虎

然而，这种美丽的简洁是一种错觉。首先，当一些实体（如病毒）既可以说有生命又可以说没有生命时，如何定义“生命”？生命也没有像扶手椅那样被设计。相反，它从一个谱系进化而来，随着时间的推移，这个谱系一次又一次产生分支，变成了一棵极其茂密的生命之树。化石记录（以一种非常零散的方式）显示了某些谱系的进化过程，但没有单一或简单的方法来找出哪些相似之处是真实的，哪些是虚幻的。

更复杂的是，生命之树是动态的。老树枝上长出新树枝，老树枝和新树枝又可以并排生长。细枝上一个有趣的突起是否肯定会变成一个新芽的点，是不可能确定的；一些看起来密不可分、缠在一起的细枝，可能是从远远分离的树枝上长出来的。进化的力量本质上很简单，但它们的结果完全不同。

这意味着生物学家有时会讨论中间分类类别——亚属、总科、下目和小纲。或者，他们选择更简单的选项，开始谈论“分支”。“分支”是由一个共同祖先及其所有后代物种组成的任何生物群。对生命树如何以及何时产生分支的研究被称为系统发育学，它的发现正在慢慢将分类学从传统的排名系统领向更灵活的概念。

语言和名字

无论采用哪种分类方法，所有事物都需要有一个名称，而生物的学名来自拉丁语和希腊语（或两者在语言上不协调的组合）。使用两种古代语言的理念，是学名必须是通用的。它们还需要在科学上非常严谨，这意味着它们经常根据新的科学证据而改变，而母语名称或俗称通常保持不变。例如，英语里称旅鸫为American robin，称欧亚鸲为European robin，从英语俗称来看它们是近亲，但事实并非如此：旅鸫（*Turdus migratorius*）属于鸫科，是真正的鸫；而欧亚鸲（*Eribacus rubecula*）属于鹟科，在旧世界的鸟类区系中是一种鹟。你需要再上一个层级，到雀形目——鸣禽或树栖鸟类，才能找到一个将这两个物种结合在一起的传统类群。

分支系统学的方法可以让你更精确一点，因为这两只robin可以在位于科与目之间的鹟总科分支中和其他一些物种结合在一起。

关于这本书

分类学是由许多研究领域组成的科学，它通过绘制进化进程图来对生命进行分类，涉及古生物学、地理学、地质学、生物化学、细胞生物学、解剖学、生态学、动物（和植物）行为、遗传学等。要讲述分类学的所有工作及其发现的全部故事，需要的时间比人的寿命长得多，因此，《鹦鹉螺与长颈鹿：$10^1/_2$章生命的故事》的每一章都以一个特定物种或一组物种为起点，介绍生命故事中的一个特定元素。如果有智慧的外星生命造访我们，这些物种将聚集在一起，描绘出一幅复杂而充满生机的行星画面，我们的外星访客将发现这是一个令人无限着迷的观察对象——地球。

1

蕨类

蕨 类

界　植物界
纲　蕨纲
目　紫萁目
科　紫萁科
属　紫萁属
种　桂皮紫萁（*Osmundastrum cinnamomeum*）

蕨类是地球上最早出现的植物之一。它们明亮的叶子构成了地球强烈而不同寻常的蓝色和绿色。植物星球和太阳系的其他星球不同，其他的星球并非没有颜色，但它们倾向于红色、棕色、灰色和黄色——那是尘埃、雾、氨、硫和磷的颜色。地球表面的水之所以呈现蓝色，是由于水分子反射的蓝光比红光要多，这是化学和物理共同创造出的纯粹的元素之美。然而，土地为绿色是因为生物——它是生命的颜色。

尽管今天看来主宰地球陆地的各种植物——树和草只存在了约1.3亿年，但最早的绿色植物大约在4.2亿～4.3亿年前就出现在地球上了。

最早的陆地植物并不开花，石炭纪（2.59亿～2.99亿年前）的壮丽森林与今天地球上的森林也大不相同。它们由高大的鳞木类植物和苏铁类植物组成，林下有木贼、石松和蕨类植物。在这一时期，能产生硬壳种子的植物进化出来了，但离花的出现还有很长时间。这两个发展阶段——坚硬的种子和花朵——在植物进化中至关重要，但在石炭纪地球的蕨类森林中，一个更基本、更重要的特征已经完全确立。

蕨类植物可能不如它们显眼的、开花的表亲那样引人注目，但它们本身就具有多样性和成功性。全世界约有12 000种蕨类植物，它们可不能被视为进化的遗迹。特别值得一提的是，其中一个物种有着非凡的进化成功的故事，它就是桂皮紫萁。

桂皮紫萁的自然分布范围很广——你在北美洲和东亚绝大多数潮湿的森林生境中都能找到它。它的植株有1米多高，呈圆形——从中心点放射出一束带有褶皱的银绿色叶片；在春天，直立的、带孢子的棕色叶子或者说“蕨菜”从中心点出现。作为一种观赏性植物，它被广泛种植，生长在温带地区花园阴凉、潮湿的角落里。有些蕨类个体能够活到100多岁。

20世纪60年代，瑞典的一个农夫在地里发现一块漂亮而精致的蕨类化石，并把它捐给了国家自然博物馆。这个标本直到2014年才被认真研究，人们发现它被吞没它的熔岩保存得如此完美，以至于在显微镜下它的单个细胞都清晰可见，其中一些细胞处于有丝分裂过程中。这个标本被鉴定为桂皮紫萁。尽管它已经有1.8亿年的历史了，但在每一个可以辨别的细节上，它与现代物种都没有什么不同。这使得桂皮紫萁成为迄今为止发现的最古老的、基本上没有变化的多细胞生物物种。

桂皮紫萁和其他大多数绿色植物的共同点在于细胞内的一类分子——叶绿素。它们起源于蓝藻（也称为蓝绿藻），这是一种非常简单的单细胞生物，最早出现在约27亿年前，远远早于任何植物。

从那时起，真正的藻类——从单细胞生物到海藻和海带——在海洋中进化，然后以藓类、苔类、蕨类等形式出现在陆地上，后来针叶树、莎草科植物、禾本科植物、落叶树和五颜六色的开花草本植物等又加入其中。这些生物几乎都含有叶绿素，地球上的其他生命差不多都依赖这些分子。

▲ 第6—7页：蕨类植物比第一批开花植物早数百万年出现，长期以来一直是地球大气中氧气的主要来源。

地球上的生命是绿色的

叶绿素分子吸收大部分可见光波长，但反射绿色波长，这使得植物和地球表面的大部分地区都呈现绿色。通过一种叫作光合作用的反应，叶绿素分子吸收的光被用来将大气中的二氧化碳和水转化为氧气和葡萄糖。

葡萄糖是一种简单的糖分子，是细胞的基本能量储存。葡萄糖的分解被称为呼吸作用。它可以在有氧或无氧的情况下进行，因此可以是好氧或厌氧反应。简单地说，呼吸作用是光合作用的逆转：葡萄糖变成二氧化碳和水，反应释放出能量。其方程式是这样的：

光合作用 $6CO_2+6H_2O+$来自阳光的能量$\longrightarrow C_6H_{12}O_6+6O_2$
（二氧化碳+水+能量⟶葡萄糖+氧气）

有氧呼吸 $C_6H_{12}O_6+6O_2\longrightarrow 6CO_2+6H_2O+$来自葡萄糖分解的能量
（葡萄糖+氧气⟶二氧化碳+水+能量）

无氧呼吸 $C_6H_{12}O_6\longrightarrow 2C_3H_6O_3+$来自葡萄糖分解的能量
（葡萄糖⟶乳酸+能量）

在许多植物和其他有机体中都可以看到通过葡萄糖（有时还有其他分子）分解而产生的呼吸作用和能量释放，但只有那些提供叶绿素的生物才能用水、二氧化碳和阳光等原料生产葡萄糖——其他任何植物或有机体都必须通过食用别的生物或有机物来获取葡萄糖。

从生态学的角度讲，这意味着陆地上的绿色植物、海藻和蓝藻是“生产者”，而以它们为食或以彼此为食的有机体是“消费者”。虽然太阳的能量是生命的基本燃料，但只有生产者才能捕捉到它并将其提供给其他一切有机体。生产者也是大气氧气的提供者，大气氧气驱动各种生物（包括植物本身）的有氧呼吸的能量释放反应。

此图呈现了森林植物的多样性。阳光照射到的任何地方（即使不是全年被照射到），都是绿色植物生长的地方。

有机化学

碳是地球上自然存在的94种化学元素之一，是地球上所有生命的基础。在纯态下，它有几种不同的形式，或者说同素异形体，这取决于它的原子排列方式。最著名的是石墨（当原子按层排列成蜂窝状薄片时）、钻石（当原子按照立方晶体结构排列时）和富勒烯（当原子形成一个由六边形和五边形组成的近球体，或者说“巴克球”时）。

在自然界中，碳很少以纯态存在。相反，它与其他元素以化合物的形式存在。最常见的碳化合物是二氧化碳，一个碳原子与两个氧原子结合，形成一个二氧化碳分子。另一种众所周知的天然碳化合物是甲烷，它由一个碳原子与四

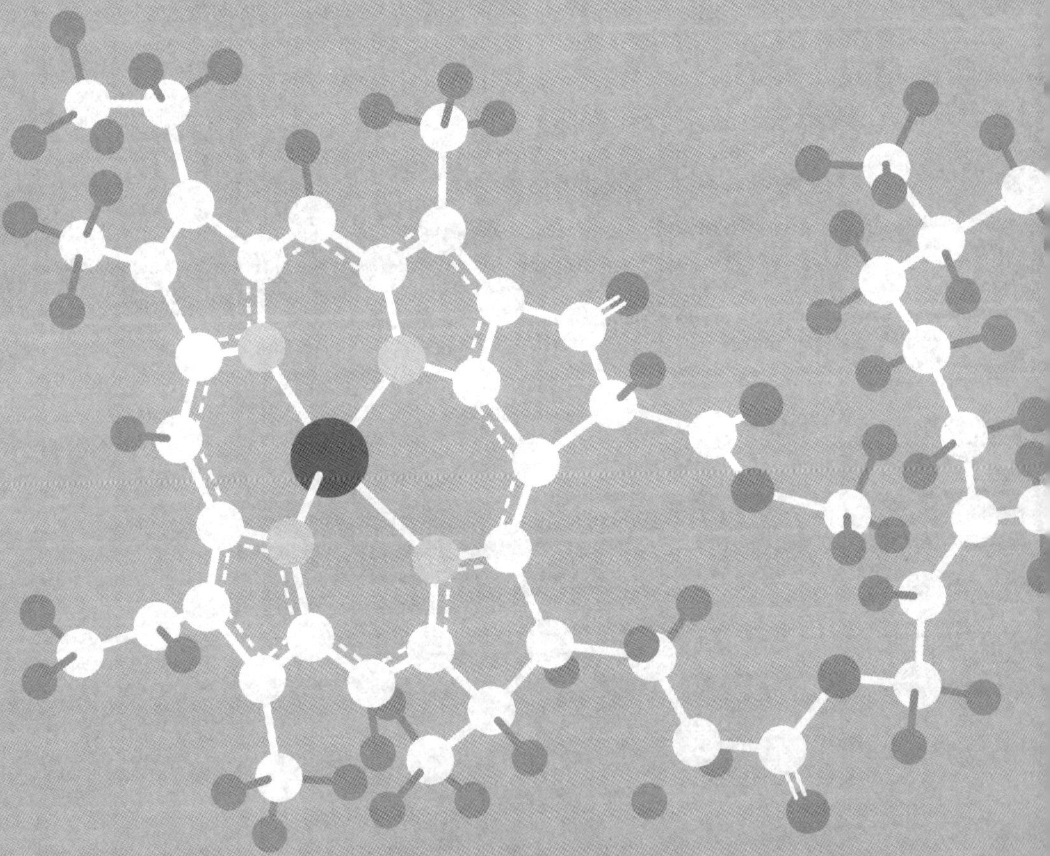

个氢原子结合而成，形成所谓的碳氢化合物。在较大的碳氢化合物分子中，碳原子以链的形式连接在一起，每个碳原子与另外两个碳原子及两个氢原子结合。

葡萄糖分子——光合作用形成的单糖——由六个碳原子组成，这些碳原子通过一个环相互连接，每个碳原子还连接着一个氧原子和两个氢原子。由碳、氢和氧三者组成的化合物被称为碳水化合物。

构成各种蛋白质的氨基酸也能结合碳、氢和氧，但也能向混合物中添加氮。最简单的氨基酸是甘氨酸，它由两个碳原子、一个氮原子、两个氧原子和五个氢原子组成。

因此，碳通过与一种或多种氧、氢和氮结合，存在于构成活细胞和身体的所有化合物中。这包括叶绿素a，它是光合作用中使用的主要叶绿素类型。叶绿素a的化学式为$C_{55}H_{72}MgN_4O_5$（其中Mg是金属元素镁的一个原子），与葡萄糖和甘氨酸相比，它的分子是巨大的，具有复杂的结构，由一簇环、中心的一个孤立的镁原子和一长条碳氢化合物尾巴组成。

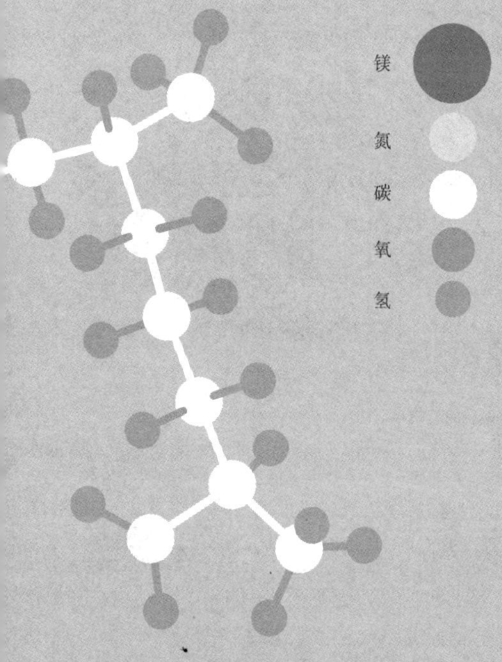

叶绿素a分子由五种不同元素的137个原子组成，它们通过化学键结合在一起。当它吸收光时，分子中的一个化学键被破坏，这会激发光合作用反应。

数千年来，桂皮紫萁一直在利用叶绿素捕捉光子能量。和其他绿色植物一样，它将叶绿素保存在细胞内，包装在被称为叶绿体的特殊膜结合结构中。叶绿体在显微镜下看起来像绿色的小斑点，聚集在充满每个细胞的透明液体中。

地球上最早的光合作用物质蓝藻在显微镜下看起来也像小绿点，但它们将叶绿素分子保存到将其结合在一起的简单折叠的膜中。绿色植物可能是在单细胞生物吞噬（但没有破坏）蓝藻，利用蓝藻通过光合作用产生的葡萄糖时开始进化的。从某种意义上说，这意味着绿色植物的叶绿体是“被奴役”的蓝藻的后代。

在叶绿素之前

光合作用使生命得以在地球的陆地上和海洋中繁衍生息，但能够进行光合作用的蓝藻很可能不是地球上最早的生物。太阳光并不是唯一能被捕获并用于维持生命的能量来源，葡萄糖的分解也不是生物体产生能量的唯一途径。

自40多亿年前地球形成以来，动荡的地核一直在产生热能。如今，深海海

在热液喷口周围，化能合成细菌和古细菌贡献了生活在喷口周围的动物所消耗的50%以上的有机物。在远离喷口的地方，这一比例会降低。它被从上方沉入海底的有机物颗粒所取代，但这是零星的，并支撑着一个丰富性少得多的生态系统。

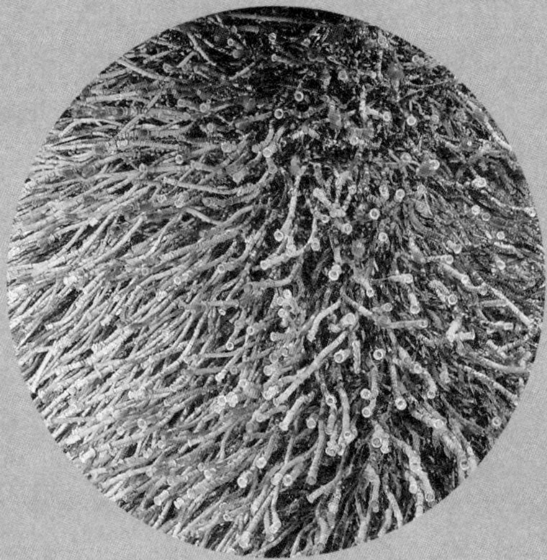

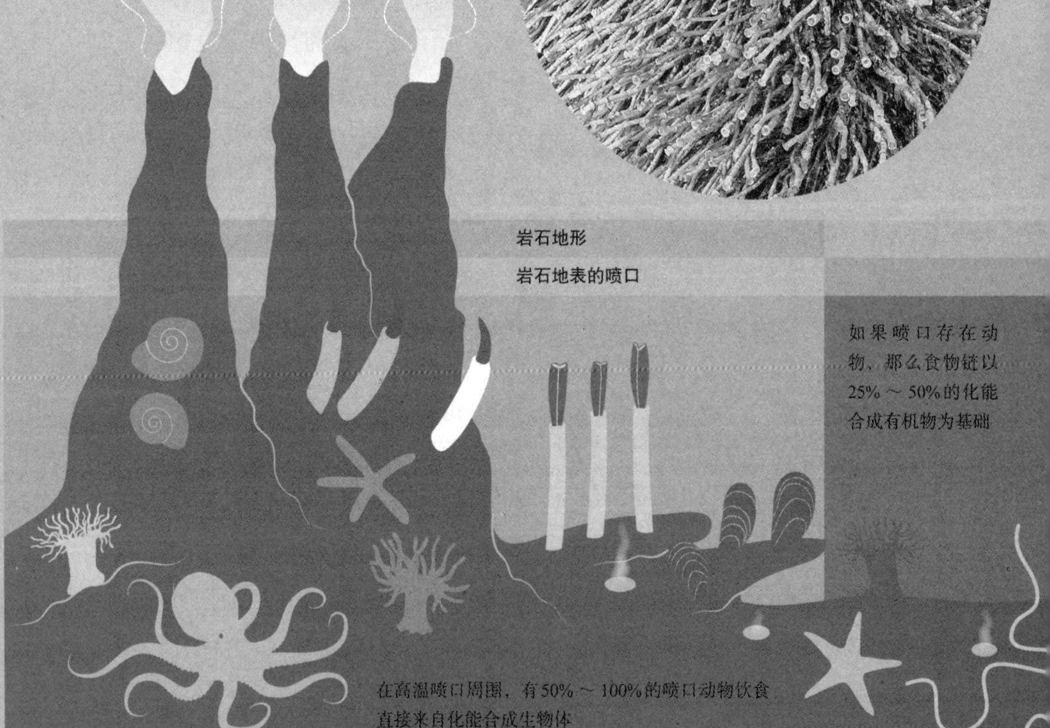

底的热液喷口将极热的水和无机化学物质的混合物释放到海水中。一些细菌，以及另一类古老的、类似细菌的有机体（古细菌）的某些成员，可以通过一种叫作化能合成的过程将其中一些化学物质转化为能量。

在漫长的时间里，这些微生物群落周围进化出了丰富而奇异的生态系统。来自浅海的管虫已经适应了在喷口周围的生活，进化出了对高浓度有毒亚硫酸氢的抵抗力。它们严格来说并不进食，而是从生活在身体组织中的共生的化能合成细菌中获取能量。其他动物，如帽贝、螃蟹、虾状端足类动物和桡足类动物，以同种细菌的自生群落为食，它们反过来又被深海章鱼和鱼类捕食。在远离热液喷口的地方，生命几乎不存在。

古生物学家在42.8亿年前的岩石中发现了化能合成微生物活动的明显迹象。如果他们的解释是正确的，这将是已知最古老的生命，早于能够进行光合作用的蓝藻，并且是在行星本身形成后（这一事件一般被认为发生在46亿年前）相对较短的时间内形成的。然而，就像阳光普照的陆地和浅海中更为常见的生命形式一样，这些微生物的结构仍然是碳基的，即使它们的主要化学过程并不依靠碳。那么，碳来自哪里？

◀ 管虫生活在热液“烟囱”上，这个“烟囱”位于北太平洋深处两个板块之间的大洋中脊。

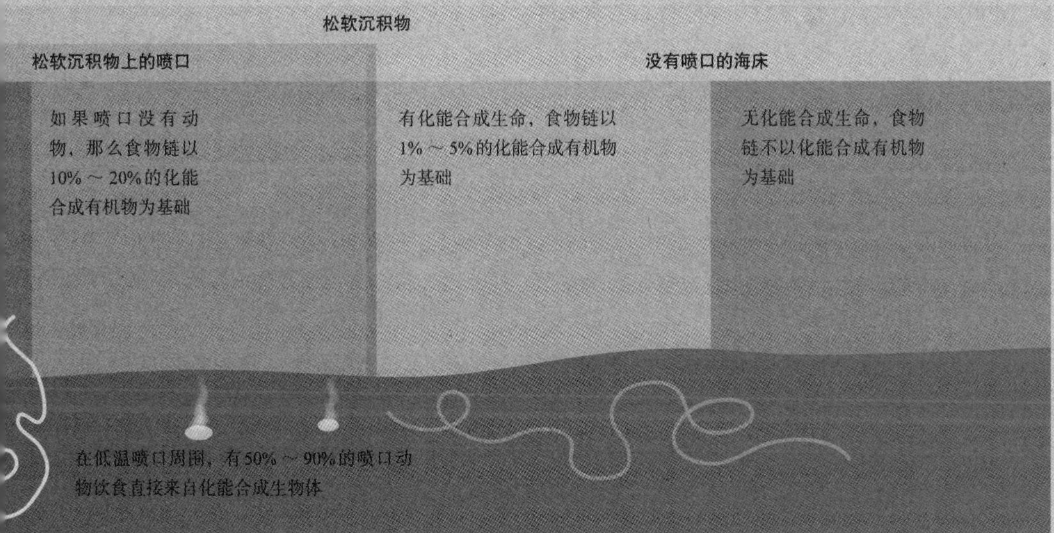

点燃大气层

在有生命之前，就有了化学。早期地球的炎热和动荡加速了化学反应。火山喷出的水蒸气凝结并逐渐形成海洋。它们还产生二氧化碳，以及一些一氧化碳、甲烷、氨和氮。这些气体构成了地球新生的大气层，它们当中携带着有机生命所需的碳、氧、氢和氮。

人们对大气中的气体如何转化为实际生命有很多争论，但也进行了实验测试。科学家哈罗德·尤里和斯坦利·米勒发现，如果一种接近早期地球大气层的气体混合物被电（模拟闪电）击中，就会发生化学反应。将各种气体分子连接在一起的化学键会断裂，形成新的和不同的键，创造出新的分子种类，其中包括所有生物所共有的氨基酸。它们会在海里溶解，并可能产生生命。

后来的研究表明，甲烷和氨在早期地球条件下都会很快流失，进入海洋，这一理论陷入了困境。由于只有二氧化碳、一氧化碳、水和氮可以使用，雷击理论变得站不住脚。然而，小林健成在20世纪90年代的研究表明，借助粒子加速器，将注入巨大能量的质子应用到这个更加受限的大气中，不仅可以形成氨基酸，还可以形成核酸。这些核酸是RNA（核糖核酸）和DNA（脱氧核糖核酸）的组成部分，它们对自我复制的生命形式来说至关重要。

太阳耀斑和宇宙辐射在当时可能是这种能量水平的真实来源，这兴许就是生命或生命的组成部分的起源方式。地球这颗岩石行星形成于距太阳适当的轨道距离，水蒸气在其表面凝结，而火山喷发和地外能量则完成了其余的工作。因此，地球上生命的出现或许是不可避免的。接着，进化带来了随后的进步，充满RNA分子的海洋变为充满各种生物的陆地和海洋。如果重新开始，很可能会有一系列不同的生命进化……或者地球可能只是一碗巨大的RNA汤。

► 埃塞俄比亚海平面以下的达洛尔火山散发着咸味和硫黄味。火山产生了激发生命所需的气体。

气体的平衡

在小林健成的设想中，第一批有机分子的碳源不是大气中丰富的二氧化碳，而是火山释放的少量一氧化碳。在一氧化碳分子中，每个碳原了只与一个氧原子结合。它们只有在氧气供应太少而无法形成二氧化碳时才会形成，并且比二氧化碳分子更渴望与其他化学物质发生反应。如果地球上的早期生命真的像小林健成所描述的那样开始，这个过程就不会耗尽大气中的二氧化碳。事实上，从火山和热液喷口逸出的大量二氧化碳最终会溶解到海水中，其中大部分最终会被沉积岩所吸收。只有当光合作用逐步发展时，大气中丰富的二氧化碳才开始耗尽，氧气浓度才开始升高。

在接下来的几千年里，地球大气中这两种对生命至关重要的气体的平衡发生了很大的变化。大气中的氧气在3亿多年前达到峰值，约为35%（比今天的水平高出50%以上）。当时，地球非常温暖，广阔而潮湿的石炭纪森林覆盖了所有的土地，蓝藻和藻类遍布于浅海。地球是一块巨大的太阳能电池板，几乎

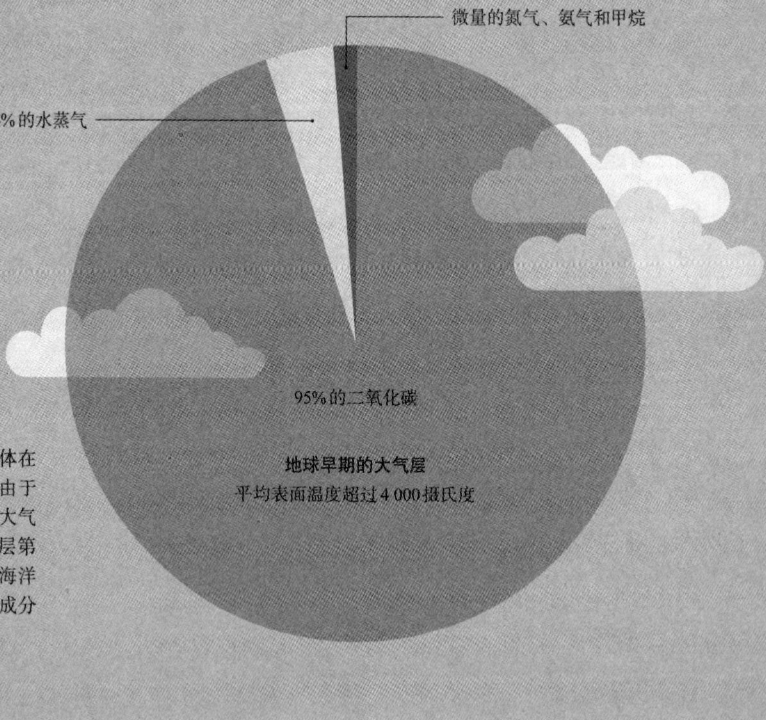

地球有一个大气层，这些气体在重力作用下保持在原来的位置（由于重力较小，较小的行星和小行星大气较薄或根本没有大气）。自大气层第一次形成以来，随着地球表面和海洋中不同生命形式的发展，其组成成分发生了根本性的变化。

没有一个光子被浪费。我们熟悉的陆地脊椎动物尚未进化，但这些没有花的森林里仍然充满了丰富而壮观的动物生命。此时大气中浓度较高的氧气使地球上的昆虫和其他陆地节肢动物能够生长到巨大的尺寸。这些动物通过外骨骼上的小孔或气孔被动获取氧气，因此它们可能拥有的体型部分受到大气中氧气水平的限制。在石炭纪时期，翼展堪比现代鸽子的蜻蜓状昆虫在天空中游荡，有一种马陆则长达2.5米。

在有1.8亿年历史的瑞典桂皮紫萁被熔岩吞没之前，它会从主要由氮组成的大气中提取二氧化碳。在当时的大气中，氧气的体积约占10%～15%，二氧化碳的体积仅占0.09%。这与今天的大气大不相同，后者含21%的氧气，只含0.04%的二氧化碳（大部分是氮气，占78%）。这1.8亿年的时光见证了无数物种的兴衰，它们的命运随着地球上不断变化的环境而起伏。在其漫长的生命周期中，桂皮紫萁经历并忍受了大气成分、气候、天气、陆地布局和生态系统平衡的变化，当新的因素重塑其世界的性质时，它还在继续这样做。大气中的二氧化碳含量再次上升，这一次是因为人类活动，尤其是化石燃料的燃烧。随着时间的推移，这将对全世界的生态系统产生深远的影响。

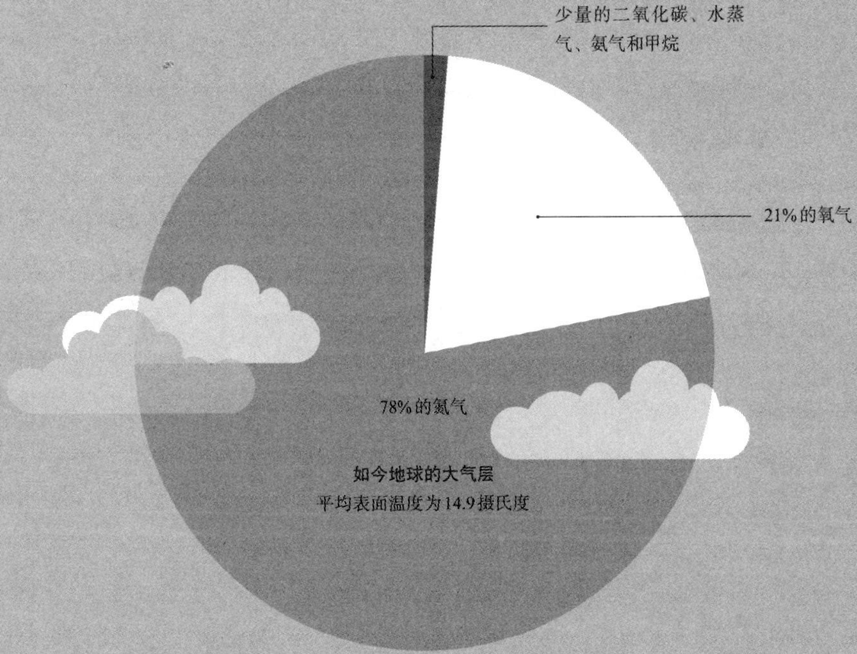

元素如何结合

任何元素的单个原子都有一个包含一定数量的带正电质子的原子核，以及数量相似或略有不同的中子，这些中子是亚原子粒子，大小与质子大致相同，但不带电荷。相同数量的带负电的电子围绕原子核，犹如行星围绕恒星；带正电的质子的数量决定了元素的原子序数。

电子围绕原子核排列的有序分层方式在所有化学元素中都是一致的。离原子核最近的一层由一个s壳层组成，它最多能容纳两个电子。下一层则由两个壳层组成：一个s壳层容纳两个电子，一个p壳层容纳六个电子，因此总共包含八个电子。在原子序数更高的元素中还有更多的层，每个层都可以容纳更多的电子。

只有惰性气体，如氦（有两个质子和两个电子）、氖（每个原子有十个电子，最内层有两个，下一层有八个，形成完整的补充）等，才具有“完整”的电子壳层，并且作为单个原子是稳定和不发生反应的。而其他元素的单个原子本质上是不稳定的，因为没有足够的电子来“填充”它的层。例如，氧的原子序数为8，而它的p壳层中只包含四个电子。要使其稳定，需要六个氧原子，因此氧天然地以两个键合原子（O_2）构成的分子形式存在。每个原子与另一个原子“共享”两个电子，形成一个双键，于是每个原子都使自己的p壳层变得完整。一个氢原子（原子序数为1）只有一个s壳层，包含一个电子。为了填满它的s壳层，它形成了双原子分子（H_2），每个分子在一个单键中与它的伙伴共享它的孤电子。

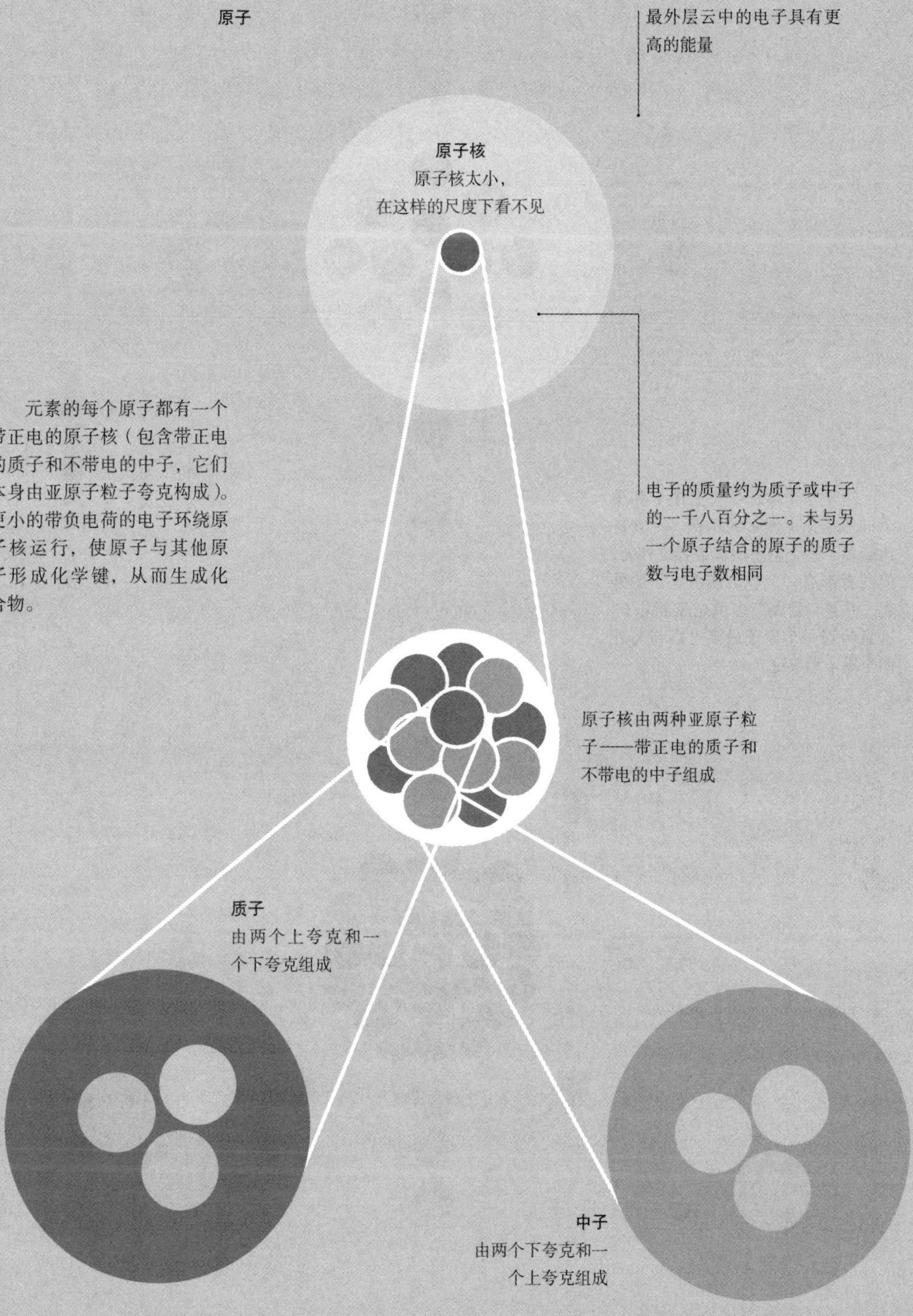

元素的每个原子都有一个带正电的原子核（包含带正电的质子和不带电的中子，它们本身由亚原子粒子夸克构成）。更小的带负电荷的电子环绕原子核运行，使原子与其他原子形成化学键，从而生成化合物。

碳原子

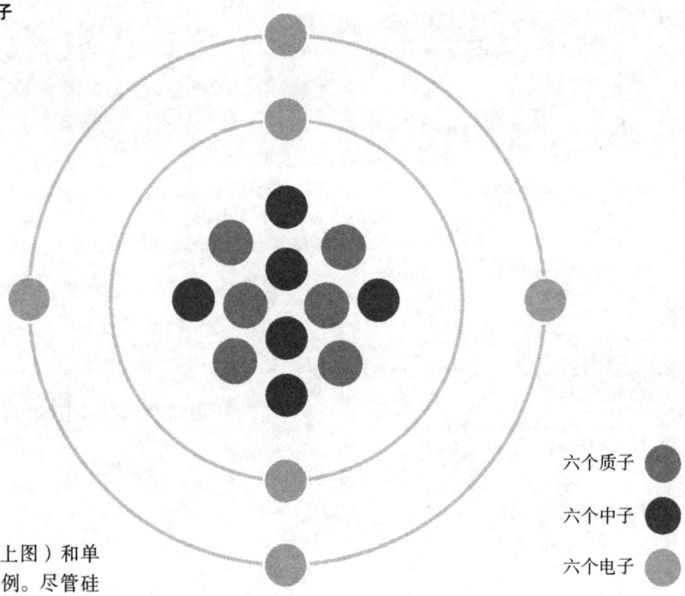

这是单个碳原子（上图）和单个硅原子（下图）的示例。尽管硅比碳多了一个电子层，或者说外壳，但两者都有一个包含四个电子的外壳，并且“需要”多填充四个电子。这意味着每个原子最多可以与另外四个原子形成键。

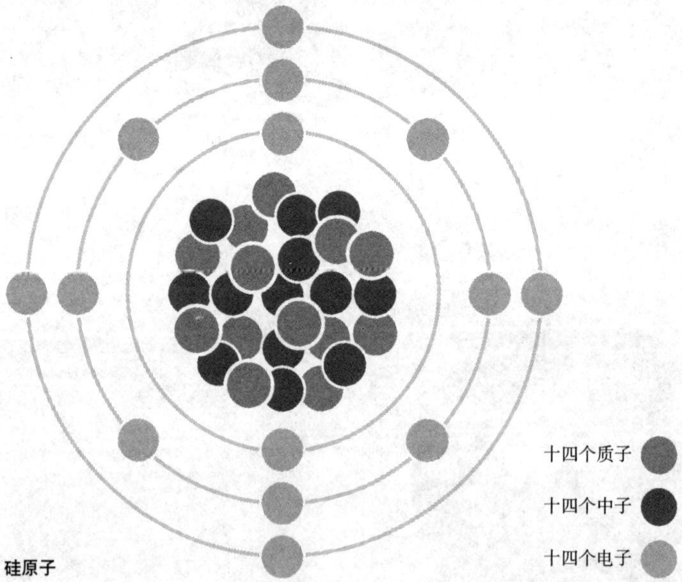

硅原子

碳的魔力

碳的原子序数是6，这意味着它的外壳含有四个电子。为了达到保持稳定所需的魔法数，每个碳原子需要与其他原子形成四个键（或两个双键，或两个单键和一个双键，诸如此类）。这意味着碳以各种纯形式，以晶格或其他复杂结构存在，每个原子与多个相邻原子结合。这种特性还允许碳与其他元素的多个原子结合，形成多种多样且往往复杂的分子，从而构建有机生命。

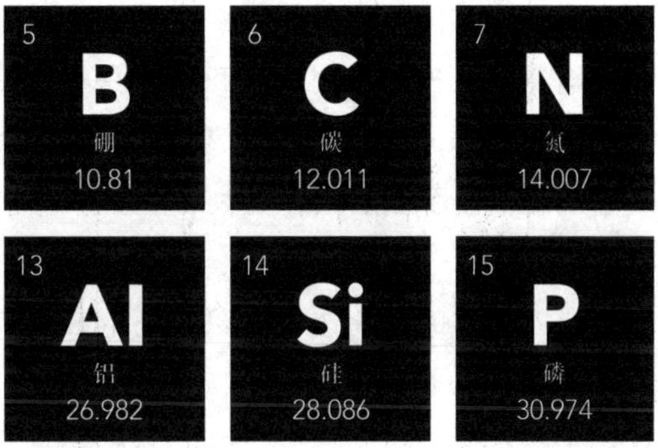

▲ 碳和硅属于同一个周期表组，有几个共同的特征，但只有碳普遍存在于生物体中。硅的相对原子质量（28.086）是碳（12.011）的两倍多。

其他一些元素也有同样的性质，比如硅，它位于元素周期表上碳的正下方。这种元素——一种纯净的、闪亮的岩石物质的原子序数为14，于是，当其最内层和第二电子层被填满时（分别有两个和八个电子），第三层有四个“备用”电子，就像碳一样。因此，硅还可以与其他元素形成多种化合物，形成链状、环状或两者结合的化合物。

那么，硅能像碳一样成为生命的基础吗？当然。硅氧化合物（硅酸盐）在地球上固体的、非生命的成分（如岩石和土壤）中含量丰富。事实上，地球组成成分中的硅远远多于碳。一些硅酸盐也存在于自然界中。“二氧化硅（SiO_2）”的分子存在于草的细胞内，使叶子具有很好的韧性，除了牙齿最结实、胃部最坚韧的食草动物外，其他动物都无法食用。被称为硅藻的单细胞生物也使用二氧化硅来加固细胞壁，在一些动物的结缔组织中可以发现硅化合物。科学家甚至创造了一些含有硅和碳的有生物活性的有机分子。

尽管如此，地球上没有任何生物可以被描述为“硅基生物”，因为在地球的温度下，二氧化硅和一氧化硅是固态的，而二氧化碳和一氧化碳是气态的。这一简单的物理事实使硅无法成为地球生命形式的基础。然而，在不同的条件下，也许在宇宙其他的行星上，是有可能形成硅基生命形式的。

植物之树

地球上最先进化出的真正生命是构成细菌和古菌域的简单小生物体（统称为原核生物）。就数量而言，它们现在仍然是地球上最主要的真实生命形式，正是它们进化出了更显眼、更大、更复杂的多细胞生命形式。

地球植物的进化始于蓝藻，它们在更复杂的单细胞生物或真核生物中生存和发挥作用。真核生物构成了生命的第三个域。有证据表明，早在19亿年前，真核生物就可以进行光合作用。这些早期单细胞生物的一些谱系，可能是现代植物的祖先，今天仍然以轮藻（生活在淡水中的绿藻）的形式存在。其中一些是单细胞的，而另一些是多细胞的，具有纤细的丝状结构；但最早的轮藻是单细胞的。

大约24亿年前，在轮藻出现之前，地球经历了“大氧化事件”（也被戏剧性地称为“氧危机”或“氧灾难”），当时地球大气首次积累了大量氧气。这一事件发生后不久，一些蓝藻谱系开始以多细胞形式生活，而不是以单个的、独立的细胞形式生活，这使它们的光合作用效率更高。

“大氧化事件”可能会杀死许多其他种类的细菌，因为许多形式的细菌不会

在富氧的大气中存活；但它也创造了条件，使轮藻和其他进行氧气代谢的真核生物得以进化。

最早的陆地植物形成了一层外角质层，以防止水分流失，但它们缺乏维管组织——在大多数现代植物中分别用于运输水分和葡萄糖的木质部与韧皮部导管。在这些组织进化之前，植物的大小和复杂性受到了严重限制。今天的藓类、苔类和角苔类在大约4.2亿年前的这个时候从植物的家谱中分化出来。

维管组织的出现见证了更大植物的诞生，其中的第一批以蕨类和木贼的形式出现。它们和未经维管化的植物可以通过精子与卵子（前者通常通过水膜传播）进行有性生殖，也可以通过亲本植物上的特殊出芽结构进行无性繁殖，这种结构可以分离并独立生长。

到了3亿年前，植物已经进化出坚硬的木质组织和坚硬的种子。在这个时候，最早的树木出现了，其中包括苏铁和针叶树；苏铁是棕榈状的树木，树干不分枝，叶子呈蕨类植物般的莲座状。这些树被称为裸子植物，因为它们产生的未受精的球果种子没有周围的保护结构，可以通过风中携带的花粉或传粉昆虫及其他动物直接受精。单株树可能同时产生含种子和花粉的球果（雌雄同株），或者只产生其中一个（雌雄异株）。

植物进化的时间表，显示了地球上主要的植物群类型是如何变化的。维管组织的发育使它们能够长得更大，坚硬的种子使它们能够利用更广泛的栖息地和气候条件，花朵的出现使授粉过程更加高效和多样化。

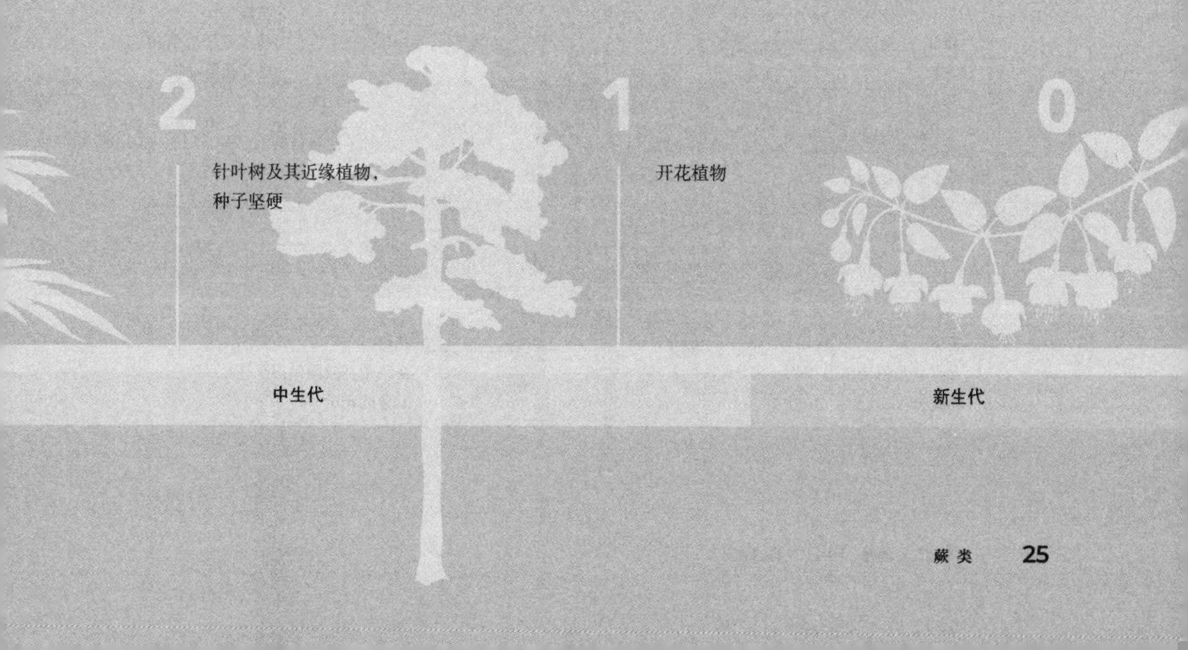

花朵盛放

出现了花朵——更为复杂的结构，为受精提供了场所，通常也为种子的保护和成熟提供了场所——标志着植物家族树中最引人注目的辐射。地球上第一个关于花的具体化石证据可以追溯到大约1.3亿～1.4亿年前，不过2.5亿年前的化石植物由于存在化合物油酸烷（如今这种化合物通常存在于开花植物而不是裸子植物中），所以也能显示出一些开花的迹象。然而，由于软植物组织很少

花朵的形状、大小和颜色都有很大的不同，这在很大程度上取决于它们的授粉方式。大多数花朵都有不同的雄性和雌性部分，前者（雄蕊）传播花粉，后者（柱头）接收花粉。花很少自己授粉，而是依靠风或传粉者在花之间传递花粉（异花授粉）。

花的横截面

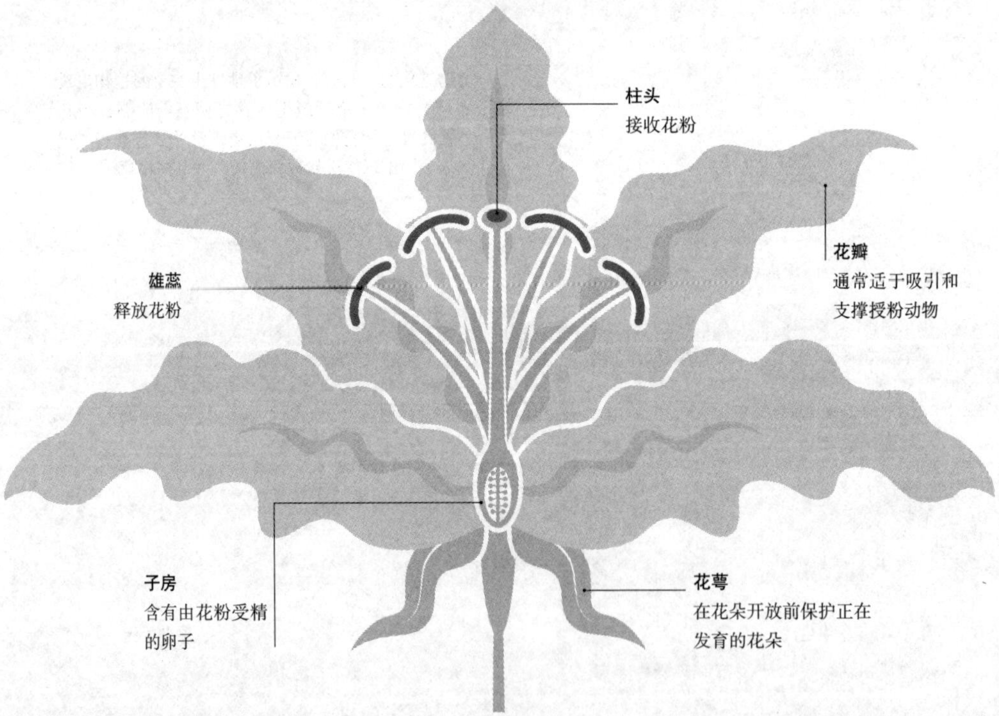

形成化石，因此可以预见，花存在的历史记录是粗略的。

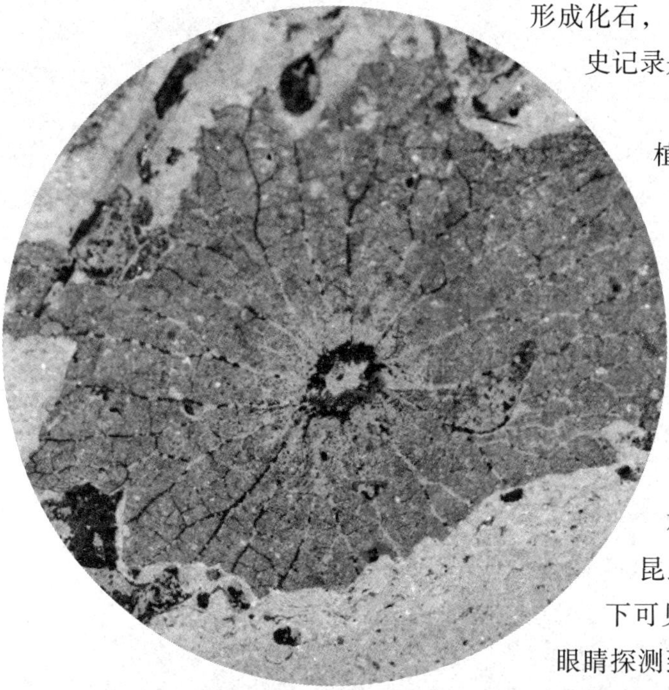

▲ 这是花的化石。许多花有着柔软而精致的结构，不太可能成功地石化，因此它们的化石记录是不完整的。

开花植物，也被称为被子植物，包括许多落叶树和无数多彩的草本植物。今天地球上已知的开花植物大约有30万种。早期开花植物是风媒传粉的，有结构简单的张开的花朵，但有许多是由昆虫和其他动物传粉的，所以它们的花适于吸引特定的传粉者。昆虫传粉的花朵具有在紫外光下可见的引导图案，可被昆虫的眼睛探测到；而蝙蝠传粉的花朵则具有在夜间释放的气味和坚固的茎，以承受传粉者的重量。大多数花同时具有雄性和雌性生殖功能：雄蕊释放花粉粒——植物精子细胞的容器，被传粉者收集到身体上；与此同时，花朵还伸出与子房相连的一个或多个柱头，接收花粉并将其传递给卵细胞。

现代植物展现出惊人的多样性，与它们的美丽不相上下。它们已经进化出一系列诱人的方法来吸引传粉者，并拥有一大批武器来阻止那些吃它们的动物。一些植物诱捕和消化动物，以增加它们的氮摄入量；而另一些植物则吸引细菌生活在它们的根部，帮助它们从土壤中提取氮。甚至有证据表明，森林中的树木可以通过真菌丝网进行交流，真菌丝网在它们的根部周围协同生长。树木似乎可以利用这种真菌网络相互发送化学、激素甚至电子信息。它们也可能通过空气传播信息，金合欢树释放乙烯气体，警告邻居有食草动物正在攻击它们的叶子，而邻居的树则会将味道不佳的单宁注入树叶中作为回应。植物可能是地球的生产者，但正如科学家们刚刚开始发现的那样，进化让它们产生了比这多得多的东西。

2

病毒

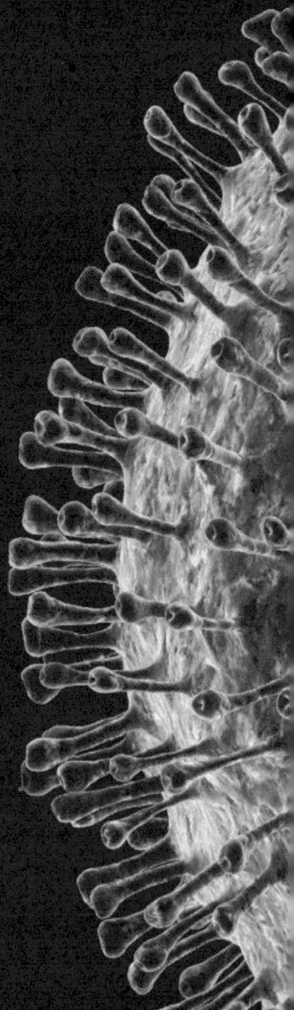

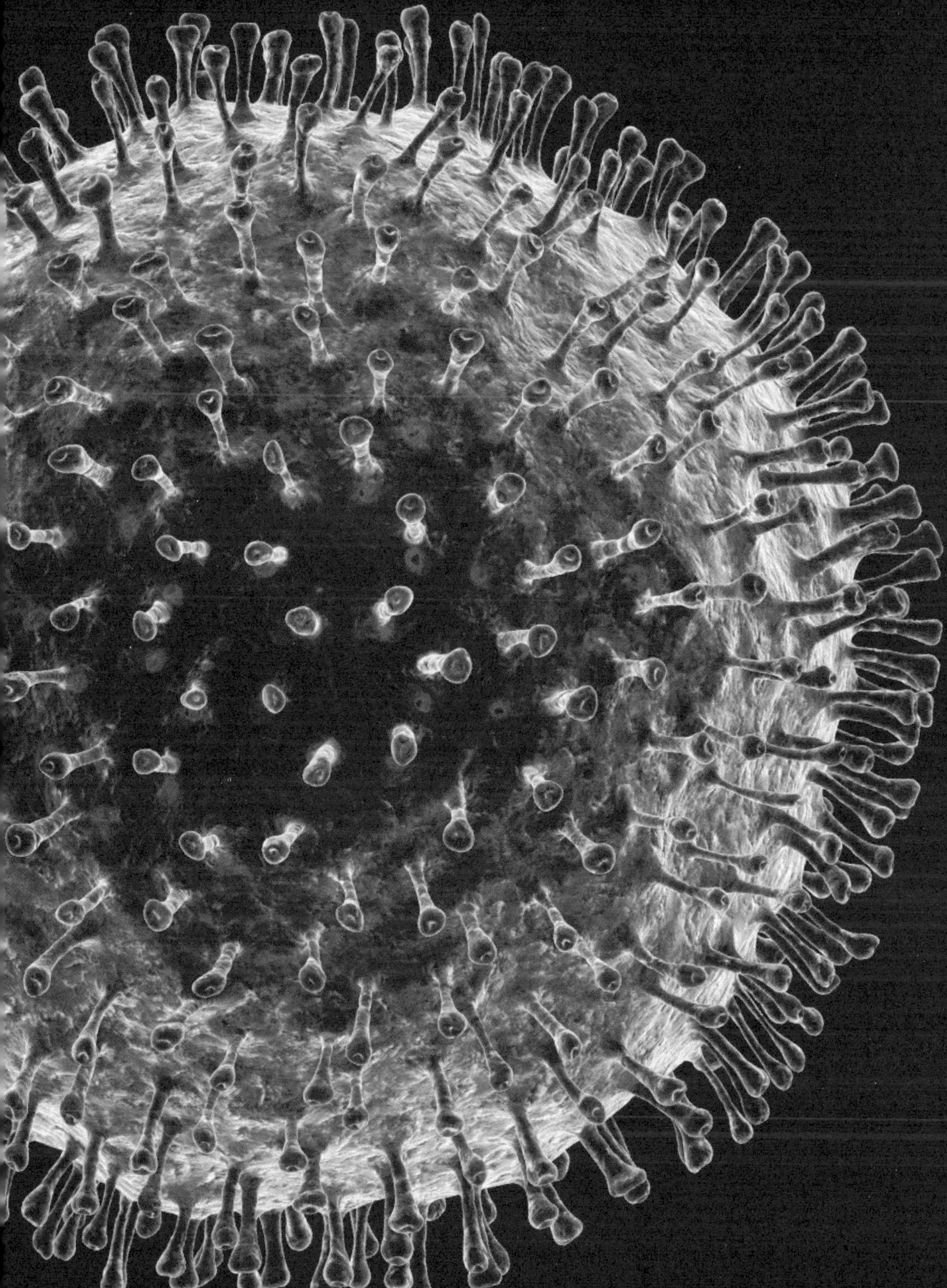

诺如病毒

进化枝 阳性 RNA 病毒

科 环状病毒科

属 诺如病毒属

种 诺沃克病毒（*Norwalk virus*）

诺如病毒是地球上最多产的生物群的一个完美例子，理解这个微小的例子就是理解生命的边界。这个微小的生命球体直径仅为27纳米（0.000 027毫米），其大小仅为已知最小细菌的11%。使用现有的光学显微镜，人眼无法在可见光下看到它；但在扫描电子显微镜下，球体分子与显微镜电子束之间的相互作用提供了信息，可用于生成其可能外观的二次图像。

尽管这个有机体体积很小，但它——以及其他类似的有机体——对我们的生活有着强大的影响。它以造成胃痛而闻名，胃痛迅速发展为极度恶心、频繁的剧烈呕吐和水样腹泻，通常伴有体温升高。受害者的感觉是人类所能感受到的最可怕的，但在大多数情况下（谢天谢地）只需忍受两三天，而且恢复得很快。不幸的是，到那时已经有了家里其他人也被打倒的可能性。

诺如病毒（也被称为“冬季呕吐病毒”，尽管它不只是在冬季发病）在大规模暴发时会造成相当大的破坏。医院病房可能会被关闭，以防止其传播给更易受感染的人群，而且它的传染性非常强，那些严格遵守健康服务部门卫生建议的人，即使与感染者近距离接触而不被感染，也属于相当幸运了。

电子显微镜显示，这种病毒的一个完整单元（病毒粒子）是球形的，并覆盖着对称的刺突图案。诺如病毒有许多株系，但它们都有相同的物理形态。许多病毒粒子形状相似，但有些则不同。一些类型是串状的，表现为直丝或卷曲的螺旋；其他类型则有几个不同的部分，从而具有更复杂的形状，例如一个衣壳与柄相连，柄上长出多条“尾巴”。冠状病毒则是带有皇冠状“光晕”的球体，“光晕”由棒状刺突组成。攻击细菌细胞的噬菌体通常具有特别复杂的结构，类似于小型登月飞行器。它们的共同点是外部生物化学特征（即蛋白质外壳或衣壳）以及内部特征（即一束遗传物质）。这是它们增殖的关键，而增殖可以说是任何病毒都具有的唯一“目的”。增殖可能导致宿主患病或死亡，这实际上只是一种不幸的副作用。

▲ 第28—29页：这是冠状病毒粒子。它的名字来源于类似“皇冠”的刺突——蛋白质形成刺突，以便与宿主细胞结合。

生命的基本属性

细胞当中除了细胞核，还有一系列其他不同的结构（细胞器），每个结构都有自己独特的功能，这些结构共同使细胞作为一个整体或多或少地进行自我调节。两种特殊类型的细胞器——植物细胞内进行光合作用的叶绿体，以及植物和动物细胞中产生能量的线粒体——可能是作为自生型的细菌开始进化的。

构成地球上非微生物——动物、植物、黏菌和真菌的富含细胞器的大型细胞被称为真核细胞，而这些生物本身被称为真核生物。虽然常见的真核生物主要是由不同类型的细胞组成的大型复杂体，但单细胞真核生物也存在。其中包括某些类型的类植物藻类，它们含有叶绿体，通过光合作用为自身提供能量；还有单细胞生物，它们类似于动物，通过消耗各种有机物获取能量。

细菌域的成员——包括作为叶绿体前体的蓝藻——被称为原核生物，表面上与之非常相似的古细菌也属于原核生物。尽管它们比动物和植物细胞简单得多，但它们的单个单位仍然被归类为细胞，因为它们拥有质膜内的细胞质（细胞液）。在细胞质中，DNA以单个染色体的形式存在，如果解开，染色体呈环状。还有一种被称为核糖体的细胞器，它使每一种细菌都能自我复制并构建其所需的蛋白质。核糖体也存在于真核细胞中。

▶ 硅藻是单细胞真核生物，利用叶绿体进行光合作用。它们的细胞壁有一种独特的刺状玻璃质结构。

真核细胞

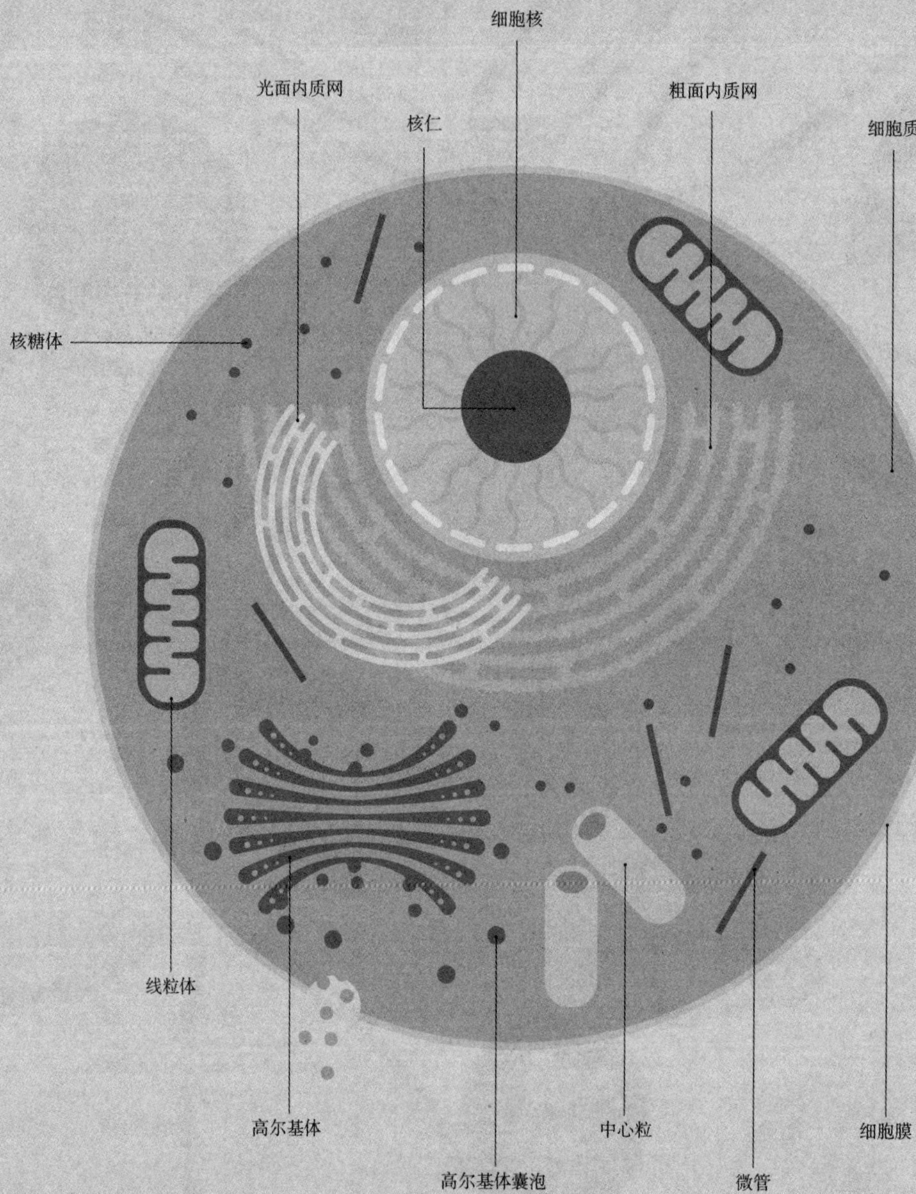

真核生物的起源

有史以来第一个真核生物出现在大约20亿年前，在第一个蓝藻出现后约7亿年，在最早的生命形式出现后约22.8亿年。现在人们通常认为，如今真核细胞中普遍存在的线粒体和植物细胞中大量存在的叶绿体分别来自自生型的细菌（特别是 α 变形菌）和蓝藻。它们的结构、DNA 的排列（及其与封闭的真核生物自身DNA 的区别）和繁殖方法都支持这种起源，但它们如何在其他更大的细胞中存在和发挥作用（胞内共生）？其他细胞的起源是什么？

这是一个严重依赖理论和推测的研究领域，但生物化学和遗传学也起到了作用。虽然细菌和古细菌都是原核生物，但对它们的遗传学和生物化学研究表明，后者与真核生物更接近。因此，真核生物的生命可能始于较大的古细菌吞噬较小的细菌。另一种理论是，在这之前，原始真核生物已经开始从其原核生物祖先转变。古细菌和细菌都有一个保持其形状相对刚性的细胞壁，如果影响其一个谱系的环境条件促使它们的进化路径朝着用更灵活的细胞膜取代细胞壁的方向发展，那么细胞将变得更大，膜向内折叠。包围细胞DNA 的向内折叠可能是细胞核的开始，其他折叠为其他种类的细胞器创造了潜力。由于其柔韧的结构，该细胞也很容易吞噬细菌，并开始其胞内共生关系。

真核细胞的出现，以及后来第一批多细胞真核生物的出现，使各种各样的生命得以诞生，今天，这些生命构成了地球生物量的大部分——光是植物就占了82.4%。然而，就个体数量而言，真核生物的数量远远不如原核生物，而原核生物的数量反过来又被更小、更简单的实体——病毒所超过。

每一个真核生物细胞，无论是多细胞生物的一部分，还是一个完整的单细胞生物本身，都包含不同种类的细胞器。这些“小器官”是独立的、膜结合的结构，在细胞内有特定的工作要做——这些任务主要涉及构建、分解、储存或运输不同种类的分子。

非细胞生物

病毒被归类为“非细胞生物”，因为它们不同于所有真核生物和原核生物，不被认为是细胞。它们的外壳或衣壳由蛋白质构成，有时排列非常复杂，其包含的遗传物质以DNA双螺旋形式存在，或者更常见的是（诸如病毒就属于这样的情况）以单链等价物RNA形式存在。这种DNA或RNA包含单个病毒颗粒自我复制所需的基因，但要进行复制，病毒需要真核细胞或原核细胞。它利用细

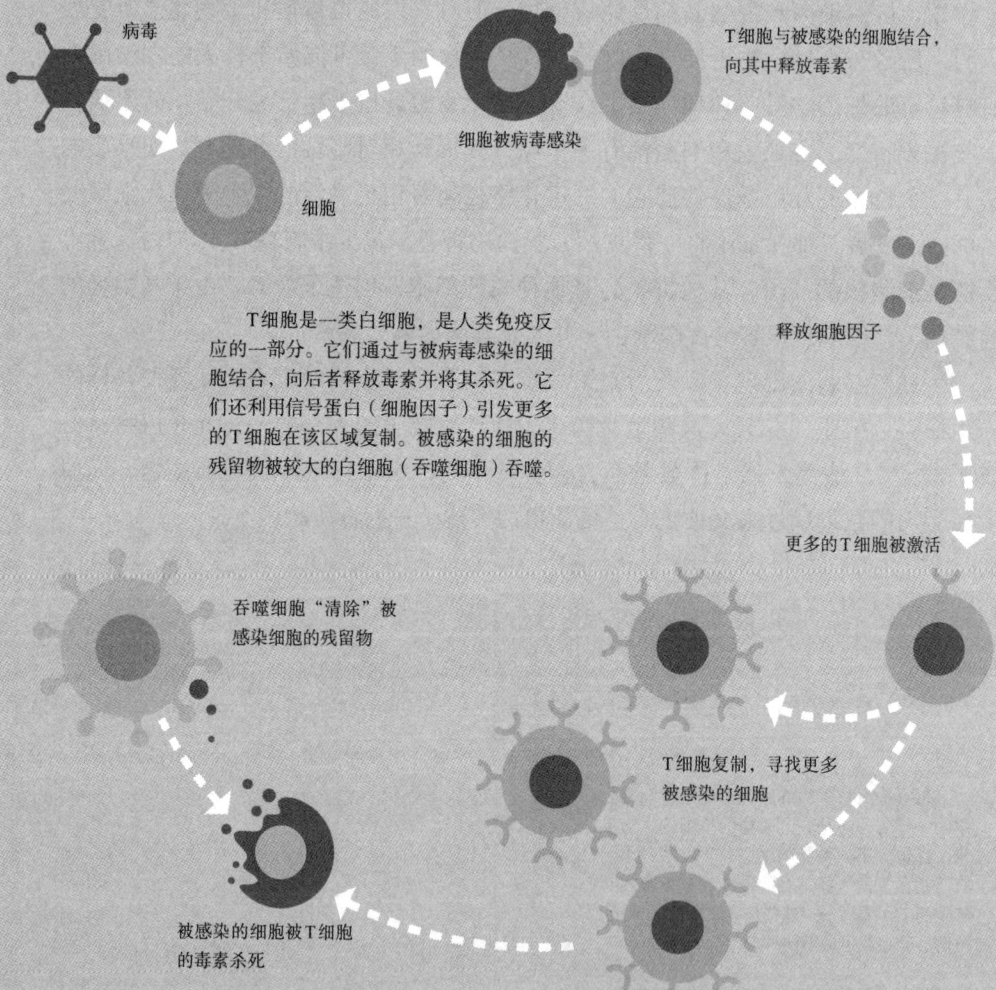

T细胞是一类白细胞，是人类免疫反应的一部分。它们通过与被病毒感染的细胞结合，向后者释放毒素并将其杀死。它们还利用信号蛋白（细胞因子）引发更多的T细胞在该区域复制。被感染的细胞的残留物被较大的白细胞（吞噬细胞）吞噬。

胞的结构进行自我复制，然后这些复制品从细胞中冲出——在这样做的同时摧毁细胞——寻找附近的细胞并重复这个过程。

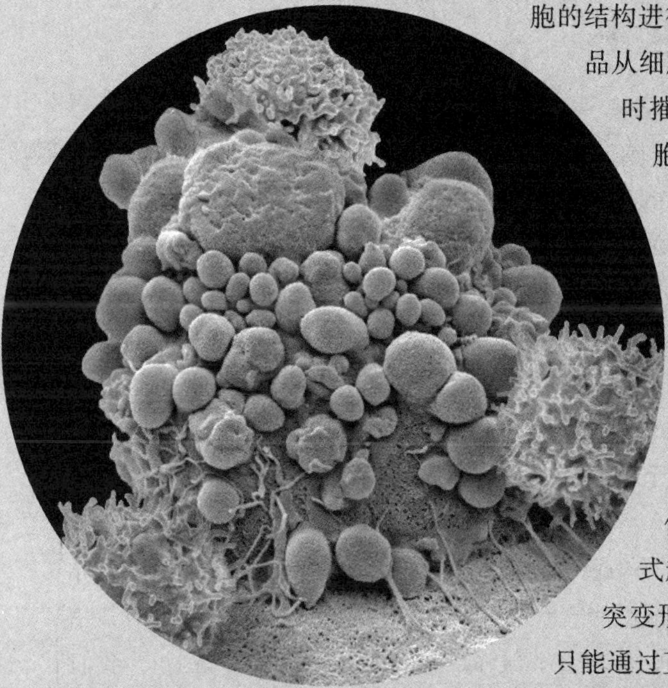

▲ 在CAR-T细胞疗法中，癌症患者的T细胞（蓝色）被收集起来，进行以肿瘤细胞（红色）为目标的基因改造，然后被放回。

因为许多原因，医学界很难完全对抗病毒侵袭。它们的DNA或RNA含量少，复制速度快，这意味着它们会经历频繁的基因突变。突变形式往往比原始形式危险性小，但也可能更危险，对原始形式起作用的抗病毒药物可能对突变形式没有影响。病毒可以从只能通过直接接触传播变异为通过空气传播，变异还可以使病毒“从一个物种跳到另一个物种”——我们已经知道，有一些对人类来说致命的病毒性疾病起源于其他动物。

人体内建有抵御病毒性疾病的防御系统，其中包括免疫系统的T细胞，这些T细胞通过血液和淋巴系统遍布全身，检测并摧毁感染病毒的身体细胞及其病毒内容物。其他免疫系统细胞对特定类型的病毒产生抗体，提供长期保护。其他许多动物也有这样或类似的适应性免疫反应，而那些没有免疫反应的动物，仍有某种形式的避免病毒感染的前线防御策略。然而，不同毒株的潜在数量使得即使是健康的免疫系统也很难跟上所有毒株的步伐，因对抗病毒而变得虚弱的身体将更容易受到继发感染，尤其是细菌感染的伤害。

然而，并不是所有人类病毒群体的成员都是有害的。有些病毒实际上是有帮助的，比如那些存在于肠道和肺部的病毒，可以攻击侵入性有害细菌。另一些病毒只会造成轻微的疾病，并留下获得性免疫反应，帮助身体在生活中对抗更危险的感染。

再现生命的诞生

虽然病毒只有DNA或RNA，但真正的细胞两者都有，并以不同的方式使用它们。在真核细胞中，例如人类的肝脏细胞中，DNA的长链在细胞核内处于混乱状态，但如果将单个DNA链梳理并排列起来——这是细胞分裂的自然前兆——它们将被配对，在人类细胞中共有23对。取一条单链，解开它的双螺旋，我们会发现螺旋的每一半都通过一条化学键连接到另一半，所以DNA分子就像一架扭曲的梯子。如果你抽掉梯子的横档，更仔细地观察链条的每一侧，你会一次又一次地看到重复元素——相同种类的小分子。

有些生物体有23对以上的染色体，有些则更少，但由于染色体的长度差异很大，染色体的数量不一定能说明它们拥有多少基因。例如，人类有23对染色体，而他们的近亲（黑猩猩）有24对；但仔细观察这两个物种的基因组，我们会发现，大的人类2号染色体实际上是黑猩猩基因组中分开的两条较短染色体的融合。

构成DNA分子的重复化学单位是核苷酸。每个核苷酸都有三种分子成分——糖、磷酸基和核苷酸碱基，核苷酸碱基又有四种——腺嘌呤（As）、胸腺嘧啶（Ts）、胞嘧啶（Cs）和鸟嘌呤（Gs）。在双螺旋结构中，阶梯一侧的腺嘌呤碱基总是与另一侧的胸腺嘧啶碱基配对，而胞嘧啶总是与鸟嘌呤配对。As、Ts、Cs和Gs的顺序实际上是一种语言。单个基因是由这些字母构成的特定链（每串平均有21 ～ 24个字符）。其耦合的核苷酸碱基（也被称为碱基对）的序列作为一种代码，用于制造一种特定的蛋白质。

当一个细胞需要制造一种特定的蛋白质时，它会制造DNA相应部分的单链副本。这种单链（被称为信使RNA或mRNA）离开细胞核，定位于另一种叫核糖体的细胞器。然后，核糖体利用mRNA携带的代码，通过按照正确的顺序组装正确的氨基酸来构建蛋白质。三个为一组的核苷酸转化为构成人体内所有蛋白质的20种不同氨基酸中的一种。这些蛋白质是人体结构和调节过程的基础，可以说DNA是构建人体的蓝图——来自人体几乎任何地方的一个人体细胞都携带着制造完整人类的指令。

DNA中的核苷酸碱基是两条链连接的“梯级”。胸腺嘧啶和胞嘧啶是嘌呤分子，它们分别与腺嘌呤和鸟嘌呤——更复杂的嘧啶分子结合。在RNA中，胸腺嘧啶被另一种叫作尿嘧啶的嘌呤分子取代。“侧轨”是由核苷酸的磷酸基团和糖之间的键形成的。

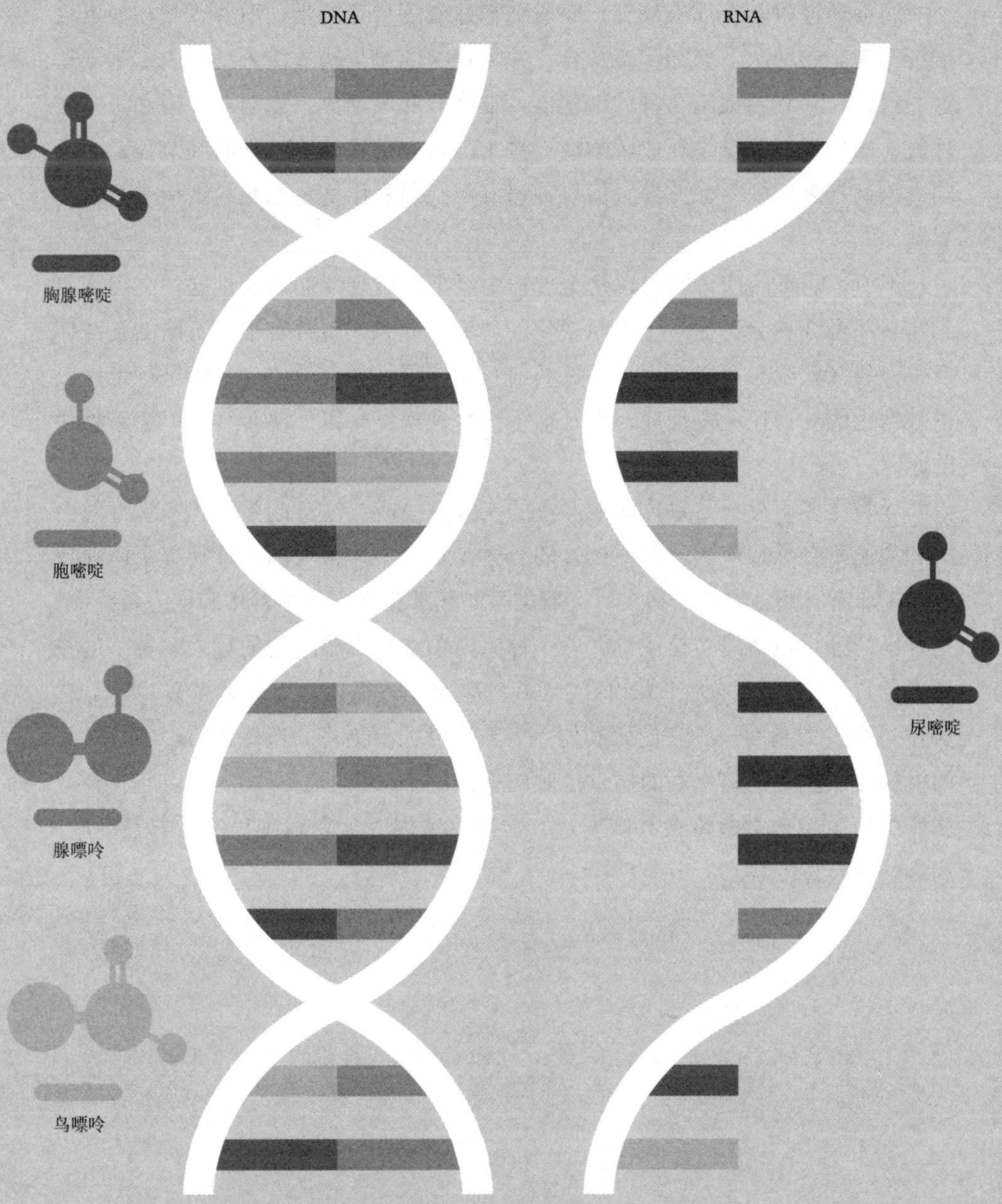

DNA也是细胞复制自身的起点。当这种情况发生时，DNA链会分离出来并在细胞核内复制。接着，细胞核分裂成两个，每个都有完整的DNA，然后细胞的其他部分才会分裂。

病毒通过附着在细胞外部、穿透细胞并脱落自身的蛋白质外壳（在病毒攻击细菌细胞的情况下与细胞壁结合，并将自身的遗传物质注入细胞内）来劫持这一过程。它利用细胞自身的细胞器（细胞核和核糖体）复制其基因和蛋白质外壳，然后组装并最终释放新的病毒粒子。这一过程的更精细的细节显示了不同类型病毒之间的巨大差异，但每种病毒都必须利用宿主细胞的结构进行自我复制。

然而，病毒的遗传密码在这个过程中经常会出现复制错误，这种高突变率意味着病毒往往会迅速适应不断变化的环境。如果一直都有很多不同的突变体产生，那么就很有可能产生一种比其前身功能更好的突变体。这就是病毒得以击败宿主的获得性免疫反应，以及宿主特异性病毒得以“跳转”到一个新物种的原因。

尽管许多病毒会导致致命或严重的疾病，但需要注意的是，许多病毒的存在和复制不会导致疾病。每一个人的身体都是一个非常大的（且具有个体独特性的）非有害病毒群落的宿主，无数类型的病毒存在于各种各样的生态系统中。更奇怪的种类包括潘多拉病毒——一种感染单细胞真核生物的超大病毒。这些病毒与许多细菌一样大，大约有2 500个基因——相比之下，大多数病毒只有10个或更少的基因——它们比其他大多数病毒拥有更多的遗传物质。随着时间的推移，即使是引起疾病的病毒也倾向于向危害较小的形式发展。引起较轻微疾病的突变型病毒通常会兴旺发达，这仅仅是因为如果宿主仍然活着且健康，病毒就更容易传播。

当细菌攻击型病毒粒子（噬菌体）与宿主细胞接触时，它会将其遗传物质注入宿主细胞，宿主自身的基因会复制病毒粒子的多个副本。当新的病毒粒子暴发时，宿主细胞就会死亡。噬菌体的数量远远超过地球上其他所有生物，估计有10^{31}种。

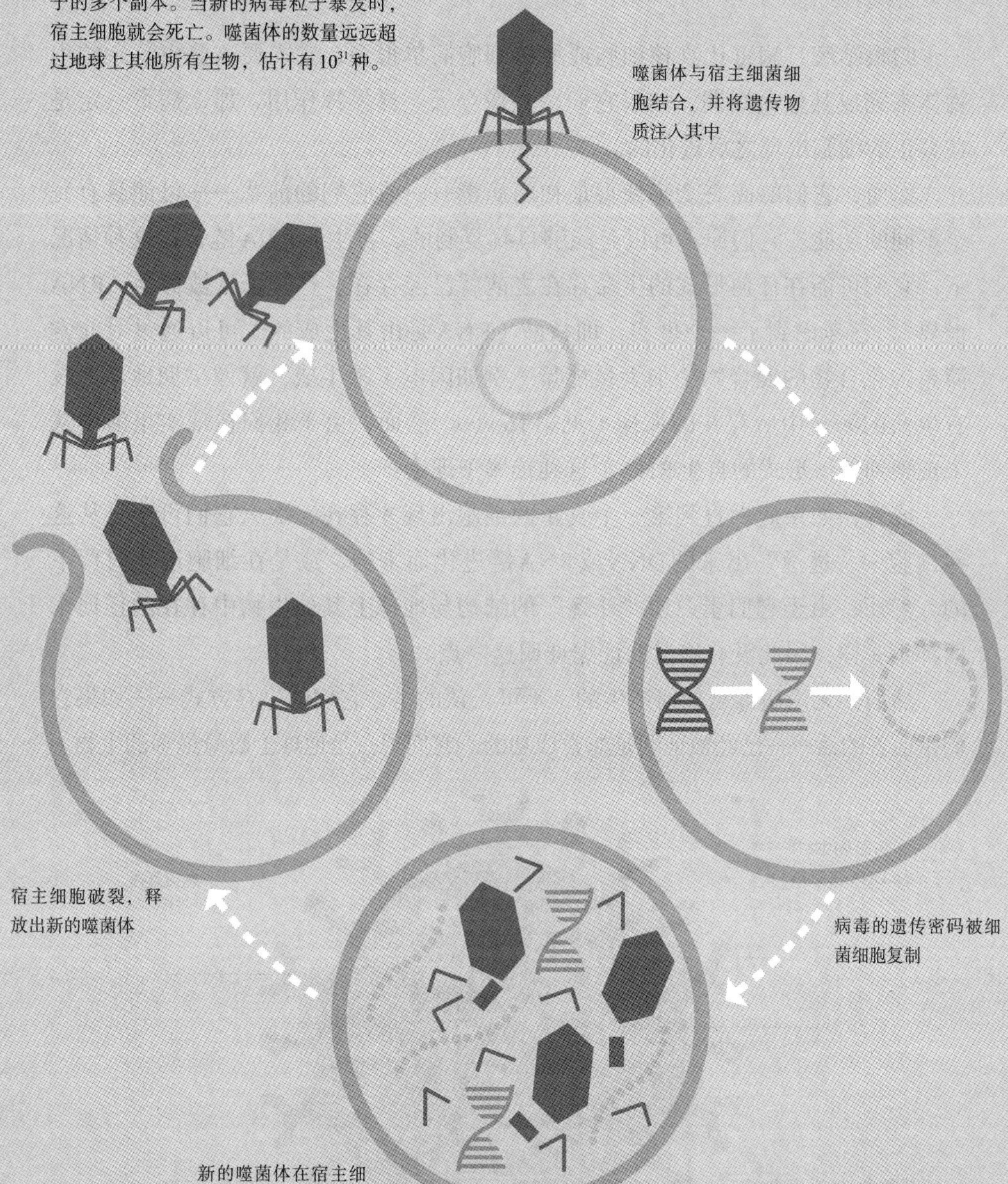

生命的先兆

归根结底，病毒比真核细胞或原核细胞简单得多，它需要这些更复杂的生物体来完成其生命周期。如果它们一直像今天一样发挥作用，那么病毒一定是在真正的细胞出现之后进化的。

然而，它们的高突变率使得最初的病毒——或它们的前辈——可能具有完全不同的功能。它们原本可以是能够自我复制的、自生的RNA链，在这种情况下，它们可能在任何形式的生命存在之前就已经存在。这一场景被称为“RNA世界”，它考虑到了一个事实，即核酸（RNA是由其生成的）可以通过对非常简单的化合物的混合物施加大量能量（例如闪电）来生成，就像早期地球上没有生命的海洋中所存在的那样（见第16页）。然而，由于我们在现实生活中从未观察到任何形式的自生RNA，这纯粹属于理论。

或者，如果病毒直到第一个真正的细胞出现才存在，那么它们可能是从这些细胞中“逃逸”出来的DNA或RNA链进化而来的，或是在细胞退化时留下的。然而，由于它们蛋白质“斗篷”的结构与地球上其他生物中存在的任何东西都不一样，因此没有确凿的证据证明这一点。

然而，无论病毒是如何产生的，不可否认的是，它们的生存方式——如果它们是活着的话——已经被证明是非常成功的。它们现在是地球上数量最多的生物。

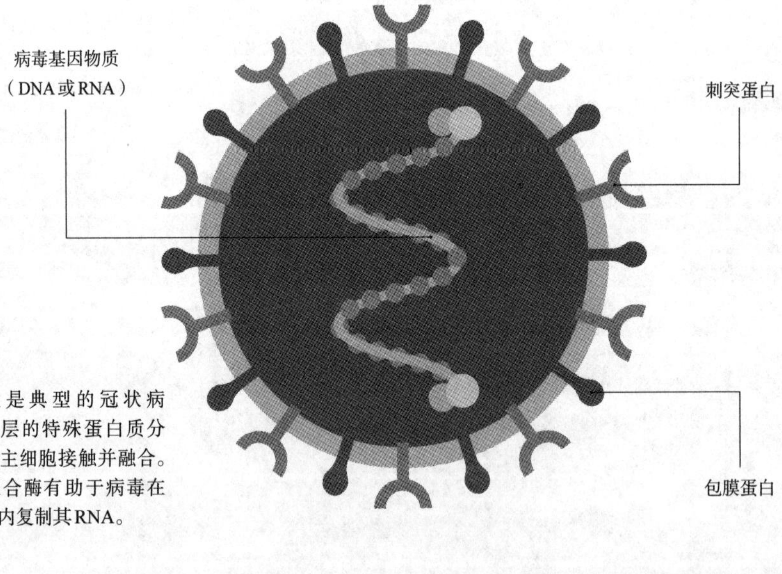

这是典型的冠状病毒。外层的特殊蛋白质分子与宿主细胞接触并融合。RNA聚合酶有助于病毒在宿主体内复制其RNA。

► 许多人类的疾病是由冠状病毒引起的，其中包括新型冠状病毒肺炎，这是一种新的、有时会致命的疾病。

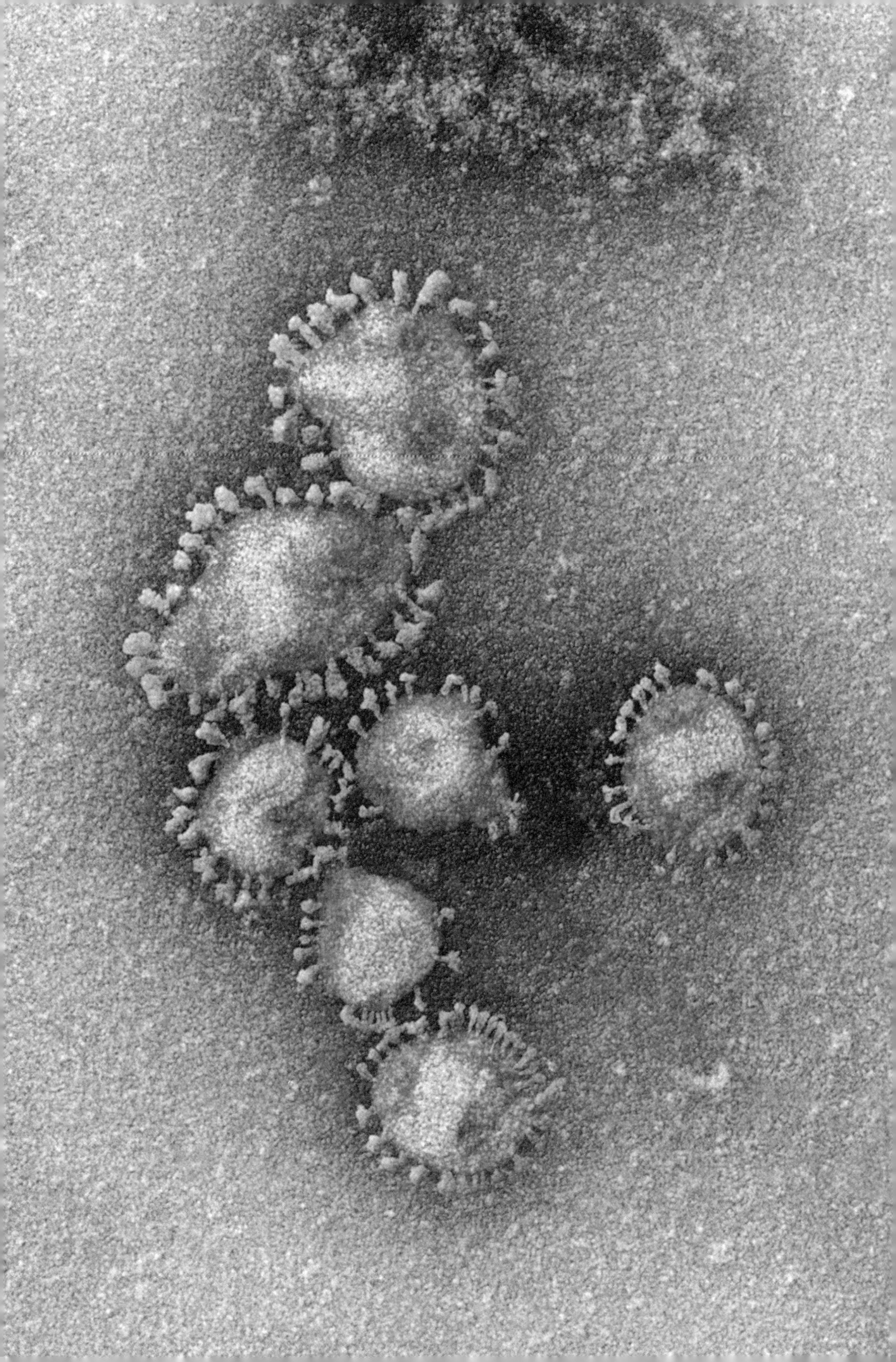

定义生命

我们如何定义生命的本质？对于海蛞蝓、蜻蜓或斑马等大型的、复杂且可移动的生物体，我们很容易看出活着的个体和已经死亡的个体之间的差异。

固着的（扎根于某处的）生物表现出更微妙的生命迹象。一棵活树会长高，开花，长出新叶；藤壶会打开壳板，将其摄食附属物伸入海水中；菌丝体会消耗其从中生长的腐烂木材，并萌发子实体以传播其孢子。总之，一切生命体有八种基本特征或属性。

细胞组织：生物体由膜结合单位或细胞（在某些情况下只有一个细胞）组成。

繁殖：生物体有某些自我复制的方式。

新陈代谢：化学反应（如气体交换、分解食物、构建蛋白质等）在生物体内发生。

体内稳态：生物体能够保持一种稳定的内部状态，如液体平衡或温度。

遗传：生物体的遗传特征在繁殖时遗传。

刺激反应：生物体对施加在其上的力（内部源或外部源）表现出某种反应。

生长和发育：生物体随着时间的推移以某种方式发生变化。

通过进化适应：生物体受到自然选择的影响，那些最适合当前环境的个体更有可能存活更长时间并繁殖。

所有这些特征在生命体中都很明显，甚至在细菌中也是如此。就病毒而言，并不是所有这些要求都能被满足，所以病毒通常不被认为是有生命的。尤为明显的是，病毒粒子不是细胞（即使其分子成分与在真实细胞中发现的某些分子成分相同），没有表现出体内稳态，也不自行进行任何形式的代谢。

然而，病毒会复制，并表现出遗传性。它们还通过进化表现出惊人的快速适应能力，正是这些特性将它们置于“生命体”和“非生命体”之间。它们可能会挑战对其他生物实体所采用的分类方法，但毫无疑问，它们也具有生物学上的意义，通过研究它们的性质和行为，我们可以更清楚地了解生命到底是什么。

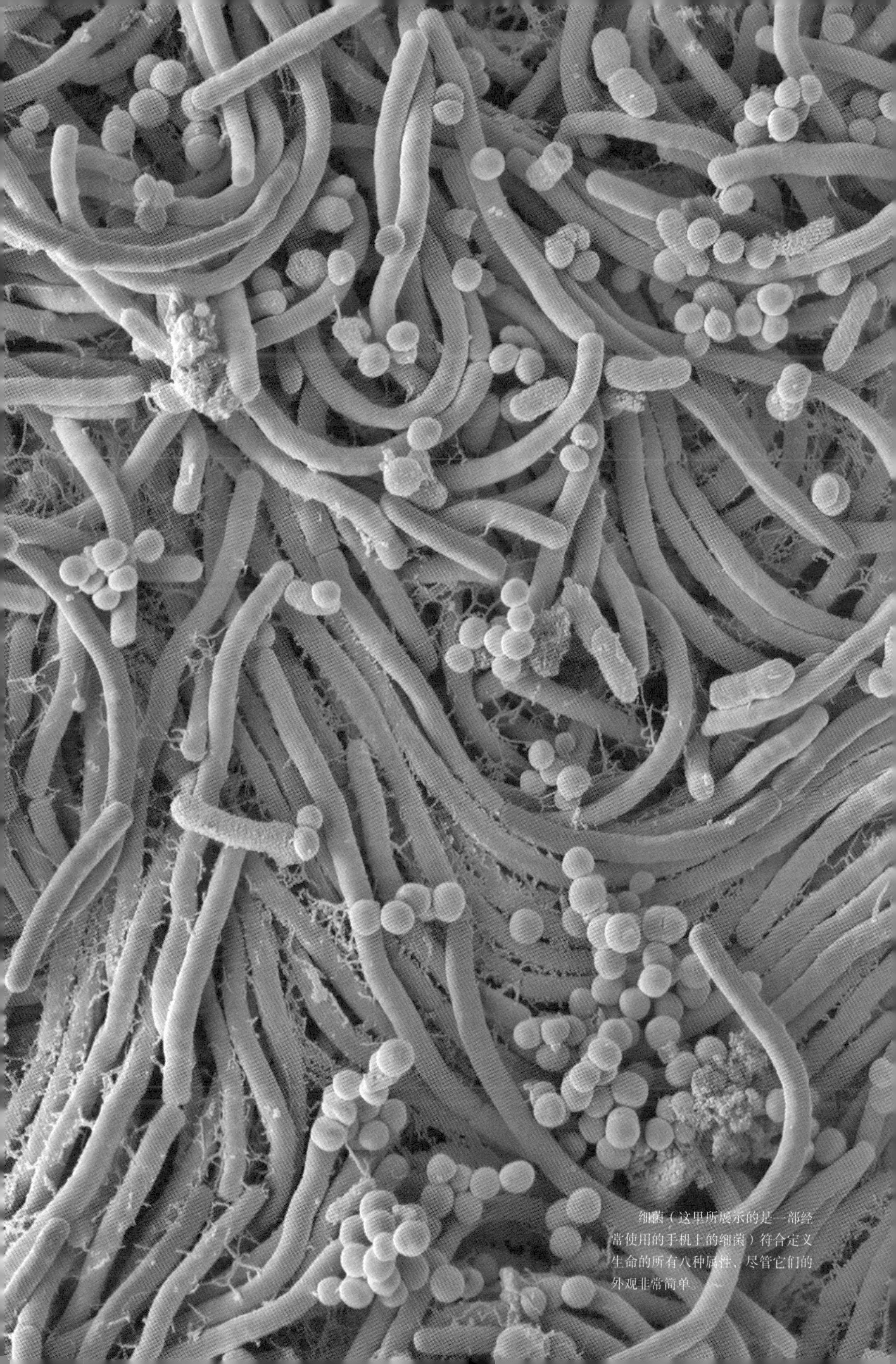

细菌（这里所展示的是一部经常使用的手机上的细菌）符合定义生命的所有八种属性，尽管它们的外观非常简单。

亚病毒

正如我们所看到的，病毒跨越了生命世界和非生命世界之间的界限，但地球上甚至有更小、更简单的实体显示出一些生命迹象。首先是类病毒，这是一种没有任何外壳或衣壳的单一短链RNA。类病毒只会感染植物细胞，但会导致几种严重的植物病害。

还有会引起疾病的朊病毒，它是一种特殊的蛋白质。人类遭受的最奇怪、最可怕的朊病毒引发的疾病之一是致命的失眠。患者先是开始失眠，在接下来的几个月或几年里会出现严重的心理问题，然后是神经问题。这会导致痴呆症，在这种状态下，他们被永久地困在一种“类睡眠”或催眠的状态中，意识开始动摇，出现剧烈的感官幻觉。大多数受害者将在首次出现症状后两年内死亡。

值得庆幸的是，致命性失眠非常罕见，而且几乎都是遗传性的，但由于它是由朊病毒引起的，没有常规治疗方法可以解决它。问题是，虽然朊病毒在引起感染和疾病的能力上表现得有点像病毒，但它们没有遗传物质，因此明确地处于鸿沟的非生命一边。这使得治疗朊病毒疾病的传统方法几乎毫无用处，毕竟，你如何应对一种不会死亡的传染源呢?

要了解朊病毒，我们必须首先了解正常的蛋白质分子。这是一条氨基酸链，它以一种特定而精细的方式折叠，形成一个独特的三维形状。形状通常是蛋白质在其生物系统中“起作用”的原因，因为它借此与另一种分子（例如，附着在细胞外表面的特定类型的受体分子）相“匹配”。

这种蛋白质的朊病毒形式有一种不同的折叠模式，而这种折叠模式与其他分子不“匹配”。它还能够利用我们尚未阐明的机制，将错误折叠的形状传递给同一蛋白质的其他分子。朊病毒在人体组织中形成密集的簇，导致正常细胞死亡；而且对于任何能中断基于RNA或DNA的致病生物体生命周期的治疗，它都有抵抗力。

如果不是遗传性的，朊病毒疾病通常是通过摄入获得的，最有可能的情况是另一个具有致命性预后的例子——变异型克雅氏病（vCJD）。这种人患疾病的根源很可能是这样的：先是绵羊死于朊病毒引起的羊瘙痒病，然后这些绵羊被用作牛饲料中的骨肉粉，这被认为会导致牛患上另一种朊病毒疾病——疯牛病（BSE）；人类食用被疯牛病朊病毒污染的牛肉，可能因此患上变异型克雅氏病。就像致命性失眠和其他所有已知的朊病毒疾病一样，变异型克雅氏病影响大脑，无法治愈。

尽管朊病毒、类病毒和病毒大量存在，而且毫无疑问是生物实体，但它们并不是真正完全有生命的，因此它们都不属于在这个星球上生长的生命谱系。相反，生命是由它们攻击的细胞来代表的，生命之树最基本和最基础的分支涉及两种真正的活细胞类型——原核生物和真核生物。这些实体生存、复制和死亡，它们受到自然选择的全部力量的影响，因此自它们的祖先首次出现在地球上以来，它们已经进化并多样化，成为具有不同结构和遗传密码的新变体。

在疯牛病或变异型克雅氏病等朊病毒疾病中，错误折叠的朊病毒形态（左）取代了正常的大脑蛋白质（中）。朊病毒损害并杀死神经元（脑细胞），导致脑组织中出现空隙或空泡（右）。

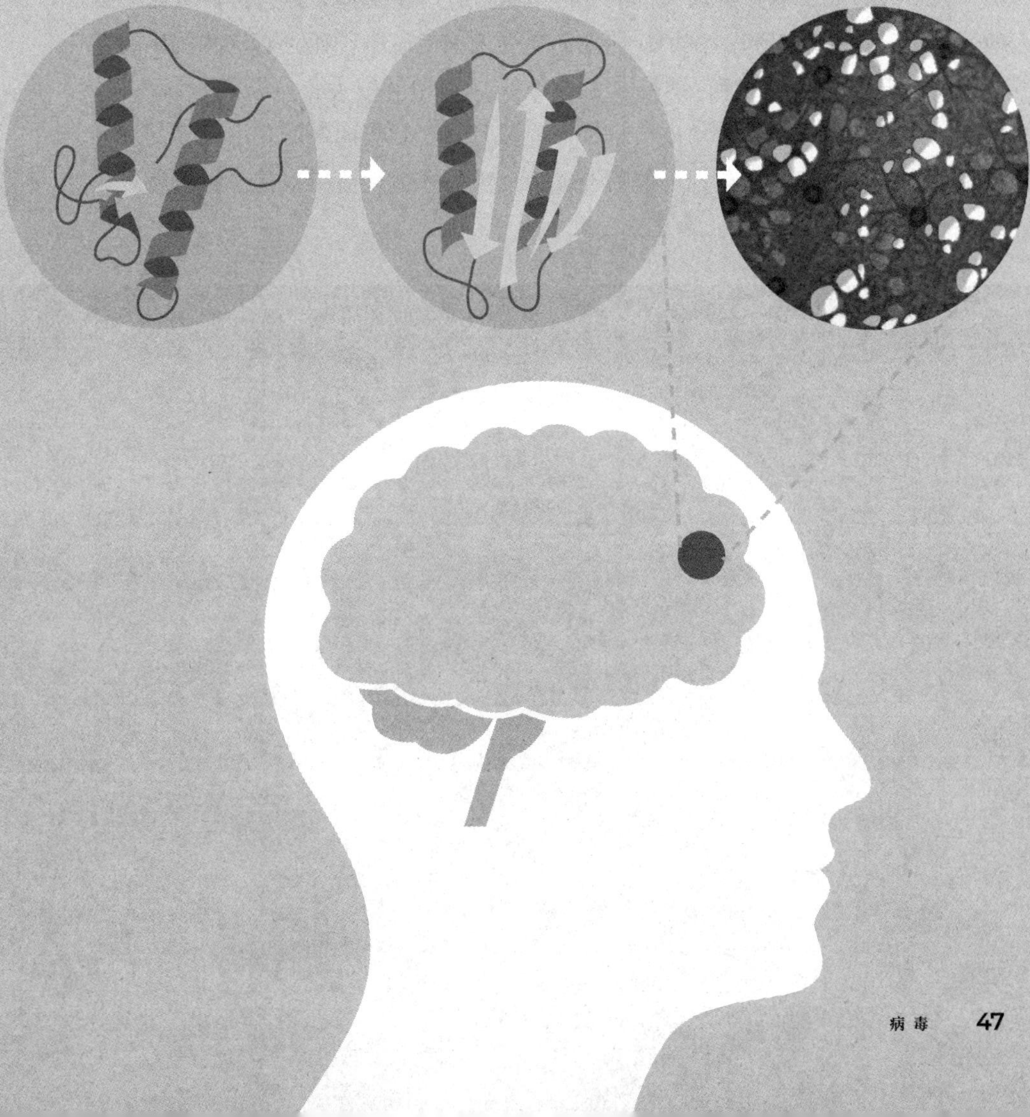

新型冠状病毒肺炎

最近引起全世界人类广泛关注的病毒是一种以前未被记录的冠状病毒，名为SARS CoV-2。它会导致以急性呼吸困难为特征的新型冠状病毒肺炎（以下简称“新冠肺炎”），在某些情况下还会导致死亡。

这种病毒可以通过直接接触或空气从一个人传播给另一个人，这种性质的传染病在密集生活的社会动物中迅速传播。由于我们具有在世界各地快速、轻松地移动的能力，病毒得以迅速扩散。2020年3月，世界卫生组织（WHO）正式宣布此次疫情为大流行，这意味着它已经影响了多个国家和大洲。到3月底，许多国家已实施封锁，试图控制疾病的传播。

大多数感染新冠肺炎的人都能存活下来，并产生抗体，这些抗体可能会给他们提供至少一段时间的保护，使他们免受未来的感染，而且对这些抗体的检测很可能是可行的。然而，SARS CoV-2是一种相对较大且复杂的冠状病毒，在撰写本书时，研发有效的疫苗也许需要数月甚至数年的时间。由于新的病毒株很可能出现，任何疫苗都可能需要频繁调整（季节性流感也是一种可能致命

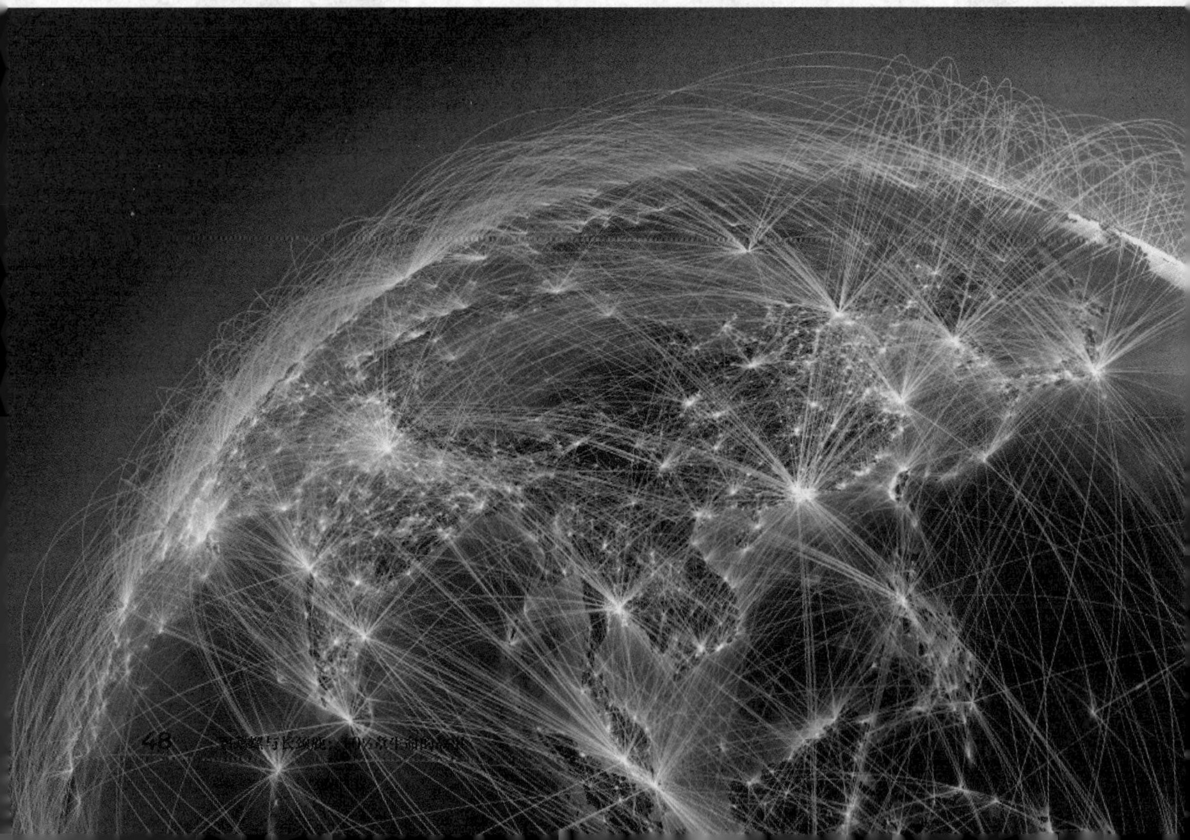

▲ 社交距离——与他人保持2米的距离——有助于防止病毒传播，但在城市中可能无法实现。

的病毒性疾病）。

然而，新冠肺炎对人类的影响远远超出了导致死亡的范围。这种病毒导致了人类文化和社会结构的巨大变化，其中一些变化可能会在最初的大流行后持续很久。人们的社会交往方式、经济结构、旅行方式以及照顾身心健康的方式都必须快速改变，这些行为变化可能会在适当的时候反馈到自然选择和生物进化中。鉴于我们——以及我们的活动——对我们星球家园的影响之大，人类物种进化道路上的任何主要的转变，肯定会对地球上几乎其他所有生命产生非常重大的影响。

◄ 航空旅行在很大程度上为现代生活提供了便利，但也促进了疾病的迅速传播。

3

鹦鹉螺

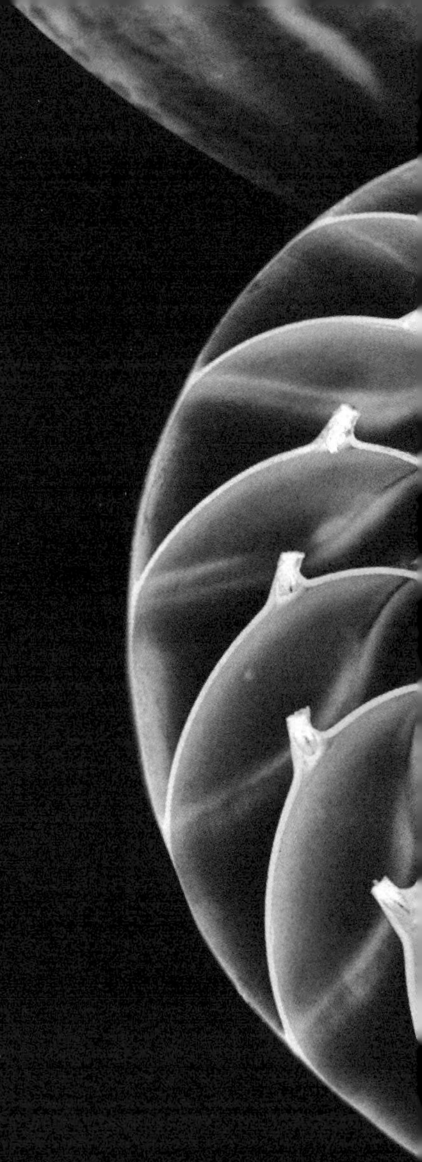

鹦鹉螺

界　动物界
门　软体动物门
纲　头足纲
目　鹦鹉螺目
科　鹦鹉螺科
属　鹦鹉螺属
种　珍珠鹦鹉螺（*Nautilus pompilius*）

地球上的沉积岩保留着陆地和海洋中早已死亡的生物的印记，从最早的原核生物到现代的复杂真核生物。其中一些化石很难解释，而另一些化石则非常清晰。其中最常见和最具吸引力的是被称为菊石的动物。它们留下的痕迹通常是一卷紧密的、加宽的脊状贝壳，没有生活在其中的软体动物的痕迹（这种脆弱的组织只能通过最温和的石化过程保存下来）。

菊石是一个最早生活在4.2亿年前的世系的残余，在大约6 600万年前，最后的菊石与恐龙同时灭绝。菊石的所有遗迹都是化石遗迹，但仍有一些与它们相似的动物生活在地球海洋中，比如有腔的鹦鹉螺。这种动物漂流、摇摆，将水吸入有壳的身体并将其喷射出去，以实现推进。它的壳是光滑而非脊状的，呈螺旋形，有着美丽的白色和红色条带，但是它柔软身体的可见部分远远不符合人类对美丽的标准。它身体的主要部分是嘴，由大量从壳体开口突出的触手状的腕控制。它们形成两束，每边大约40个；在它们之间可以看到漏斗——一根粗壮的管子或虹吸管，水通过它被吸入和喷射。在腕的后面，头部两侧各有一只巨大而奇怪的肉质眼睛，眼睛上有一道狭缝状的开口。这张脸——如果可以称之为脸的话——被口盖遮着，口盖是一块坚硬的肉，随着鹦鹉螺的游动，它会轻轻拍打。如果需要的话，为了安全起见，在将腕收回壳中后，口盖可以下降以关闭它的嘴。

鹦鹉螺壳体的内部衬着银色的珍珠质，只有螺旋形的外层被鹦鹉螺的身体占据。随着它的生长，外壳也会遵循对数公式不断向外旋转并扩大。当螺旋的最里面部分变得太小，无法容纳它生长的身体时，这个部分就会被一堵墙（隔膜）封闭起来。一只成熟的鹦鹉螺——它们是长寿的生物，年龄可达到或超过20岁——壳内可能有12个或更多密封的腔室。它们是透水的，鹦鹉螺可以通过改变腔内水和空气的平衡来调整浮力。

鹦鹉螺和菊石一样，都是软体动物。它们的近亲包括腹足类动物（蛞蝓和蜗牛，它们有一个卷曲的壳），以及双壳类动物（如贻贝和扇贝，它们有两个半壳，可以打开或关闭）。一些双壳类动物牢牢扎根在岩石上度过它们的一生，而另一些在泥土或沙子中挖洞，还有一些则笨拙地通过喷水和像扇翅膀般拍打成对的壳来游泳。

然而，鹦鹉螺最亲密的盟友是章鱼、墨鱼和鱿鱼。总而言之，这些是头足类动物（cephalopod），其名称来自希腊语单词kephalos（头）和poda（脚），完美地描述了常见章鱼的外貌。早已死去的菊石也是头足类动物，尽管它们有外部的螺旋壳，而不是内部的骨头，但它们与其他头足类动物的关系比与鹦鹉螺的关系更为密切。

幸运的是，动物和植物的遗骸可以变成化石，而化石提供了对过去的回顾。然而，尽管对它们的研究对于越来越多地理解地球上的生命如何发展至关重要，但变成化石是一种罕见的事件，需要特定的环境。

▲ 第50—51页：鹦鹉螺美丽的外壳是大自然的奇观之一。早期的（现在密封的）腔室使动物得以控制浮力。

活化石

当一个生物死亡，其软组织腐烂时，任何剩余的坚硬部分（如外壳）都可能被包裹在沉积物颗粒的堆积层中。在数百万年的时间里，这些岩层逐渐堆积并压缩了下面的岩层，慢慢地将它们从柔软的泥土变成了坚硬的岩石，而外壳则保存在里面。最终，水渗入岩石并逐渐溶解外壳。水携带溶解的矿物质，这些矿物质凝固成岩石，形成了已溶解的外壳的复制品。保存身体组织还有其他方法，但这一被称为“矿化”的过程是最常见的。

变成化石通常发生在水中的尸体上，因此水生生物化石比陆地动物化石更常见。此外，化石只可能在沉淀物可以沉淀的平静水域中形成，即使如此，许多化石也会在沉积过程中受损和破碎。因此，能找到一具完整的、保存完好的、精致的小型脊椎动物骨骼，确实是一件不同寻常的事情。

尽管如此，几个世纪以来，人们还是发现了成千上万的化石，每年都有更多的化石被挖掘出来或从岩石表面剥落。一些地区的化石特别丰富，由于地球陆地自形成以来经历了数百万年的自然变迁，现在在旱地上发现了许多丰富的化石层。

确定化石的年龄，主要涉及研究它在其中被发现的岩石。有许多方法研究岩石中某些元素的放射性衰变。放射性原子天生不稳定，以可预测的恒定速率衰变（从其原子核中丢失一个中子粒子）。通过分析它们的原子结构及衰变状态，可以判断它们在岩石中存在了多长时间。根据存在的不同元素，辐射定年法可以精确测定数十亿年前形成的岩石。

► 鹦鹉螺虽然看起来很奇怪，但它的体形确实经受住了时间的考验。

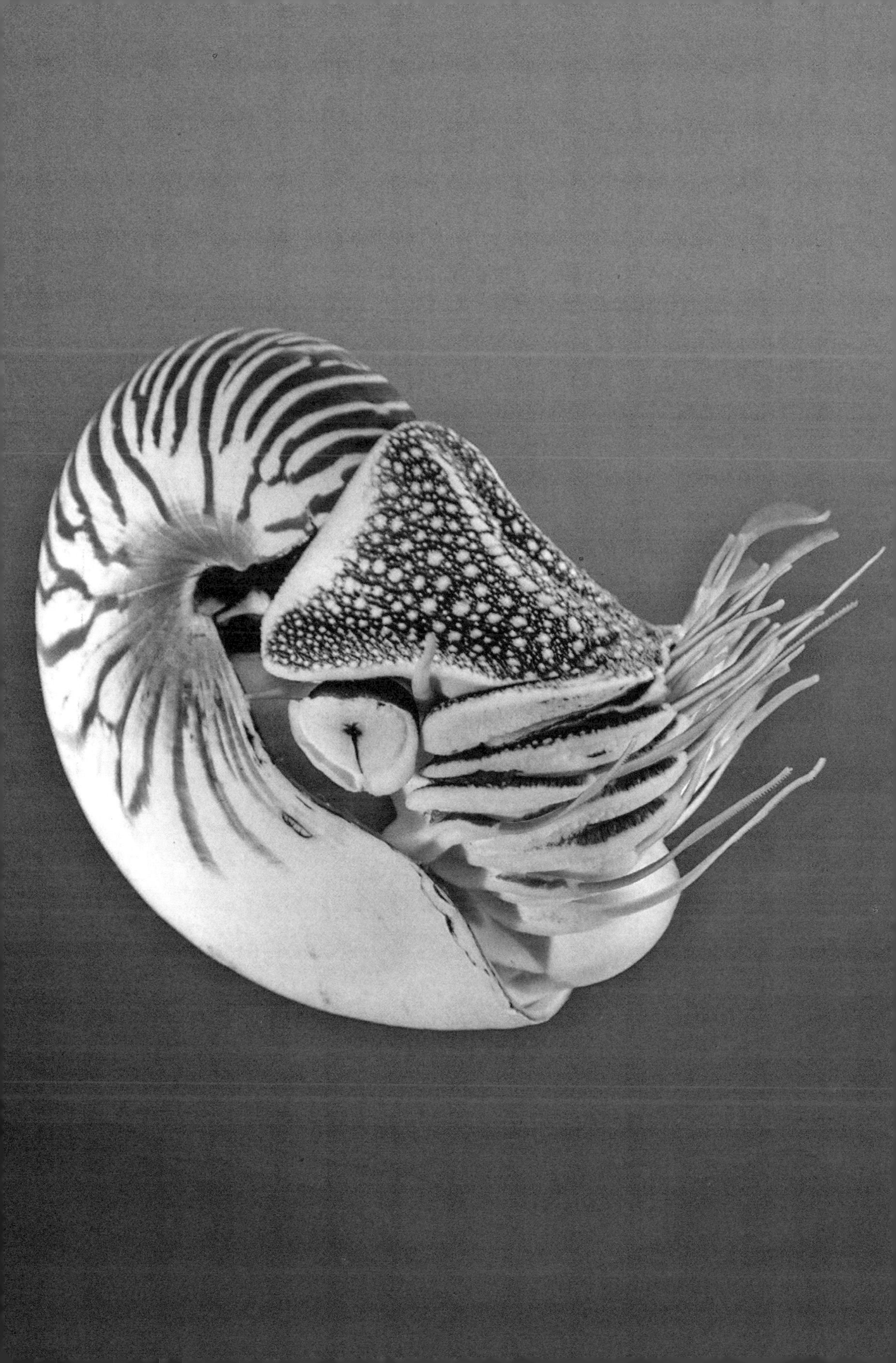

漫长生命的简史

由于其丰富的化石和大规模灭绝，菊石比鹦鹉螺更为人所知。然而，鹦鹉螺也会留下化石，它们的化石记录显示，它们在海洋中已经存在了至少5亿年，尽管今天两个属内只有大约六个种。它们都非常相似，都局限于印度洋-太平洋，分布几乎没有重叠。它们不是非常大的动物，可以恰到好处地放在一双人类的手上，但由于它们附着在较深的珊瑚礁斜坡上，深度约为100～300米，因此很少被看到。

化石记录显示，过去鹦鹉螺的数量和种类都更多。有些是部分直壳，而不是完全卷曲的壳；有些是巨大的，直径超过2.5米。然而，这些差异是肤浅的：就其基本解剖结构和生活方式而言，鹦鹉螺在过去5亿年中几乎没有变化，经常被作为"活化石"的范例。

在它们周围，发生了戏剧性的变化。最早的鱼类——无骨和无颌——存在于约5.3亿年前，直到约4.5亿年前，才进化出有颌软骨鱼类（今天鲨鱼和鳐鱼的祖先）。距离第一条带骨架的鱼游过地球海洋还有5 000万年，距离第一批哺

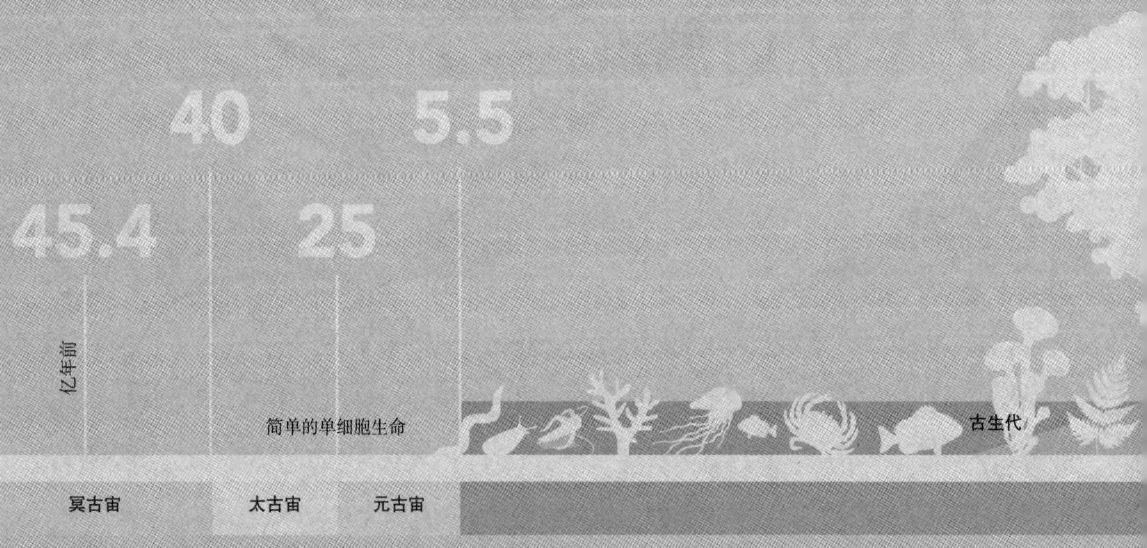

乳动物出现在陆地上还有1亿多年；还要再过4 900万年，第一批鲸鱼和海豚的哺乳动物祖先才回到海里开始游泳。

在鹦鹉螺总科家族的生命周期内，发生了五次灾难性的大规模灭绝。最近一次发生在6 600万年前的白垩纪末期，这一事件不仅终结了陆地上的恐龙（鸟类除外），而且在水下产生了巨大的影响。海洋无脊椎动物和鱼类的多个科被灭绝，包括所有最后的菊石物种。“钙化动物”——由碳酸钙而形成相当大的坚硬身体部位或保护结构的无脊椎动物（如海胆和珊瑚，以及菊石等软体动物）受到的打击尤其严重。这可能是因为促使灭绝事件发生的小行星撞击造成了大量酸雨，海洋的pH值也相应下降。碳酸钙在酸性更强的水中溶解，导致动物对碳酸钙的利用能力下降，从而得不到很好的保护。它们的减少又会导致许多依赖它们的食肉动物面临大规模饥荒。

这种剧烈的变化，以及它造成的破坏，不会让鹦鹉螺不受影响。许多物种和无数个体可能已经死亡，但这并没有消灭它们。在此之后，它们在突然无菊石的海洋中发现了新的机会，随后鹦鹉螺的多样性又出现了新的激增，接着再次缩小，只剩下今天幸存的两个属。

这是地球上生命的时间表。鹦鹉螺最早出现在至少5亿年前，接近寒武纪末期，从那时起一直生活到现在，在进化上的改变相对较少。

进化的驱动力

像鹦鹉螺这样的生物似乎与地球上自第一个简单的生命先兆出现以来所发生的一般进化模式不符。几千年来，生命不断扩展，变得更加复杂，形式和功能也变得更加多样化。通过地球的化石记录，有大量证据证明了这一点。

自从第一批鹦鹉螺进化以来，鱼类发展出了颌骨和骨骼，成为呼吸空气和陆上行走的动物；它们的后代日趋多样化，成为两栖动物，然后是爬行动物、鸟类和哺乳动物，这些都是陆地上的脊椎动物。最终，在20万年前，哺乳动物谱系产生了智人物种，智人今天正重塑着这个星球。

地球上的任何生物都不能逃离进化的力量，即使是通过克隆自身或简单地分裂成两个单细胞生物进行无性繁殖的生物也是如此。但为什么进化对某些物种来说意味着在短短的几千年里发生巨大的变化，而对另一些物种来说，在巨大的时间尺度上几乎没有变化？

进化是一个不断完善的过程——不是对单个生物而言，而是对它们的种群而言。它遵循以下四个基本原则：

最早的四足动物（四肢脊椎动物）是在大约3.85亿～3.6亿年前从肉鳍鱼进化而来的。这种戏剧性的快速变化与鹦鹉螺家族中的体形停滞形成了鲜明对比。

◄ 这是三叶虫的完整化石。这些海洋节肢动物非常成功，种类繁多，生活在5.3亿～2.5亿年前。

- 同一物种的生物种群在其特征（例如大小、颜色或本能行为）上表现出个体差异。
- 这些外部差异（表型变异）是不同基因表达（基因型变异）的结果，因此在繁殖过程中传递。
- 在生殖过程中，基因复制可能会发生自发错误（突变），这意味着后代可能携带父母没有表达的新基因变体。
- 只有那些最适合生存和繁殖的个体才能活到成熟，并成功地将其特定的基因组合传递给新一代。

通过这种方式，种群能够更好地适应其环境——包括该环境的动态要素——因为它一直承受着这样做的压力。未能适应的惩罚便是死亡。这意味着，虽然被捕食物种在进化过程中变得更善于隐藏自己或躲避捕食者，但捕食者变得更擅长战胜这些防御。如果一个环境正在发生变化——例如变得更冷、更热、更湿或更干燥——生活在其中的生物体也会面临改变的压力。不可避免的是，如果不以足够快的速度适应，一些种群将完全灭绝，而另一些种群将直面变化蓬勃发展。

变化如何创造顺序

从本质上讲，进化是通过对基因进行无目的的、随机产生的变异，并对其施加定向性压力来实现的。这一过程作用于所有生物，并一直存在。一个古细菌的整个基因组可能包含不到1 000个基因，而一个人的基因数量在2万～2.5万之间，但每个基因都有可能在复制过程中发生突变，从而改变其功能。基因组还包括不提供蛋白质编码指令的DNA。这种DNA的功能包括制造不用于蛋白质构建的RNA形式，其神秘的性质导致其被称为“垃圾DNA”。

“突变”这个词往往带有消极的色彩，事实上，许多基因突变都会产生有害的后果。例如，人类第11号染色体的某个基因突变会改变一种名为酪氨酸酶的蛋白质的结构。这种蛋白质是一种帮助细胞产生黑色素的酶，黑色素赋予皮肤、眼睛和头发颜色。在有突变基因的人中，酪氨酸酶不能正常工作，应该产生黑色素的细胞也不能正常工作；因此，这些人的头发和皮肤是白色的。他们的眼睛是粉红色的，这是因为视网膜的血液供应是可见的。他们不仅外表引人注目，而且视力受损，对阳光极为敏感，这对生存不利。即使在现代社会的发达国家，白化病患者的生活也相当困难。

但是，如果我们生活的环境突然发生变化，使这些特征的危害性降低，甚至可能变得有用呢？想象一下，一群人被迫生活在光线昏暗的地下洞穴系统中，四周满是裂缝和落水洞等危险元素。在这里，对强光的敏感度不会成为问题；而且白化病患者拥有明亮的白色皮肤（即使在非常弱的光线下也很显眼），在黑暗中与其他人分离的可能性较小，因此也不太可能摔死。重塑种群的外部因素被称为选择压力，其结果是自然选择——最适应其环境的物种的生存和繁殖。

► 白化病可以影响任何人，但当它发生在天生具有深色皮肤的人群中时，这种表型尤其引人注目。

如果白化病患者有孩子，那么这些孩子很可能会出现常规色素沉着。这是因为白化病是隐性的，只有当个体在11号染色体的两个副本上都携带白化病类型的基因时才会表达。如果它只存在于一条染色体上，而显性的常规色素沉着类型（或等位基因）在另一条染色体上，那么他尽管是白化等位基因的携带者，也会出现常规的色素沉着。在外观（表型）上，他们看起来和有两

个常规色素沉着等位基因的人一样，差异只在基因（基因型）上明显。携带者仍然可能生出有白化病的孩子，但前提是另一位父亲或母亲也是携带者或完全白化病患者。控制显性和隐性等位基因遗传的直接机制是在19世纪发现的，但实际上，事情并不那么简单，因为等位基因可能是部分显性或共同显性的。然而，人类中很少有特征是由单个基因决定的。虽然白化病是一个例外，但白化病有多种类型，非白化病患者的皮肤色素沉着程度也有广泛的变化，并受多个基因控制。因此，大多数人类或其他生物特征的进化变化通常是一个缓慢的过程。

它也会在无意或没有被预见的情况下发生——导致变异的突变是随机的。在自然界中很容易看到这样的例子：一种特定身体结构上的变化可能对一个物种非常有利。如果猴子能像鸟一样在树间飞翔，而不是爬上跳下，或者长颈鹿可以缩回脖子以便更容易地奔跑，会怎样呢？如果海豚长出了鳃，不需要浮出水面呼吸，又会怎样？这些都可以被视为有益的特征，但进化并不能提供所需的东西。它只适用于保存和完善有效的东西，无情地淘汰那些失败的东西。

◄ 是从一棵树飞到另一棵树，还是跳跃？进化为同一问题提供了不同的解决方案，这取决于可用的原材料。

一个孩子从父母那里各继承了一半的基因。因此，如果一个基因有一个显性（图中显示为蓝色，B）和一个隐性等位基因（图中显示为黄色，y），那么孩子将继承四种可能的组合中的一种，不过只有两种可能的表型（如BB和By均显示为显性表型）。

父母都是By型，那么后代是BB型的概率为25%，是By型的概率为50%，是yy型的概率为25%

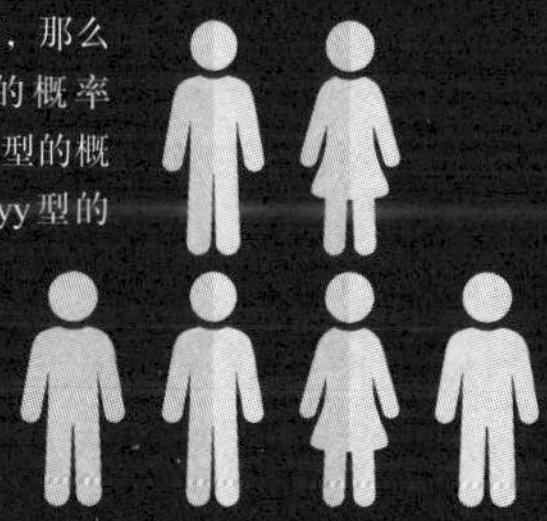

父母当中一个是yy型，另一个是BB型，那么后代100%是By型

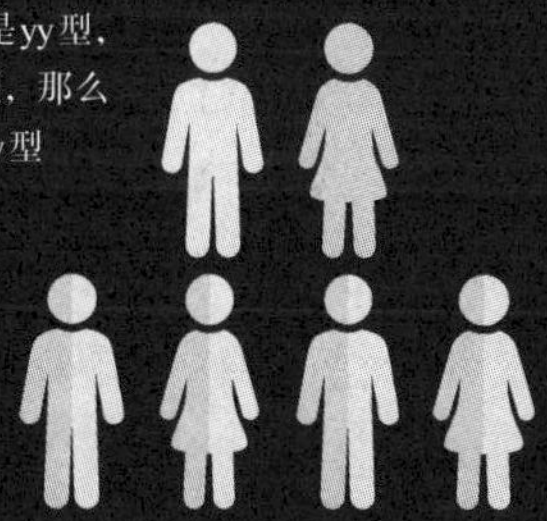

父母当中一个是By型，另一个是BB型，那么后代是BB型的概率为50%，是By型的概率为50%

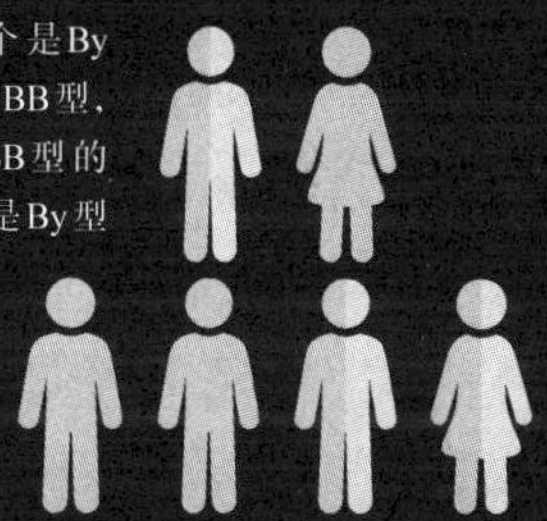

父母当中一个是yy型，另一个是By型，那么后代是yy型的概率为50%，是By型的概率为50%

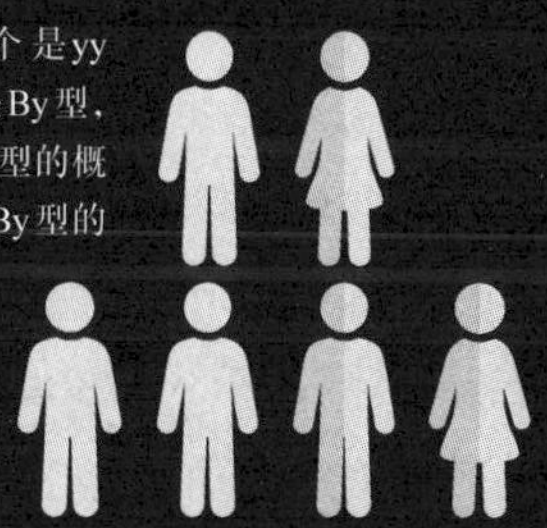

自己的生态位

进化变化与环境变化同时发生。在自然界中，大规模的环境变化往往是逐渐发生的，许多物种会通过自然选择来适应，但突然的变化会超过进化的速度。因此，许多物种将灭绝，为幸存者创造一个适应的生态空间。白垩纪末期的大灭绝杀死了所有的大型陆生动物（主要是恐龙），但随着地球的恢复，新的大型陆生动物进化了，利用了那些已经死亡的动物腾出的“工作岗位”。

每一种生物都有——而且必须有一个生态位。它需要拥有使其生存的所有资源，并且这些资源必须都在一个或多个它可以到达的地方。对一些动物来说，生态位非常广阔。例如，大多数人类城市都有自己的“动物随从”，它们是多才多艺、诡计多端、杂食性极强的生物，可以生活在这些高度不自然的、经过改造的空间中。其他许多生物都是极端领域的专家，适应了一个既狭窄又奇异的生态位，比如寄生蜂只在某一特定蛾类的活毛虫上产卵，又如大熊猫，它有食肉动物的牙齿，但几乎只吃竹子。

在全世界的不同地区，存在着不同的生物群落，但生态位往往有相当广泛的重叠。例如，在大多数林地中，都有动物栖息在地面上，它们有条不紊地觅食，在落叶层和表土中嗅出无脊椎动物。在北美，这个生态位被美洲獾和各种臭鼬占据；在西欧，它由刺猬和欧洲獾（与其美国表亲截然不同）占据；在澳大利亚有澳洲针鼹和袋狸；而在新西兰，几维鸟——最不似鸟的鸟类——取代了尖鼻哺乳动物（进化甚至将其鼻孔从通常鸟类靠近前额的位置，下移到其长而敏感的喙的尖端）。

然而，环境的变化意味着生态位的变化。如果林地被清除，这些落叶层中的觅食者将完全失去其生态位，但如果林地被房屋和花园取代，那么生态位会被部分取代。不过，情况终归不一样了，一些落叶层觅食者可能无法适应。那些适应新环境的物种最终会在某些方面与居住在林地的祖先有所不同，因为自然选择将提炼出最适合它们新生态位的特征。

如果一个物种灭绝，所有依赖它的寄生虫也将消失，除非它们也能适应新的宿主。DNA研究表明，可以栖息在人类腹股沟区域的阴虱与大猩猩身上的虱子有着共同的祖先。300万年前，人类与大猩猩生活在足够近的地方，一些大猩猩身上的虱子可以转移到人类生长毛发的部位（反之亦然）。从那时起，进化将生活在人类和大猩猩身上的虱子分为两个不同的物种。虽然大猩猩（以及它们的虱子）现在面临着即将灭绝的威胁，但适应人类的虱子却有数十亿人的腹股沟可以栖息。

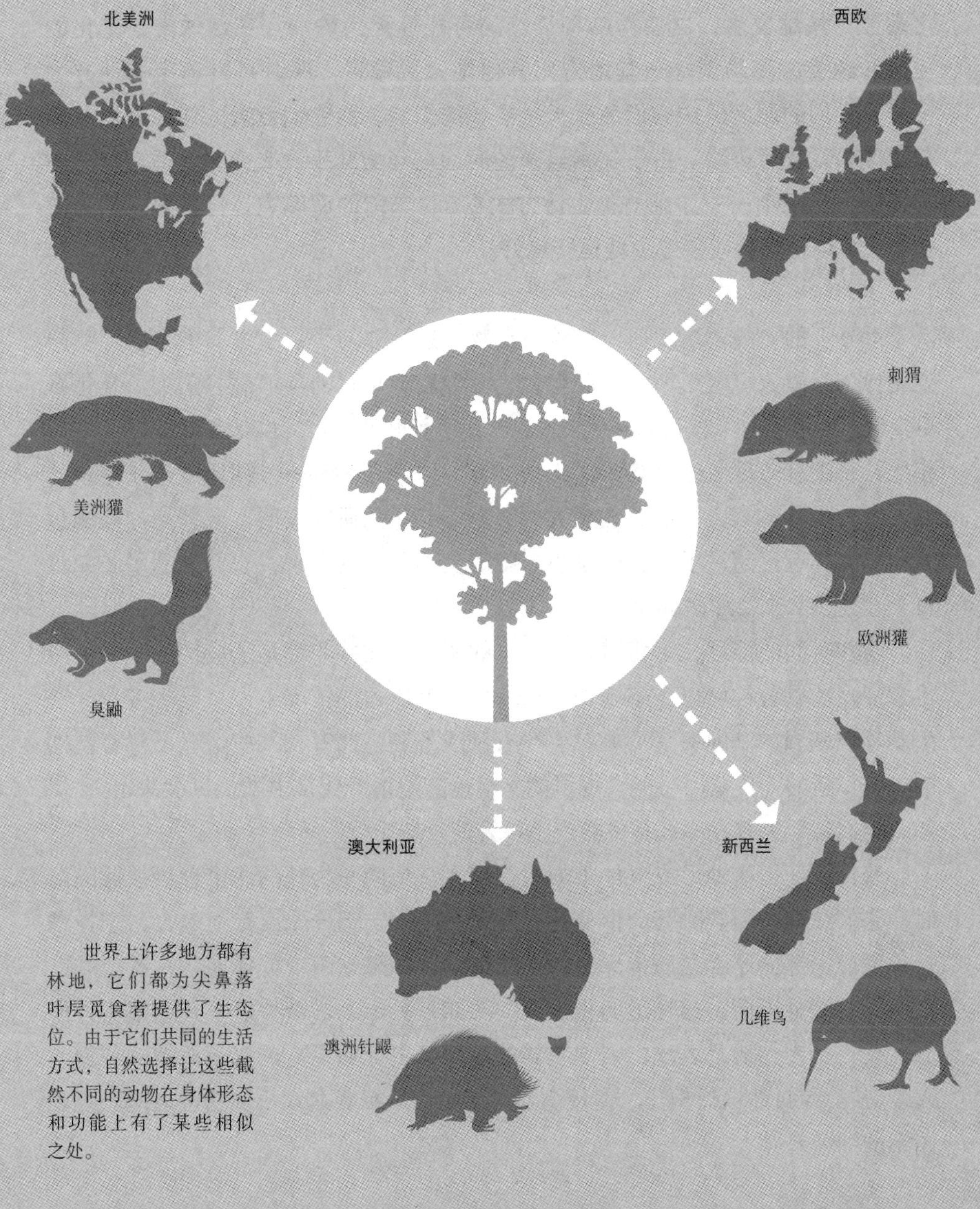

世界上许多地方都有林地，它们都为尖鼻落叶层觅食者提供了生态位。由于它们共同的生活方式，自然选择让这些截然不同的动物在身体形态和功能上有了某些相似之处。

停滞与漂变

▶ 腔棘鱼目的矛尾鱼属（*Latimeria*）是以南非东伦敦博物馆馆长马乔丽·考特尼-拉蒂迈的名字命名的，她研究了第一个西印度洋矛尾鱼标本，并认识到其独特性和科学价值。

进化使一个物种更适合其生态位，但如果生态位的性质不断变化，进化变化需要更快地发生，这使得物种灭绝的可能性大大增加。在地球上，变化的程度和速度并不均衡。一些地方比其他地方更稳定，深海是最稳定的地方之一——它们的深度保护它们免受天气事件的影响，而它们巨大的体积有助于调节温度和稀释污染物。由于在相当长的时间内环境几乎没有变化，适应变化的选择压力也很小——如果一种生活方式在5亿年前的深海中运行良好，那么它在今天可能仍然会或多或少地运行良好。

世界上的一些“活化石”是深海动物，这并非巧合，不过其中一些动物的变化比乍看上去可能更明显。腔棘鱼（一种腔棘鱼目的肉鳍硬骨鱼类，其化石可追溯到4亿年前）被认为在大约6 600万年前灭绝，与3.34亿年间存在的个体相比几乎没有明显变化。然而，在1938年，一个新物种——西印度洋矛尾鱼的发现在古生物学家中引起了相当大的轰动。此后的研究表明，已灭绝的腔棘鱼之间的变异远远超过了最初的设想；随着更多化石的发现，它们揭示了腔棘鱼目曾经是多么丰富和多样化。

随着时间的推移，生物谱系中发生的所有变化并非都是适应性的。通过遗传漂变现象，种群可以在不施加任何特定选择压力的情况下发生显著变化。产生新等位基因的基因突变可能对生存有利或不利，或者在某些情况下没有特别的影响。新的等位基因可能会也可能不会遗传给下一代（由随机机会决定），但如果它们碰巧扩散，那么有可能产生显著的长期影响。

遗传漂变是物种形成事件中的重要因素。当同一物种的两个种群彼此隔离时，它们往往会随着时间的推移变得越来越不同，部分原因是通过自然选择进行的适应，部分原因是遗传漂变的偶然影响。如果这两个群体碰巧在等位基因平衡上有明显不同，这种影响将被放大。如果一个或两个种群一开始很小，那么后代在基因构成上表现出强烈差异的趋势将更加明显。这就是所谓的“创始人效应”。与自然选择相比，遗传漂变可能更能解释鹦鹉螺不同物种之间颜色和图案的细微差异。

▲ 这具保存完好的腔棘鱼化石在解剖学上与现代同类有着明显的相似之处，可能追求着大致相似的生活方式；不过，它是否具有同样可爱的颜色，是一个有待猜测的问题。

表观遗传学

19世纪，在查尔斯·达尔文和其他生物学家通过自然选择探索进化概念的同时，另一种理论也颇为流行，那就是以法国生物学家让-巴蒂斯特·拉马克的名字命名的拉马克主义（尽管这一理论信条只构成了他关于进化概念的一小部分）。拉马克主义认为一种生物可以根据需要在自己的一生中主动获得新性状。因此，长颈鹿的祖先可能通过去够更高的叶子来伸长和强化脖子，然后将这种变化传给后代。

正如举重运动员和其他运动员所展示的那样，通过使用身体相关部位的方式，可以对身体进行一些改变。在哺乳动物中，运动（或缺乏运动）会影响肌肉大小、骨密度、心率和肺容积等。在其他动物身上，也有不必要的能力和身体部位丧失的例子，例如生活在黑暗洞穴池中的墨西哥丽脂鲤，它们没有眼睛，没有身体色素沉着，而生活在阳光下的同一物种的其他种群，眼睛和颜色正常。

然而，大多数生物学家得出的结论是，动物在生活中获得的特征不能遗传给后代，而洞穴鱼的失明等性状则是通过突变和自然选择产生的。培育和保养一双没有用处的眼睛是对身体资源的不必要消耗，因此眼睛比正

基因可以通过三种元素之间的相互作用被激活或失活，这三种元素是DNA本身、DNA链缠绕的组蛋白，以及来自饮食或对某些身体压力做出反应的其他各种分子。

表观遗传机制是由作用于已经形成的染色体的外部因素（如饮食中的分子或环境化学物质）引起的

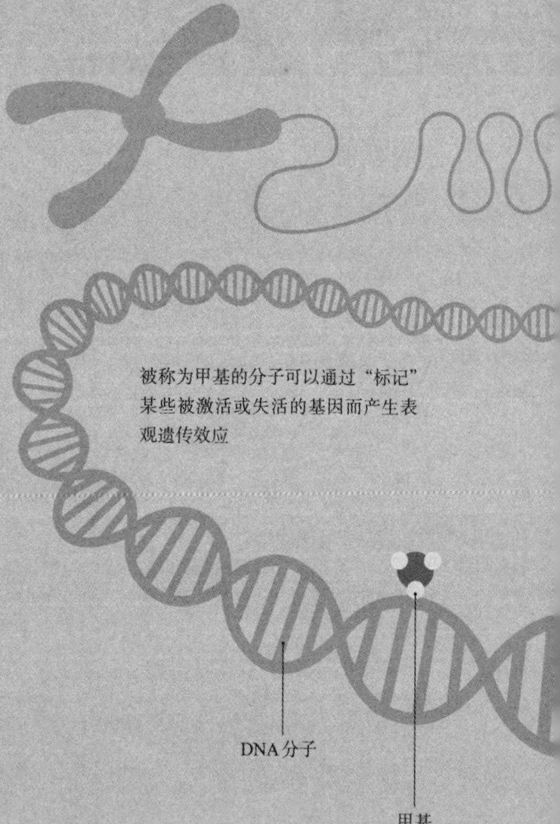

被称为甲基的分子可以通过“标记”某些被激活或失活的基因而产生表观遗传效应

常眼睛小的鱼相较于其他鱼更有生存优势。

拉马克主义多年来一直受到诋毁和嘲笑，但今天有越来越多的证据表明，一些后天获得的性状可以遗传，因为它们源于基因表达方式的改变，而不是基因本身的突变。基因可以通过添加化学标记（甲基标记）来“打开或关闭”，在某些条件下，酶会将这些甲基标记添加到DNA链中。通常，当生物体形成卵细胞或精子细胞（配子）时，这些标记会被移除；但研究表明，在某些情况下，它们会被带入配子，并遗传给下一代。

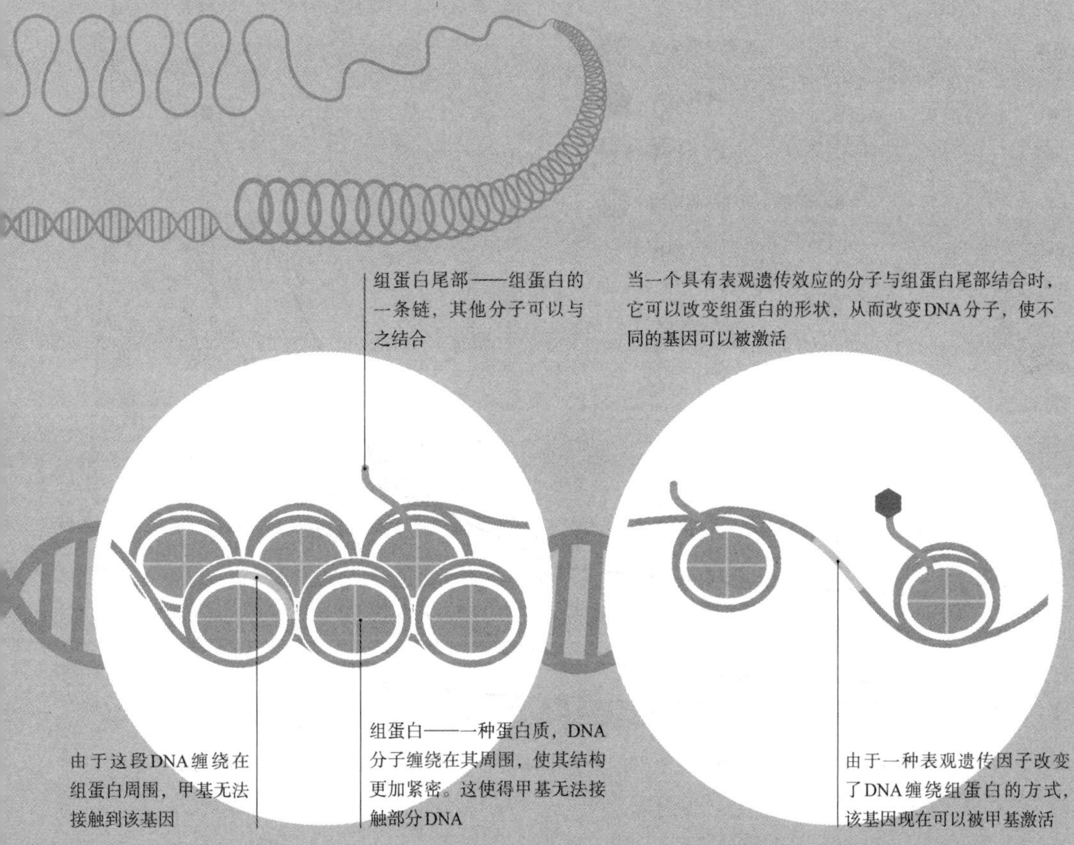

时间的限制

虽然表观遗传学的研究还处于起步阶段，但研究主体包括一些关于人类的数据。1944—1945年冬天，当第二次世界大战接近尾声，德国军队仍然占据着荷兰。德国人设置了封锁线，阻止食品和燃料进入一些城镇，结果，一场可怕的饥荒夺走了大约2万平民的生命。在这场饥荒期间处于子宫中的胎儿，后来出现了终身健康问题。这本身并不奇怪，但当这些婴儿长大并有了自己的孩子后，其中一些孩子也有同样的问题，尽管他们在子宫内从未接触过同样的条件。孙辈的DNA显示出与母亲DNA相同的甲基标记模式。

人类的进步是以牺牲其他脊椎动物为代价的，人类文明工业化后不久，灭绝率就开始急剧上升。几乎其他所有生命形式都在经历类似的影响。

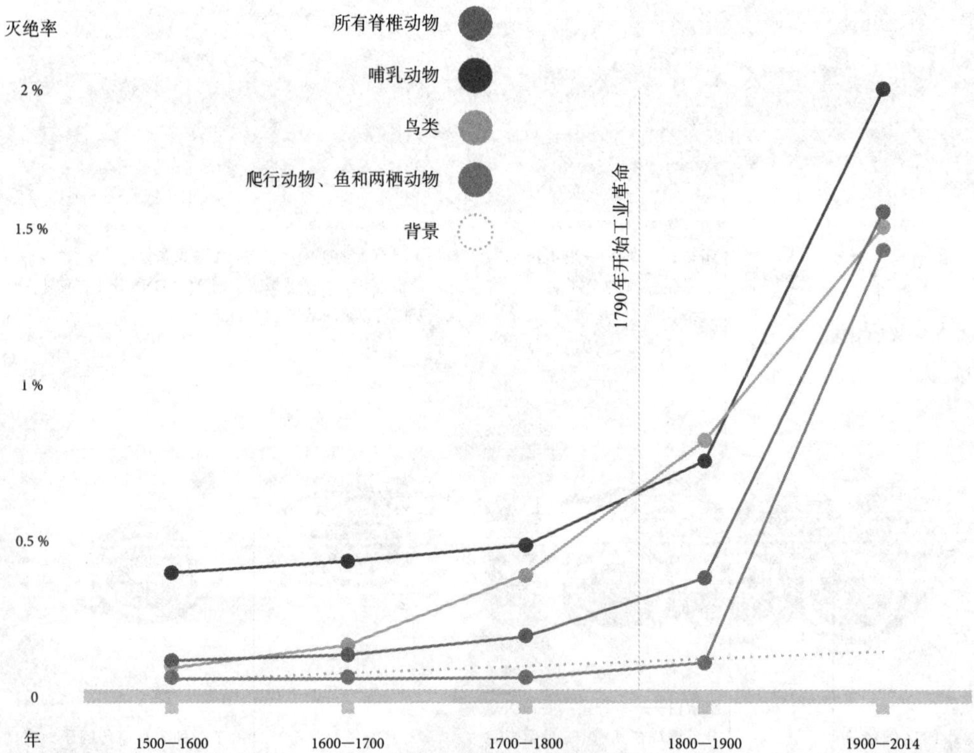

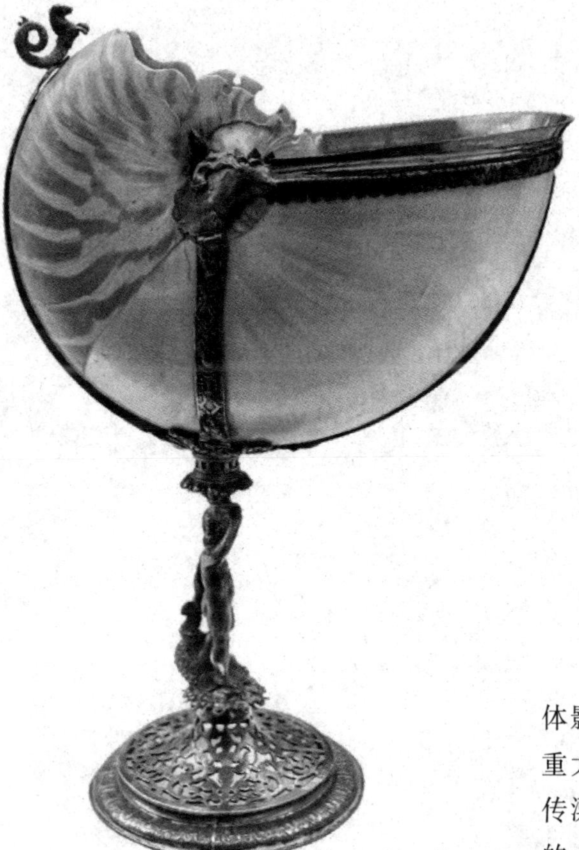

◀ 鹦鹉螺是人类最空虚的欲望的牺牲品——它的外壳被制作成美丽的纪念品。

表观遗传效应对进化的整体影响仍然是生物科学的一个重大未知数。表观遗传学和遗传漂变在某种程度上都是神秘的，而通过自然选择进行的进化则并非如此。科学正在探索这两个方面，但我们需要多长时间才能了解地球上生命的时间是有限的？由于人类活动，第六次大灭绝已经发生，尽管在某些地方会比在其他地方更快地感受到其影响，但没有任何栖息地能够免受正在发生的危害，即使是最深的海洋。

伴随着人类的活动，海洋越来越不适合所有生命，有着悠久历史的鹦鹉螺家族的日子可能屈指可数。缓慢漂流的鹦鹉螺在一个不变的栖息地中几乎没有变化，而由于污染、气候变化以及一个发达和资源匮乏的世界带来的其他后果，它们现在正处于真正的危险之中。

由于鹦鹉螺有着美丽的外壳，它也成了捕猎者的目标。想要拥有美丽的鹦鹉螺壳（尽管是空的、没有生命的）的需求，甚至可能超过任何想要了解活体动物的秘密，并尽可能长久地保护它们和它们的栖息地的愿望。只有鹦鹉螺或者其人类捕食者的快速改变才能拯救它们，但从过去的5亿年来看，快速改变并不是鹦鹉螺的强项。因此，我们必须做出改变。

4

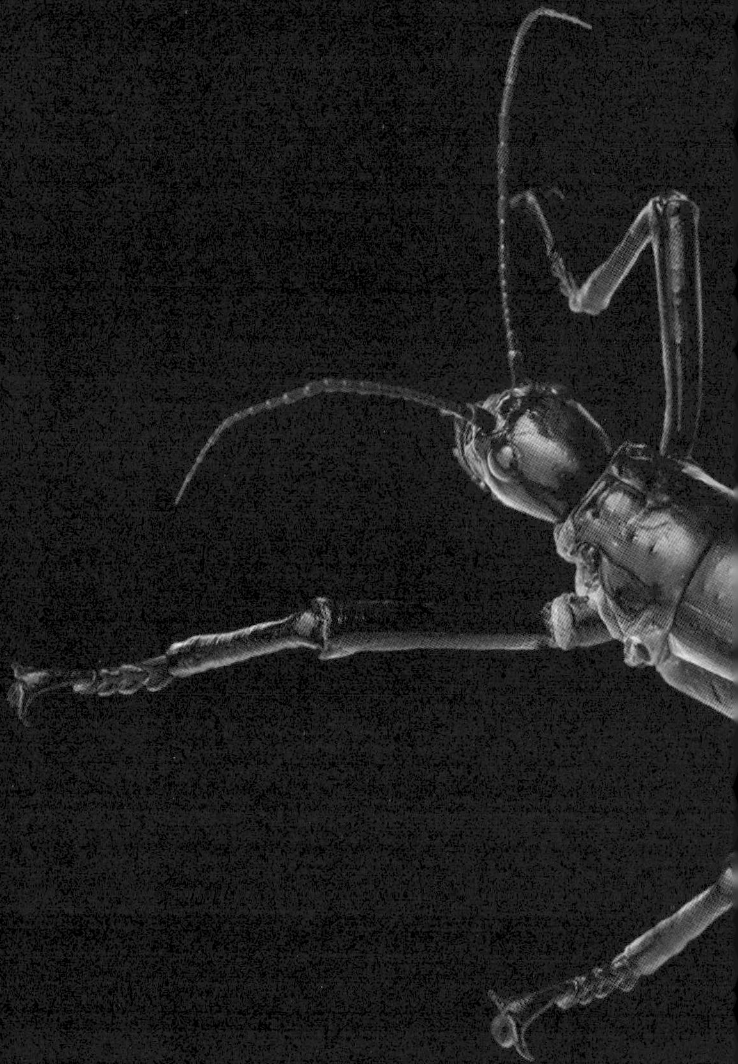

竹节虫

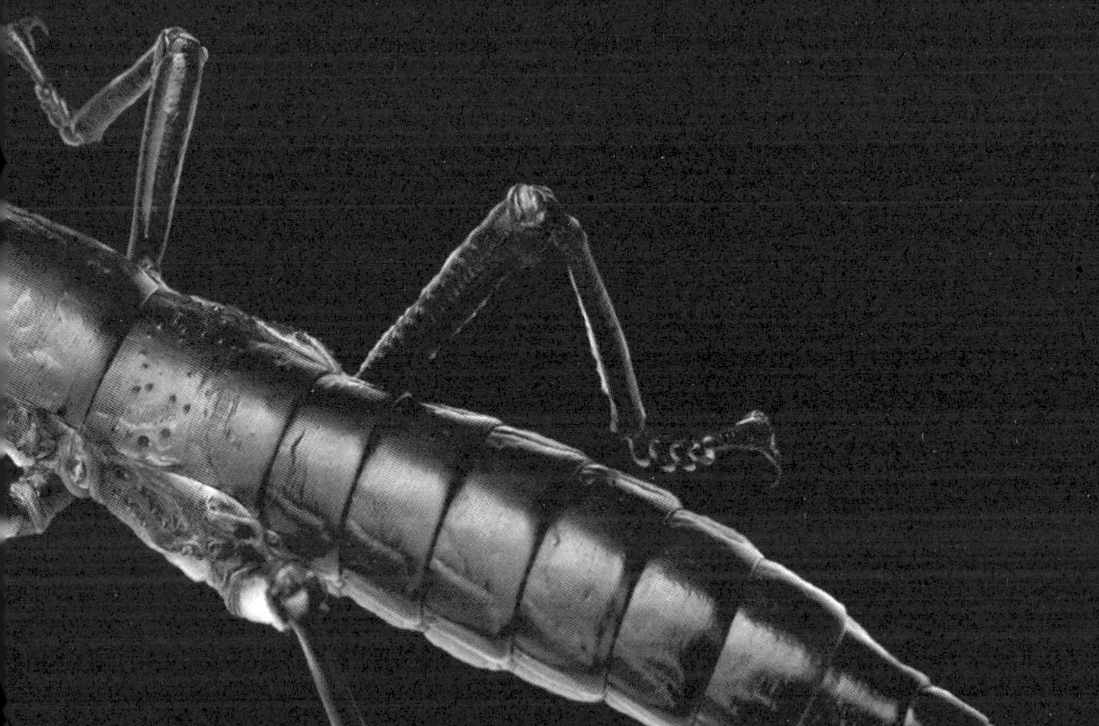

豪勋爵岛竹节虫

界　动物界

门　节肢动物门

纲　昆虫纲

目　竹节虫目

科　竹节虫科

属　树棘竹节虫属

种　豪勋爵岛竹节虫（*Dryocoelus australis*）

这是一个关于一种大昆虫和一座小岛的奇妙故事。“波尔金字塔”是一根陡峭的、有尖顶的海蚀柱，从太平洋中凸出。这根火山岩柱的轮廓让人想起一根被猛烈折断的树干，或是某种古代食肉动物的残缺牙齿。对大多数人类游客来说，这里当然没有什么吸引力——除了那些想测试自己攀爬陡峭岩壁与悬崖的技能、力量和勇气的人。

正是一群像这样的人——热衷于攀岩，喜爱冰冷的、无生命的岩石并受其驱使——于1964年来到这根海蚀柱，并取得了20世纪最杰出的生物发现之一。来自澳大利亚的攀岩队未能到达“波尔金字塔”的顶峰——恶劣的天气条件和物资短缺迫使他们在五天后返回。然而，尽管事实证明这根海蚀柱对人类来说非常不适宜居住，但研究小组的一名成员注意到了一只巨大的死昆虫。队员们被它的大小所震撼——更不用说它出现在这块几乎没有植被的岩石上了——于是拍了一张照片。

这只昆虫是一种竹节虫，属于竹节虫目的成员。这个群体拥有3 000多种竹节虫和叶䗛，其中许多是对它们所依赖植被的极其精确的模拟。不过，这只特殊的竹节虫并不是纤细的，而是一只结实的、闪亮的黑色大东西，比人的手掌还长，比一只田鼠还要重。

这种昆虫与已经灭绝的豪勋爵岛竹节虫（也叫树龙虾）有着惊人的相似之处，后者曾生活在豪勋爵岛上，在西北方向20公里处，直到1920年前后，随着黑家鼠被引入豪勋爵岛，它们灭绝了。然而，这一发现表明豪勋爵岛上的竹节虫不仅局限于该岛，还曾在“波尔金字塔”定居，并且可能还在那里生存。

最终，人们开展了认真的搜索工作，以寻找这种神秘竹节虫的活体。搜寻集中在一株孤独的白千层树（*Melaleuca boweana*）上，这是豪勋爵岛及其相邻岛屿特有的物种。这株孤零零的灌木是整个“波尔金字塔”上唯一一株比较大的植物，它是从一颗落在岩石缝隙中的种子发芽的，多年来靠雨水的积聚而茁壮成长。天黑之后，通过对其叶子的检查，人们终于发现了一个包含24只健康个体的豪勋爵岛竹节虫小种群。

2003年，另一支探险队来到这座小岛，采集了两只雄性和两只雌性竹节虫，其目的是建立一个人工繁殖种群。这样不仅可以拯救物种，使其免于灭绝，还可以繁殖数量充足的个体。一旦非本地的老鼠被移除，它们就被送回豪勋爵岛。

被认为已经灭绝，然后又被重新发现的生物，比如豪勋爵岛上的竹节虫，被称为“拉撒路物种”，这是根据《圣经》中关于拉撒路的故事而来的。耶稣让拉撒路死而复生，戏剧性地展示了他的神奇力量。当然，与拉撒路不同的是，这些物种从来没有灭绝过，只是“失踪”了。但如果耶稣发现拉撒路躲在他最喜欢的藏身之处，拉撒路的故事就不会那么有影响力了。

除了“拉撒路物种”，也可以有“拉撒路属”“拉撒路科”等。许多“拉撒路类群”最显著的特征，是在某些情况下，它们会消失数百年之久，并且经常在被认为与它们唯一的家园有一定距离的地方被重新发现。

▲ 第 72—73 页：豪勋爵岛竹节虫体型惊人，极为罕见——凭借奇特的地理环境和一次幸运的偶然发现，才得以免于灭绝。

拉撒路类群

地球上没有任何地方能完全避免突然的生态变化，而现代人类的到来意味着灾难风险的巨大增加。对于豪勋爵岛来说，灾难是由“马坎博”号带来的。1918年6月15日，这艘蒸汽船在澳大利亚和瓦努阿图之间航行时，在该岛北部边缘搁浅。经过九天的修理后，船继续前进。

然而，“马坎博”号留下了可怕的遗产。和当时的大多数船只一样，这艘船上的哺乳动物不仅包括人类，还包括偷渡的黑家鼠，其中一些黑家鼠在船搁浅时登岛。这时，豪勋爵岛就要遭受一种命运了，这种命运在之前和之后已经降临到了其他许多岛屿生态系统中：将一种高效且有竞争力的捕食者引入一个已经被隔离了数千年的小型且受限的生态系统。

黑家鼠做了老鼠会做的事——它们找到了居住的地方，找到了吃的东西，

繁殖并茁壮成长。由于岛上没有本地老鼠——实际上除了一种蝙蝠之外，没有任何本地哺乳动物——岛上的特有鸟类或无脊椎动物都没有进化出有效的策略来避免被老鼠捕捉和杀死。在短短几年内，老鼠就消灭了豪勋爵岛扇尾鹟、豪勋爵岛鸫、硕绣眼鸟、豪勋爵岛椋鸟，以及豪勋爵岛竹节虫。

岛屿生态系统极易受到此类事件的影响，人类直接导致了许多小岛特有物种的灭绝——在豪勋爵岛上，早在老鼠出现之前，人们就已经因为捕杀一种特有的鸽子和一种特有的秧鸡而使其灭绝。然而，老鼠造成的灭绝并不是没有引起注意，人们试图通过引进塔斯马尼亚草鸮等熟练的捕鼠者来纠正这种损害。猫头鹰们很高兴地安顿了下来，但它们并没有局限于捕杀老鼠——它们还捕杀了已经受到严重威胁的地方性鸟类。现在，豪勋爵岛上不是有一种，而是有两种高效的新型捕食者，以及同样威胁着岛上本地植物和动物的野猪。

▼ 豪勋爵岛——澳大利亚海岸附近的一座麻烦不断的天堂。

艰难生存

值得庆幸的是，在拯救岛上独一无二的鸟类之一——不会飞的豪岛秧鸡之前，人们已经吸取了豪勋爵岛的经验教训。从1980年仍活着的几只豪岛秧鸡中，人们捕获并圈养了三对，同时将威胁其栖息地和巢穴的野猪（及山羊）从岛上移除。最终，圈养繁殖的幼小豪岛秧鸡被放归岛上，现在大约有250只个体生活在野外。

在2019年启动了一项灭鼠计划之后，豪勋爵岛上如今几乎没有黑家鼠了（小家鼠也几乎没有了，它们也曾意外抵达并威胁到了当地物种）。这意味着它将再次成为豪勋爵岛竹节虫重新引入的安全栖息地——2003年从"波尔金字塔"捕获的两对竹节虫被圈养繁殖，到2020年，已建立了包含数万只个体的种群。

在豪勋爵岛上的所有动物中，竹节虫甚至比鸟类更难应对老鼠的到来。它们足够大，可以成为一顿丰盛的晚餐，但没有有效的伪装、翅膀或武器；它们唯一的防御就是逃跑——而老鼠跑得更快。然而，它们能够在"波尔金字塔"上勉强维生，因为这是一块参差不齐的岩石，在任何时间都无法为数量足以繁衍生息的陆地鸟类提供支持。

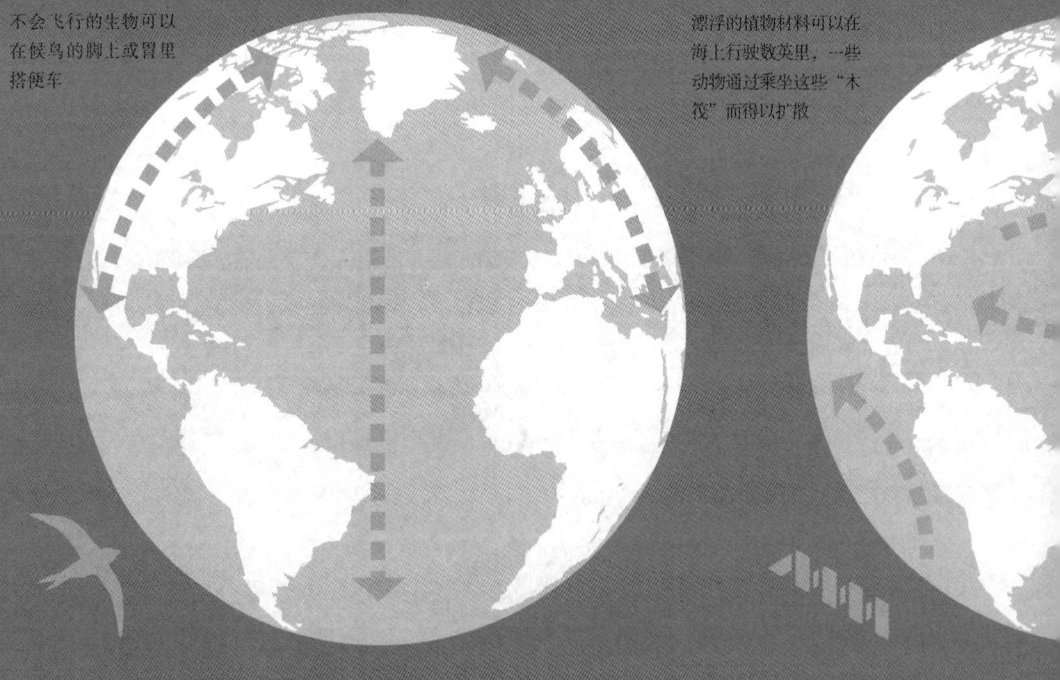

竹节虫最初如何到达那里是一个谜。“波尔金字塔”从来没有通过陆地与豪勋爵岛相连，豪勋爵岛竹节虫也不会飞，更不用说游泳了，所以一定发生了某种意外运输。这些零星种群存在了多长时间以及它可以持续多长时间同样是未知的——幸运的是，这些昆虫是在人们开始关心保护并精通保护技术的时候被发现的。

就像“波尔金字塔”一样，这个星球仍然保留着一些秘密，在过去的几十年里，由于勤奋的研究、探索以及在某些情况下创新的搜索方式，其他许多“拉撒路类群”已经被发现。例如，一种锦葵科植物光叶岳槿（*Hibiscadelphus woodii*）仅在夏威夷考艾岛的陡峭森林中被发现，仅有的四株已知个体中的三株被坠落的巨石压碎，而第四株于2011年死亡后，人们推测其已经灭绝了。

这种植物是在1991年才被发现的，因此似乎注定要成为生命之书中一个非常短促而悲伤的注脚。然而，在2019年，研究人员使用无人机扫描并拍摄了一些人类无法安全进入的山脊，拍到了更多的光叶岳槿植物的图像。现在已有一些使用无人机从植物上采集插条的计划，这样就可以对植物进行人工繁殖了。

对于不会飞行、不能游泳的动物来说，在陆地之间旅行并不容易，但有各种自然方式可以让较小的物种搭便车抵达新的陆地。

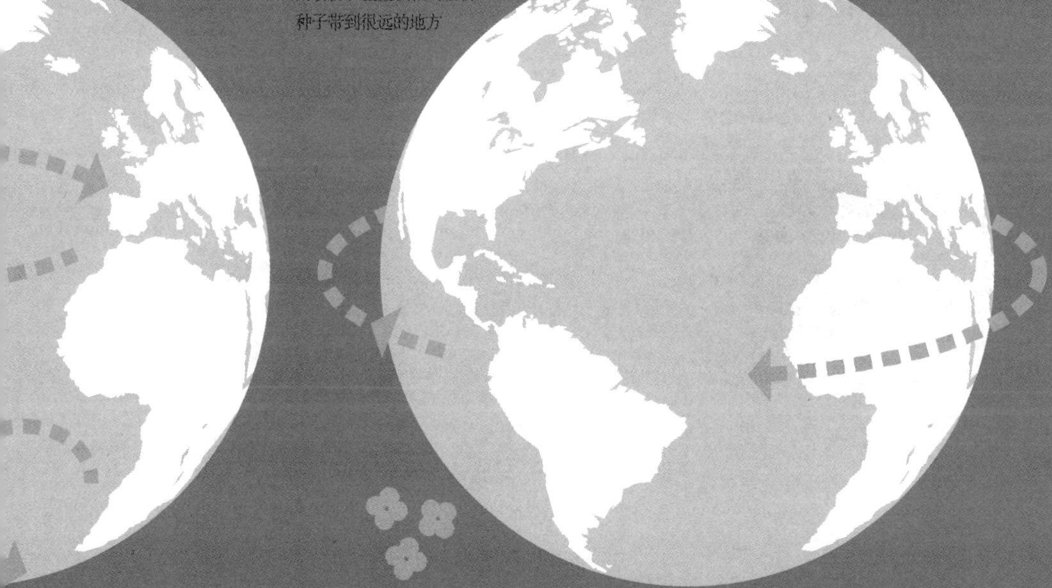

大风可以将飞行能力较弱的动物和重量较轻的植物种子带到很远的地方

隔离

鉴于它们与世隔绝的历史，“波尔金字塔”上的竹节虫很可能已经开始发展出与豪勋爵岛上的亲戚在某些方面不同的特征，因为豪勋爵岛很大，郁郁葱葱，资源丰富，森林植被多样，而“波尔金字塔”上的最后一个零星种群生活在岩石桩上。在“波尔金字塔”极其恶劣的环境中，最适合生活的性状肯定与在豪勋爵岛上有所不同。毫无疑问，进化会对在这座荒凉小岛上勉强求生的极小种群竹节虫起作用，就像它对如天堂般的岛屿上成千上万生活奢侈的竹节虫所起的作用一样。

如果老鼠被引入“波尔金字塔”，它们可能会在几周内消灭这个竹节虫的亚种群，尽管它们自己几乎肯定会在不久后屈服于这个荒凉的地方。岛屿通常很小，但小岛就更小了，因此它们所能支持的生物种群在规模上总是有限的，而一个小种群通常是脆弱的。

“波尔金字塔”上的竹节虫与深海中的鹦鹉螺形成了鲜明的对比，鹦鹉螺拥有大量不变的栖息空间。竹节虫在其狭小而不适宜居住的岩石家园上面临的选择压力可能相当大，但我们不可能确切地知道，通过自然选择和遗传漂变（很可能具有强烈的“创始人效应”），“波尔金字塔”上的竹节虫已经与它们的豪勋爵岛上的表亲产生了多大程度的差异（如果有的话）。目前我们也不清楚这两个种群分离的确切时间。可能还不到80年，这并不会转化为很多代，不过在小范围内，即使在相对较短的时间里，各种动物的孤立群体中也会出现一些性状。

从豪勋爵岛到达“波尔金字塔”，需要跨越最短距离为20公里的波涛汹涌的海洋，而这座小岛几乎不能为任何来自豪勋爵岛的动物提供舒适的居所。

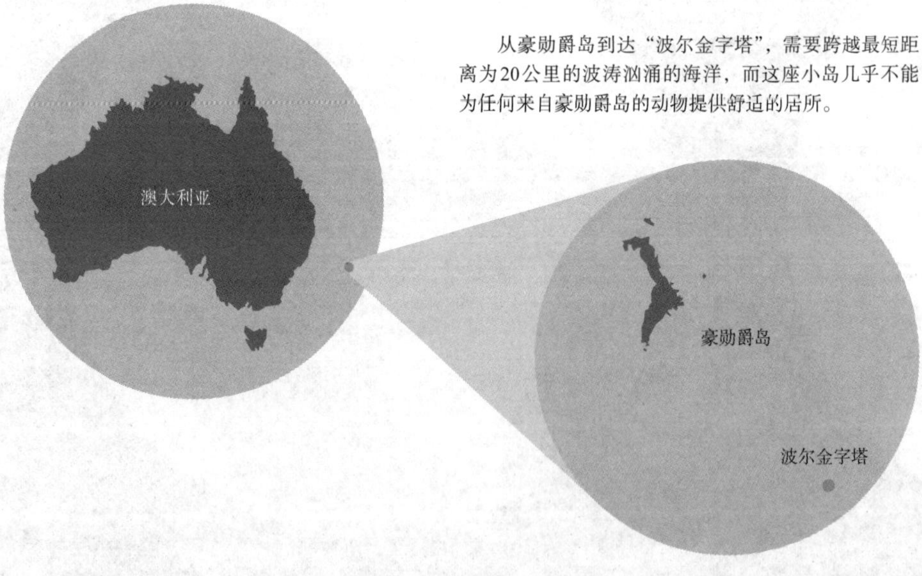

很难想象一个比这更差的环境了，但生命是顽强的。即使是“波尔金字塔”也支撑着一个生态系统，尽管它只是一个缩影。

岛屿效应

渡渡鸟是所有灭绝动物中最著名的动物之一。对它的传统描绘是一只臃肿的、步履蹒跚的鸟，长着一张可以说丑得很滑稽的脸，以及一对可悲的发育不良的翅膀。它看起来极不适合生存，你如果给这个不幸的身体配上一种迟钝但迷人的无畏性格，便完成了一个被赋予了坏名声的物种的画像。然而化石发现表明，渡渡鸟在印度洋的毛里求斯岛上生活了至少1.2万年，直到17世纪初人类来到这里并很快决定了它们的命运。尽管有明显的缺陷，但它们确实证明了自己有能力长期生存。

渡渡鸟的老式绘画并不完全客观。其中最著名的一幅是由罗兰特·萨弗里于1626年创作的，在画里，这只鸟占据了中心位置，旁边是其他几只岛上鸟类。它看起来体型庞大且圆润，但现在人们知道，用于绘画的模特是一只圈养的、吃得过饱的鸟。那些看到野生的活渡渡鸟的人的描述表明，渡渡鸟是一种身体呈流线型的生物，尽管不会飞，但可以用它强壮的腿轻快地奔跑，不过还不足以逃避人类捕猎者和他们带来的狗。成年渡渡鸟身高超过1米，体型太大，不可能被猪、老鼠或猫杀死，但这些入侵物种可以（而且确实）找到它们的巢穴，捕食它们的卵或幼鸟。

最先发现渡渡鸟的欧洲水手根本不清楚它是什么鸟。19世纪中期以前，渡渡鸟在生命谱系中的地位一直存在争议，一些早期观察者和生物学家将渡渡鸟比作鸡，其他人则不同程度地认为渡渡鸟是秧鸡、秃鹫、鹅、信天翁，甚至鸵鸟。1842年，一位名叫约翰·莱因哈特的丹麦动物学家检查了一只渡渡鸟的头骨，并提出这只鸟实际上是一只巨大的鸽子。六年后，一个英国博物学家团队对一只保存完好的渡渡鸟的头和脚进行了解剖，并同意莱因哈特的观点。他们得出的结论是，这种鸟确实是一种鸽子，可能是从一种看起来更像现代鸽子的东西进化而来的——它体型庞大，具有不会飞及其他特点，很可能是因为它与世隔绝，只在岛屿上生存。

► 作为海报中的灭绝鸟类，渡渡鸟在生活中其实是比这类描绘（罗兰特·萨弗里绘于1626年）所暗示的更有能力的幸存者。

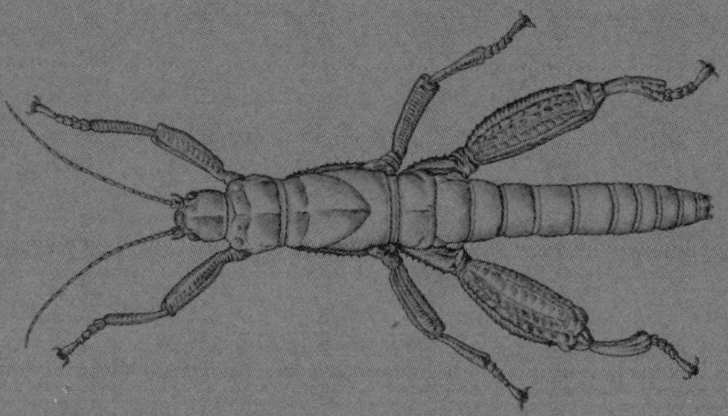

◀ 雄性豪勋爵岛竹节虫的身体比雌性的更短且更细，但有着强壮的后腿。

巨人和侏儒

岛屿巨人症是一种众所周知的动物现象，有许多小岛特有的动物的例子，它们进化得比大陆同类大得多。大西洋与地中海岛屿上有超大的鼩鼱和睡鼠；一些菲律宾岛屿上也有特有的超大老鼠；而在加勒比海地区则有巨毛鼠——类似老鼠的、结实的啮齿动物。夏威夷群岛曾经是一些高得吓人、长着强壮的喙的鸭子的家园；马耳他有一种高及人肩的天鹅；古巴有两种巨鹰和巨型猫头鹰。全世界范围内也有很多不同寻常的大型岛屿爬行动物（如加拉帕戈斯群岛和塞舌尔群岛上的象龟）、两栖动物和无脊椎动物的例子，其中当然也包括豪勋爵岛竹节虫。除了体型过大之外，这些物种的一个共同特点是它们已经灭绝。

那么，为什么与世隔绝的岛屿上的动物种群会显示出这种世代相传的越来越大的趋势呢？有几个可能的原因。对于被捕食物种，如大多数啮齿动物来说，存在一种选择压力，要求它们变小，以便更有效地躲避捕食者。然而，大多数小岛屿生态系统中几乎没有本土捕食者。随着这种压力的解除，体型更大的优势凸显出来：体型更大的动物有更有效的新陈代谢和体温调节，因此可以更好

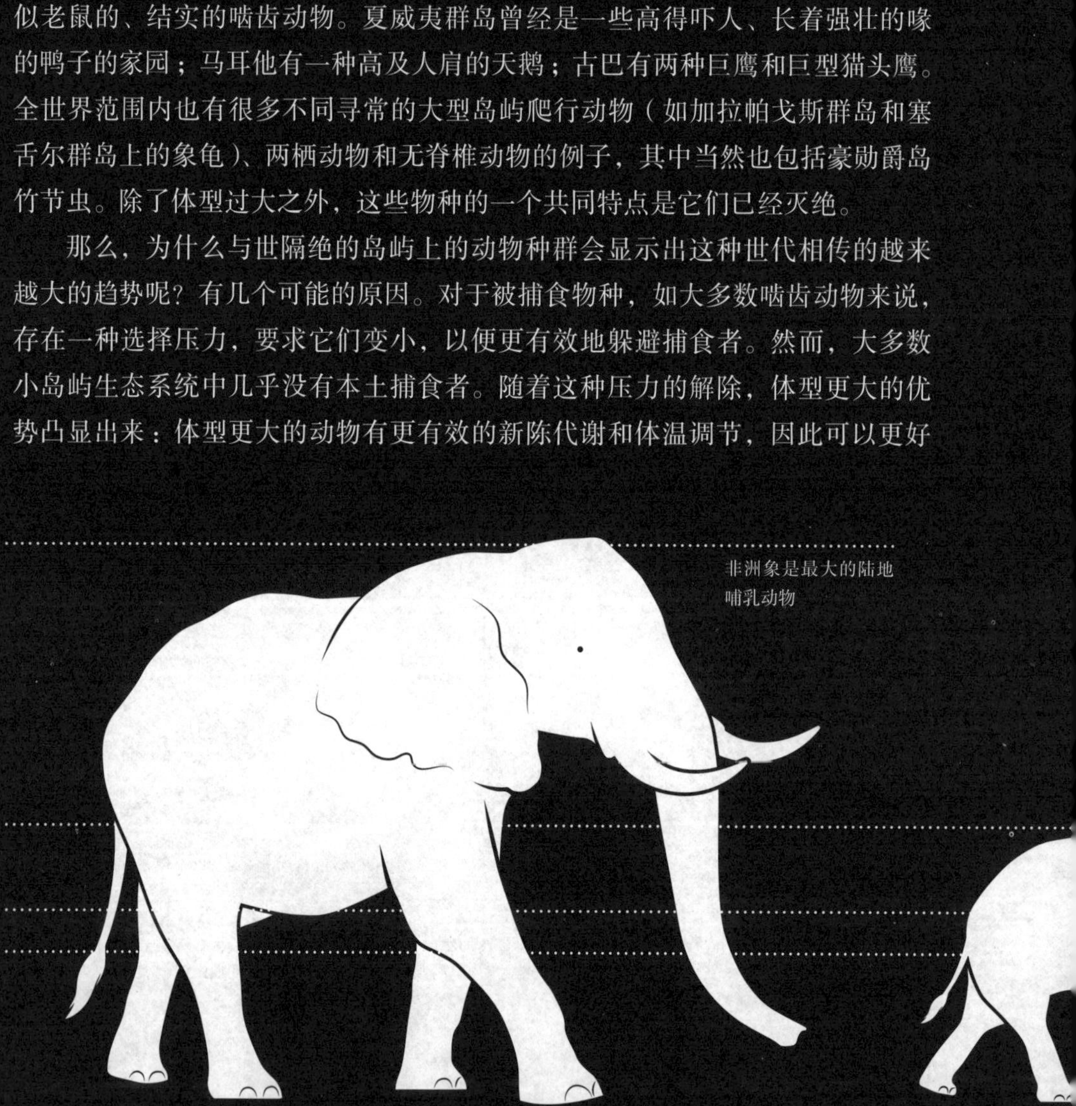

非洲象是最大的陆地哺乳动物

地管理相对较少的资源。体型较大的个体也更善于争夺食物和交配机会。

创始人效应——当一个新种群由来自较大群体中的极少数个体建立时发生的遗传变异丧失——也可能发挥作用，这可能只是因为岛上最初成功的殖民者更大，而更大本身使殖民活动更可能成功。许多哺乳动物被认为是无意中在漂浮的植被上“漂流”而到达岛屿的，这是一种危险的经历，体型较大的个体可能更容易存活。

然而，事情并不总是那么简单，因为还有一种被称为“岛屿侏儒症”的现象，即一些动物特有的岛屿形态比它们在大陆的同类小得多。大象和猛犸象的谱系展示了一些引人注目的例子，这些动物——今天以三个大型物种为代表——曾经以微缩形式出现在世界各地的许多岛屿上。它们中最小的一种生活在马耳他，肩高只有1米，所以岛上的法氏天鹅会远高于它们。一些岛屿侏儒的例子仍然存在，比如苏门答腊虎；但就像岛屿巨人一样，大多数侏儒物种早已灭绝。孤岛种群的总体趋势，是原本较小的物种变大，较大的物种变小。一代代地变大似乎比缩小要慢得多，这是有道理的，因为岛屿的食物资源往往比大陆地区的更少、更分散，于是大型动物面临着变小的强大压力，以此避免资源匮乏。

岛屿生态系统的选择压力往往和大片大陆地区的选择压力不同。由此产生的令人震惊的结果包括岛屿巨人症（较小的物种比大陆同类长得更大）和岛屿侏儒症（和前者相反）。

趋同进化

生命可能只进化过一次，也可能已经出现过很多次，只是我们不知道（至少通过目前可用的任何研究技术不知道）。然而，我们知道的是，许多生命中最有用的创新已经在各种不同的谱系中反复独立地进化。

举一个熟悉的例子，四种不同的动物谱系进化出了飞行能力。其中有三种是脊椎动物，它们的前肢都演变成了翅膀。在两种动物（蝙蝠和翼龙）身上，翼展表面是一层坚固的膜，它在伸长的前肢趾和后足之间伸展。在鸟类身上，它们的爬行动物祖先改良过的鳞片已经进化成几乎没什么重量的大片羽毛，羽毛以重叠的方式生长，形成一个不透气的表面。第四类是无脊椎动物——会飞的昆虫，它们的两对翅膀是角质层（坚硬的身体覆盖物）的产物，长得非常大，非常轻。

这些动物向我们展示了同一问题的不同解决方案，在不同种类的蝙蝠、鸟类和昆虫中，很容易找到类似的翅膀形状和飞行方式的例子：犬吻蝠、雨燕和蜻蜓都有长翅膀，可以进行快速而有力的飞行；而伏翼蝠、猫头鹰和灰蝶都有更宽、更圆的翅膀，可以进行速度更慢但更灵活的飞行。这些是趋同进化的例子——不相关的物种

鸟类

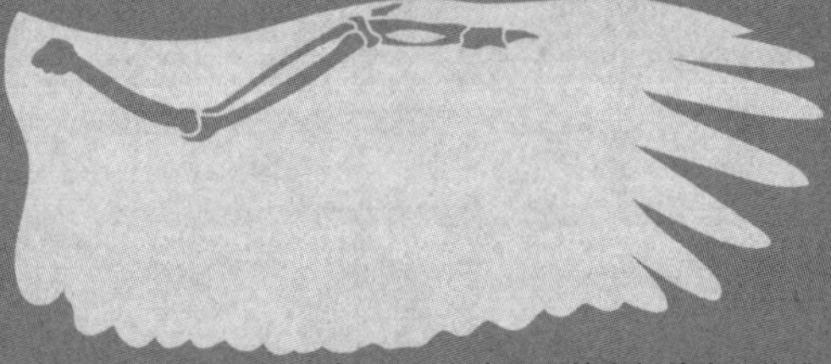

由短而结实的骨头和有力的羽毛支撑

蝙蝠

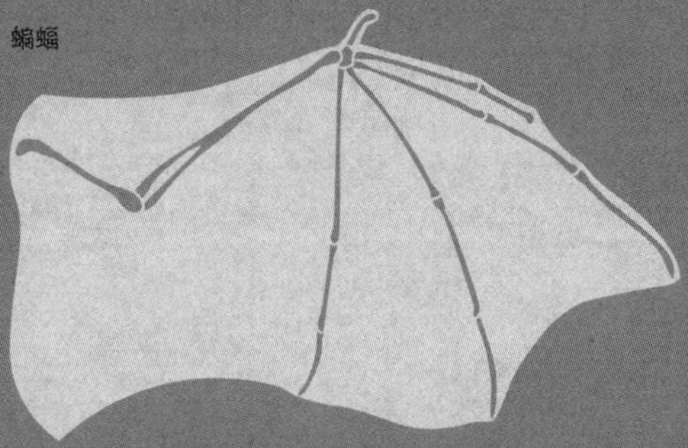

由纤细的长骨和皮肤膜支撑

昆虫

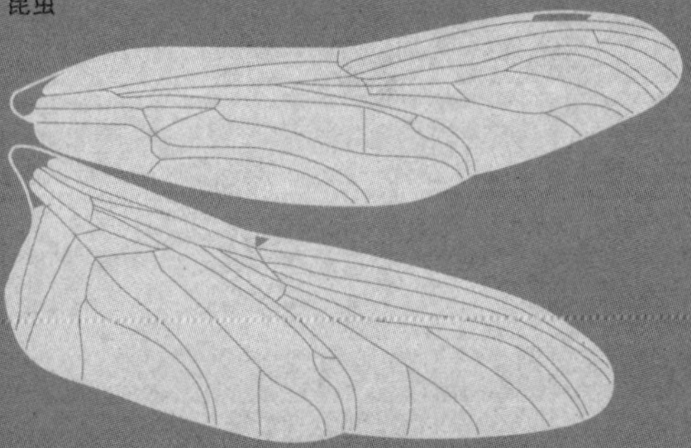

由薄几丁质（一种坚硬的蛋白质）支撑在翅脉框架上

鸟类和蝙蝠都是从不会飞的祖先进化而来的。它们的前肢适应了翅膀的功能，但进化以非常不同的方式重塑了它们的前肢。昆虫的翅膀由完全不同的材料制成，工作方式也完全不同，但效果并不差。

▲ 大而有力的马岛獴是狐猴的捕食者，也是马达加斯加因为缺乏大型猫科动物而进化出的物种，它实际上是獴科动物的近亲。

在生活方式、解剖结构和行为上有一些相似之处。

岛屿特有物种通常不是与它们进化上的近亲，而是与大陆上其他物种表现出更显著的趋同进化，这取决于有哪些生态位可用。马达加斯加岛上最大的本土食肉动物是马岛獴，它非常像猫科动物，但实际上是食肉动物食蚁狸科的一员，是该岛特有的，由类似獴的祖先进化而来。同样在马达加斯加，不同种类的马岛猬科（一种小型哺乳动物的特有科）动物已经进化，以填补各种各样的大陆哺乳动物的生态位——并模仿它们的外貌——这些哺乳动物在马达加斯加没有出现，包括鼩鼠、水獭和刺猬。

豪勋爵岛竹节虫是趋同进化的另一个显著例子。它不是唯一一个被称为"树龙虾"的物种，因为有几种异常强壮的竹节虫主要出现在新几内亚和新喀里多尼亚。它们是如此相似，以至于生物学家认为它们肯定有亲缘关系；但对各种不同"树龙虾"物种的线粒体DNA的分析表明，新几内亚"树龙虾"和新喀里多尼亚"树龙虾"的亲缘关系并不紧密，它们是从两个不同的谱系进化而来的。事实上，新几内亚"树龙虾"与来自澳大利亚大陆的各种传统形状的竹节虫的关系，要比它们与新喀里多尼亚的竹节虫的关系密切得多。这两种昆虫都适应了白天躲在裂缝中，而不像其他大多数竹节虫那样依靠伪装和整天可见。这种适应见证了这两种昆虫独立地朝强壮的体形和以黑色（而不是绿色）作为成虫颜色进化着。

本土的和入侵的

地球的陆地不断通过板块构造运动形成山脉和裂谷，并重塑海岸线。陆地也随着温度和海平面的变化而变化。不同分类群在各大洲的分布——世界生物地理学——揭示了地球在其整个历史中的样子。

例如，澳大利亚和新几内亚有限的哺乳动物区系主要由有袋类组成，这表明这些地方在胎盘类哺乳动物进化之前就与其他陆地隔离了。与此同时，世界上其他大多数地方都缺乏有袋类，这表明，总的来说，它们被最近进化的胎盘类哺乳动物所淘汰。那些到达澳大利亚的胎盘类哺乳动物是在澳大利亚被隔离后，通过“空中旅行”（蝙蝠）或可能通过漂流（啮齿动物）到达的。

在1.8亿～5.5亿年前，南部冈瓦纳古陆和北部劳亚古陆组成的超大陆意味着这颗行星与今天的地球截然不同。有袋类在劳亚古陆进化，并通过陆桥向南传播。胎盘类哺乳动物也遵循类似的路径，但当它们到达冈瓦纳古陆时，那块最终将成为澳大利亚和南极洲的土地已经断裂。冈瓦纳古陆随后慢慢分裂，形成了非洲和南美，以及亚洲的部分地区。

直到不久前，人们还认为，在任何哺乳动物都能造访新西兰之前，这座鸟多、没有哺乳动物的岛屿就已经脱离了澳大利亚。然而，现在已经有生活在新西兰的一种小型哺乳动物的化石证据，其历史可以追溯到1 600万～1 900万年前。根据其解剖结构来看，这种原始生物属于有袋类和胎盘类哺乳动物的祖先，由于其化石被发现于圣巴森斯，所以被称为“圣巴森斯哺乳动物”。因此，当有袋类和胎盘类哺乳动物谱系在大约1亿年前分裂时，它可能是一种“活化石”，生存时间比其他任何与它类似的物种都要长。

它之所以存活，可能是因为缺乏其他哺乳动物的竞争：至今还没有发现其他哺乳动物的遗骸。也许它甚至还没有灭绝，有朝一日，“圣巴森斯哺乳动物”会像豪勋爵岛竹节虫一样，在一些长期与世隔绝、未受关注的太平洋小岛上现身。

► 像家燕这样的长距离迁徙者可以轻易地穿越很远的距离，但对大多数动物来说，扩散是一个慢得多的过程。

不安分的星球

地球陆地板块的运动还没有结束，这种持续的运动给生物带来了挑战（和机遇）。人类擅长重塑世界以满足他们的需求，但我们希望自己营造的环境能够持久，所以对保持现状有着既得利益的需求。我们能够——而且确实——在某种程度上控制陆地和海洋的自然运动，但至少在目前，这是一场无法获胜的战斗。河流随时间变化的方式就是一个例子。在高地地区，河流通过雨水形成，然后（由于重力）流回大海。在途中，它流过不同类型的土壤和岩石，沿着阻力最小的路径切割通道。在坡度陡的地方，水流速度更快，因此侵蚀性更强，有可能在岩石表面切出陡峭的山谷；但在平坦的地面上，水流的作用力较小，因此河流往往变得更宽，流速更慢。

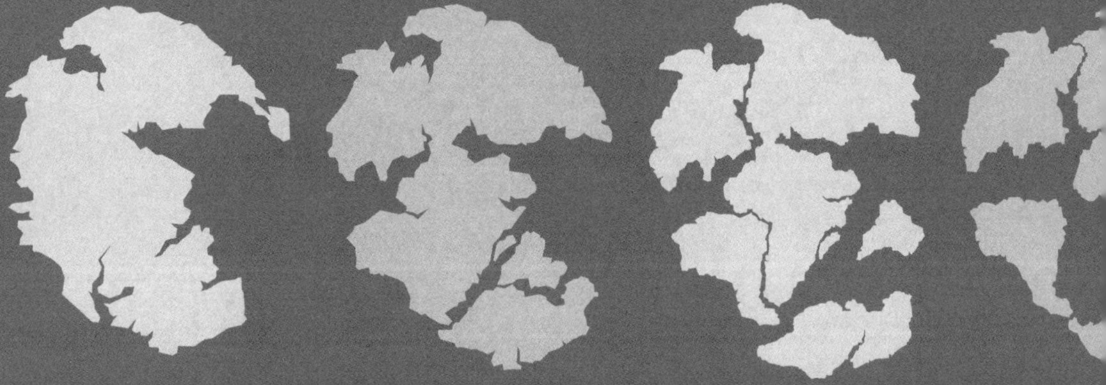

侵蚀会产生沉积物——磨损的颗粒状固体物质——河流会在其路径上流速较慢的地点沉积这些沉积物。通过侵蚀和泥沙沉积的作用，河道会随着时间的推移而自然变化，这会影响到它们周围的区域。有时，一条环形河道会变得非常紧致，以至于其两端会相接，水不再绕着环形河道流动，而是走捷径。随着时间的流逝，这条环线与河水完全隔绝，形成了一座静水的牛轭湖。从这一点来说，它不再是某些野生动物的合适栖息地，却成了另外一群不同生物的理想栖息地。

沿滨泥沙流是发生在海洋上的一个类似过程，它描述了某些地区海岸线受到侵蚀和在其他地区形成越来越大的海滩的趋势。有效地保护海滨居民区免受海岸侵蚀，可能涉及建造屏障、创建新的沿海湿地以容纳洪水，以及将海滩泥沙从一个地点转移到另一个地点——这对人类社会来说是一个巨大且往往无法应对的挑战。

从长远来看，板块构造的持续运动将通过缓慢的舞步逐渐改变主要的陆地，现在人们可以合理、准确地预测其步伐。在大约3 000万年左右的时间里，南美洲和北美洲之间的连接会断裂。从现在算起，到了5 000万年后，随着非洲与亚洲的融合，红海会消失，地中海也几乎消失殆尽。再过3 000万年，澳大利亚将与亚洲合并，北美西海岸也将与东亚接触，形成一片巨大的超大陆。南极洲——不再是一块冰封的陆地——也将顺利地加入曾经的南部非洲。然后，从现在算起，在1.05亿年后，北美洲再次向东分裂，带走一大块曾经是亚洲东北部的土地，并向超大陆的西部边缘移动。最终，在2.5亿年后，地球上几乎所有的陆地将再次成为一个连续的整体，盘古大陆重生了。

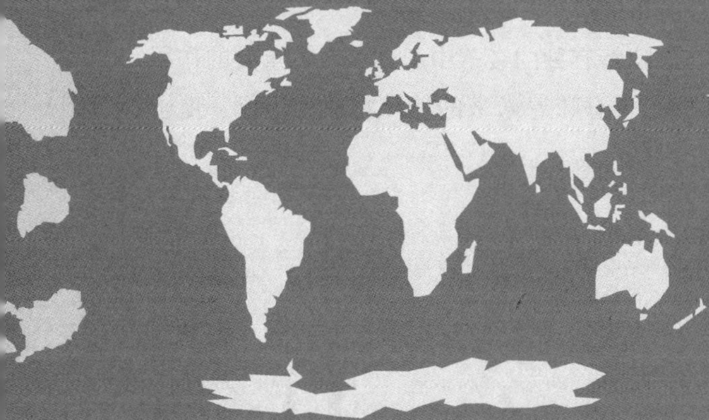

现在

2.5亿年后

在数亿年的时间里，板块构造活动改变了地球上的陆地，随着时间的推移，新大陆与超大陆逐渐形成和分离。今天这种特别零散的布局最终将合并成一片单一的超大陆。

继承地球

所有生物都有生存的动力，但要确保在这个星球上长期生存，适应变化的能力更重要。世界上的许多“活化石”之所以能够持续存在，并不是因为它们的适应性，而是因为它们是在一个自然变化非常缓慢的环境中进化而来的；其他长期存在的谱系则是通过韧性和机会主义而存活下来的。

今天，随着物种数量的急剧下降，在人类灭绝或对周围世界的影响显著减少后，推测未来地球上可能存在的生命是令人欣慰的。可悲的是，我们几乎可以肯定，大多数离奇而迷人的岛屿奇观，比如豪勋爵岛上的竹节虫，都不会经得住时间的考验。在过去的几百年里，像这样的物种以极快的速度灭绝。大多数仍然存活下来的生物都依赖于人类的保护工作，而每当人类社区面临任何威胁时，保护资金都是早期的牺牲品；因此，这些生物对一片独特且地理位置狭小的栖息地的极端依赖，使它们极有可能落入“进化的死胡同”。

然而，适应性强的入侵物种在岛屿特有种的衰落中起到了至关重要的作用，它们可能会表现得更好。那么，这是否意味着未来的地球将成为田鼠、兔子、

如图所示，与大陆上的物种相比，岛屿上野生物种的灭绝率高得不成比例，但如果按照目前的趋势继续下去，大陆可能迟早会迎头赶上。

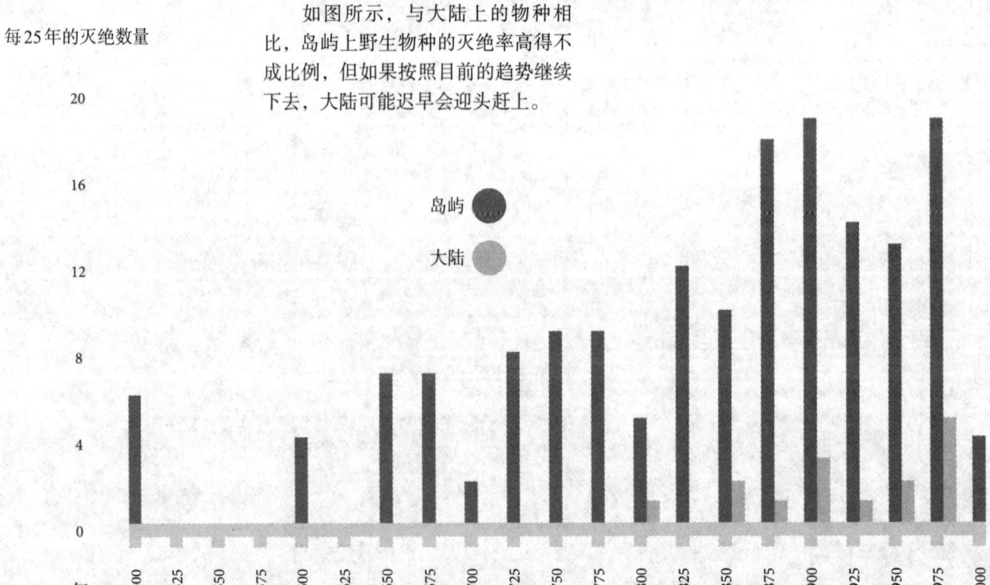

▲ 海榕菜绚丽夺目的粉色花朵使其成为一种受欢迎的园艺植物，但它的入侵性又使其在世界大部分地区成为不受欢迎的植物。

家鼠、细足捷蚁、棕树蛇和白纹伊蚊的家园，它们生活在巨独活、海榕菜和其他臭名昭著的入侵植物的群落中？也许是的。

但是，每一次大灭绝都会为多样化创造大量机会，每一个物种都有可能通过进化产生更多的新物种。随着时间的推移，一个鼠类谱系可能会进化成一系列不同的物种，就像今天地球上所有的啮齿动物一样，甚至有可能更多。而且，如果环境条件有利于这一点，在一座孤立的小岛上的白纹伊蚊谱系最终可能会产生一种超大型的、无翅的蚊子，其解剖结构和行为会与豪勋爵岛竹节虫惊人地相似。

5

海绵

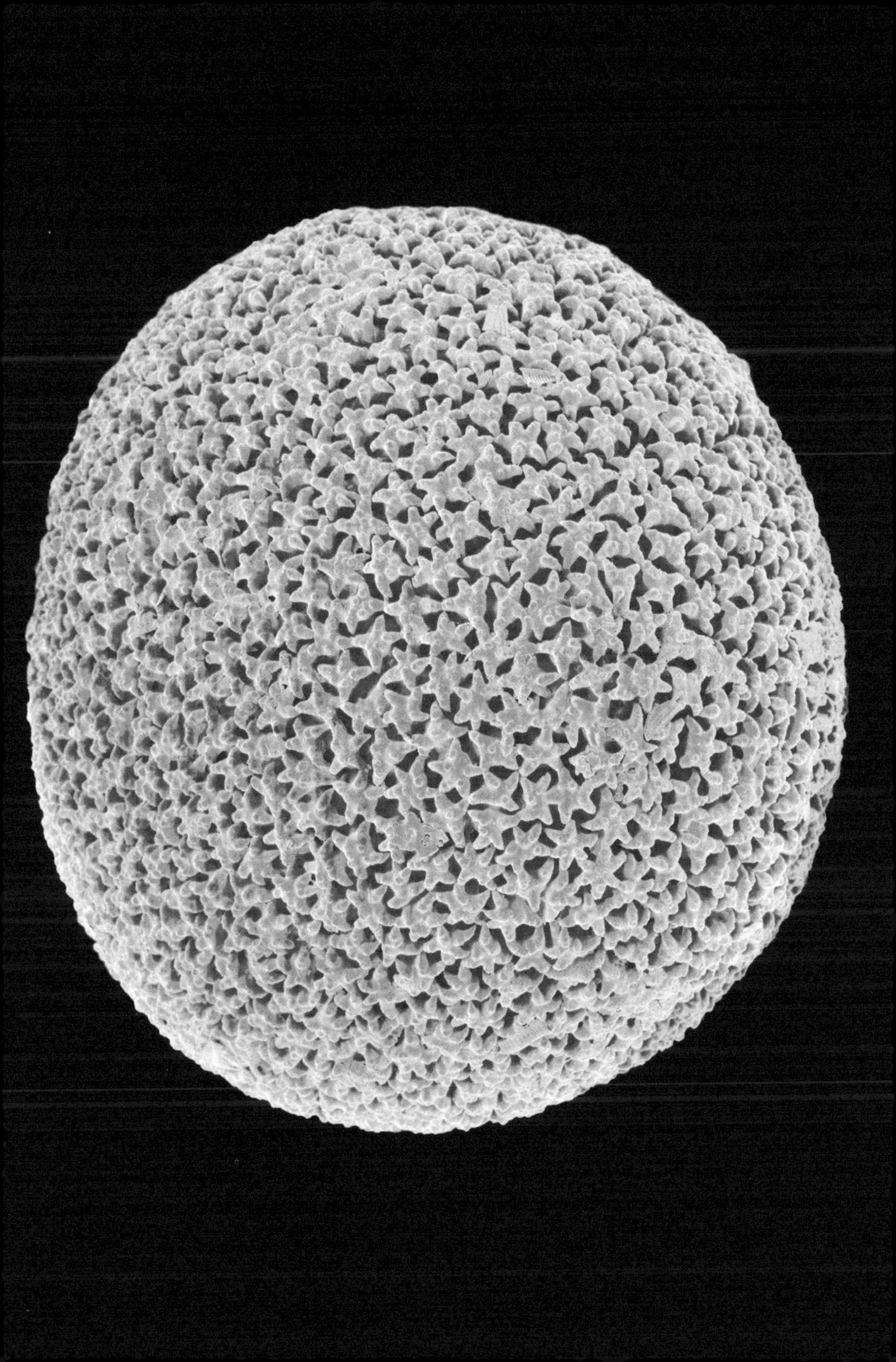

海 绵

界　动物界

门　多孔动物门

纲　六放海绵纲

目　松骨海绵目

科　花骨海绵科

属　六星海绵属

种　六星海绵（*Scolymastra joubini*）*

就身体形态以及某些情况下的寿命而言，海绵算是生物中的异类。当你知道一个特定物种的平均生长率，并且可以测量该物种个体的大小时，你就可以计算出该个体的年龄。当然，许多动物只生长到成熟阶段，然后就保持这种“成熟状态”，直到死亡。然而，一些动物——主要是无脊椎海洋生物——不受这种限制，随着年龄的增长，它们会变得越来越大。海绵会一直生长，直到死亡；但它们如果生活在非常寒冷的水中，生长速度会非常缓慢。

将时间/生长率公式应用于一件令人印象深刻的六放海绵标本——六星海绵身上，可以发现它的年龄有2.3万岁。它被发现于南极洲的罗斯海，已经长到了2米。这样的年龄似乎非常值得怀疑，因此研究人员保守估计该物种的最大寿命为1.5万年（但这仍令人费解）。海绵固定生活在海底的时间很长，但由于没有大脑或神经系统，它们可能有无限的能力来应付无聊。

---

* 这种海绵现在被称为*Anoxycalyx joubini*，尚无正式的译名，种名*joubini*是人名，可以翻译为儒氏；属名*Anoxycalyx*中的*calyx*意指杯状，而*anoxy*指的是这类海绵没有尖的六星骨针（*oxyhexaster*），可直译为非尖。所以该物种亦可译为儒氏非尖杯海绵。——译注

虽然海绵被归类为动物，但它们的身体结构与我们更熟悉的在陆地上活动的动物有很大不同。它们没有器官，也没有消化和循环系统。相反，海水通过它们的身体自由流动，通过外表面的孔隙进入，并沿着内部通道前进。海绵细胞直接从水中提取营养物质，并将废物释放到水中。它的细胞有多种特殊类型，但可以在身体周围移动并改变结构和功能。海绵的整个身体由胶原蛋白纤维和一种相当柔软的胶状物质支撑，胶状物质也主要由胶原蛋白构成（像六星海绵这样的海绵是例外，其活细胞附着在一个由硅质碎片组成的网状物上）。

尽管海绵相对简单，但它们可以进行有性生殖。大多数海绵是雌雄同体，同时产生精子和卵细胞。它们将精子释放到水中，精子游进邻近同类海绵的孔洞中，使其卵细胞受精。受精的结果是产生一个微小的幼体，它只不过是一簇细胞，有些细胞长着鞭子状的、抖动的毛发，使幼体能够游泳。幼体的某些细胞中含有光敏蛋白，因此它可以用一种非常有限的方式“拥有视觉”，借此导航到适合定居的地方，并作为固着生物继续生长。

无性繁殖也会发生：新的海绵可以从父母身上“萌芽”，如果一块海绵被敲掉，一旦固定在合适的表面上，它也可以生长为一个新的个体。当一些海绵由于某些环境原因濒临死亡，例如温度下降、突然涌入太咸的水，或海平面下降，将其暴露在空气中时，它们会释放成束的未分化细胞，这种细胞被称为胚芽球。这些“生存分离舱”可以长时间处于休眠状态并忍受恶劣的条件，只有在杀死海绵母体的因素消失后，它们才开始生长。

大多数人可能认为海绵更像植物而不是动物，原因很容易理解。5 000种海绵（这个数字是低估了）中的大多数不会移动——它们只是越来越大，深入到它们的水世界中。有些是管状结构（有或没有侧枝），有些是圆形的，有些是带褶边的，还有一些是叶状的。它们没有明显的身体部位，所以海绵一直被归类为植物也就不足为奇了；直到18世纪末，这一观点才得以改变。

▲ 第94—95页：六放海绵以支撑其结构的坚硬针状物而闻名——在显微镜下，它们非常复杂。

域的判断

即便你仔细观察，事情还是显得很奇怪。海绵包括非生物、非细胞材料——一种胶状的、以胶原蛋白为基础的支持基质，被称为中质层，其外表面上的活细胞位于两个“夹层”中。海绵孔和通道内部的一些细胞上有一根鞭毛（类似于精子细胞上的鞭子状“尾巴”），所有鞭毛都有节奏地划水前进。

海绵还有多种其他功能性细胞类型，包括适应于吸收微小食物颗粒的细胞、配子（卵子和精子）、分泌淀粉分子的细胞（这些淀粉分子是中质层的组成部分）、刺激–感知“肌肉”的细胞（使身体的某些部位能够进行有限的收缩和伸展），以及可以转化为这些功能性细胞中任何一种的前体细胞。这种身体组织在某些方面看起来更像是一个由相互合作的单个细胞组成的群体，而不是一个完整的有机体，这与植物和动物的正常情况都相去甚远。

关于海绵的真相只有更仔细地观察才能得出。早期的博物学家注意到，海绵可以改变其内部通道的大小，并利用流经它们的水来增加自身的动力——没有已知的植物能做到这一点。后来，当研究细胞本身的结构成为可能时，海绵的动物性质就得到了证实。动植物细胞的大小和结构不同；植物细胞更大，有不同的细胞器，在细胞膜外有坚硬的壁。海绵细胞也能制造胶原蛋白，而且数量很多。这种蛋白质存在于动物体内，但不是天然存在于植物中。海绵配子的发育方式也是动物而非植物的典型特征。

因此，大多数生物学家现在认为海绵是所有动物群中最基本的。这意味着它们的谱系在进化史上比其他动物更早地在生命树上分叉——不到5.6亿年前——这表明地球上生活过的其他所有动物都是海绵状祖先的后代。

▶ 海绵外表面的孔隙对海水张开，里面的活细胞可以从海水中提取营养。

界和域

早期的博物学家认为所有的生命不是植物就是动物。海绵被归类为植物，真菌和其他各种我们现在知道不是植物的不动生物也被归类为植物。当观察者仅以基本的形态和行为（或缺乏形态和行为）为指导时，这样的错误是可以理解的，甚至可能是不可避免的。卡尔·林奈是18世纪的瑞典生物学家，他第一次认真尝试用植物界和动物界对所有已知生命进行分类。虽然单细胞微生物的存在也是众所周知的（它们最早是在17世纪通过早期显微镜被观察到的），但生物学家将它们归类为植物或动物，而不是单独的一个类群。

德国生物学家恩斯特·海克尔在1866年提出，应该定义第三个界。这个新界——原生生物界将容纳所有既不是植物也不是动物的生物。这是一个现在被称为“废纸篓”的分类单元，因为它将是所有无法轻易分类的生物的家园，尽管海克尔一定已经意识到没有理由认为它们彼此有任何密切的关系。在这些有问题的有机体中，有细菌（但不包括被归类为植物的蓝藻）、大多数单细胞真核生物（包括一些藻类）、海绵和黏菌。随着时间的推移，海克尔修改了他的提议，直到原生生物仅限于单细胞生物。

一旦显微镜技术变得足够成熟，生物学家可以辨别原核生物和真核生物之间的差异，就为所有原核生物定义了一个新的界（原核生物界）。这个由赫伯特·F.考柏兰在1938年提出的四界制的影响力一直持续到20世纪60年代末。然而，生物学家逐渐注意到原核细胞和真核细胞之间的巨大差异。这种基本的区别导致人们认识到，所有真核生物——无论它们是由一个细胞还是多个细胞构成的——彼此之间的共同点比它们与任何原核生物的共同点都多，因此域的概念就诞生了。

最初，只有两个域被提出来：原核生物域和真核生物域。之前的植物界、动物界和原生生物界都是真核生物的分支。在罗伯特·魏泰克于1969年提出的真核生物域中，他纳入了第四个界——真菌。包括19世纪的恩斯特·海克尔在内的早期生物学家曾提出过这一建议，因为任何人都能清楚地看到，蘑菇的结构与任何种类的植物都不一样，而显微镜检查证实，真菌的细胞结构实际上更像动物而不是植物。

后来，当生物学家认识到古细菌和其他细菌的各种生化及遗传差异与原核生物和真核生物之间的差异具有相似的重要性时，原核生物域也被分成了两部分。虽然没有得到普遍认可，但这一分类现在已经成为主流观点，它将古细菌视为真核生物的近亲，而不是细菌的近亲。

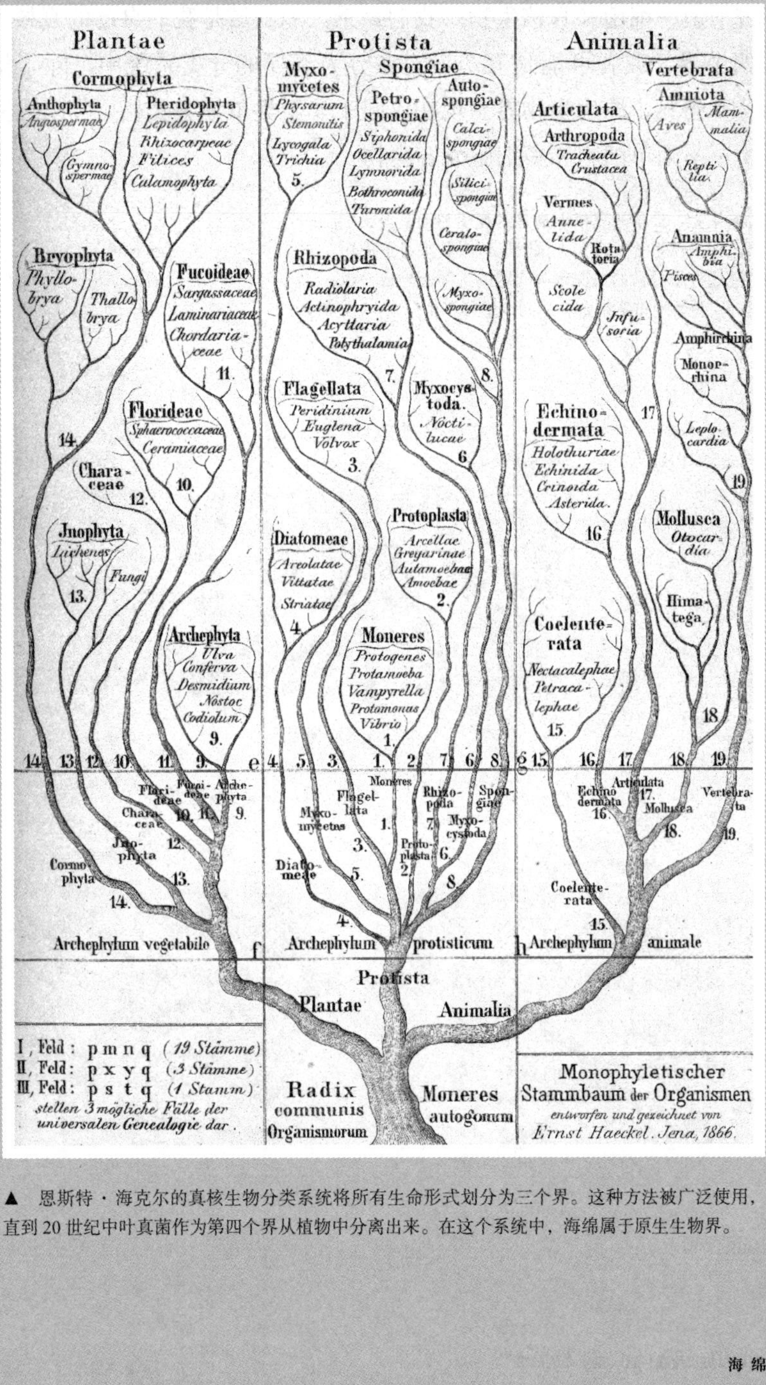

▲ 恩斯特·海克尔的真核生物分类系统将所有生命形式划分为三个界。这种方法被广泛使用，直到 20 世纪中叶真菌作为第四个界从植物中分离出来。在这个系统中，海绵属于原生生物界。

第五界

现代人对生命之树最矮和最粗的树枝的观察表明，它分为三个主要分支——古细菌、细菌和真核生物。我们最感兴趣的域是我们自己的真核生物域，它分为四个界，或者可能是五个界。在分为五界的分类系统中，除了植物界、动物界、真菌界、原生生物界（现在仅限于非藻类单细胞真核生物），还有管毛生物界（一系列单细胞和多细胞光合生物）。

人们普遍认为，最早的真核生物是古细菌和细菌内共生结合的结果。在一棵系统发育树（试图通过时间来显示进化路径）中表达这种不寻常的情况是有问题的，并会导致一棵树的前两个分支短暂地重新结合，从而产生第三个分支。

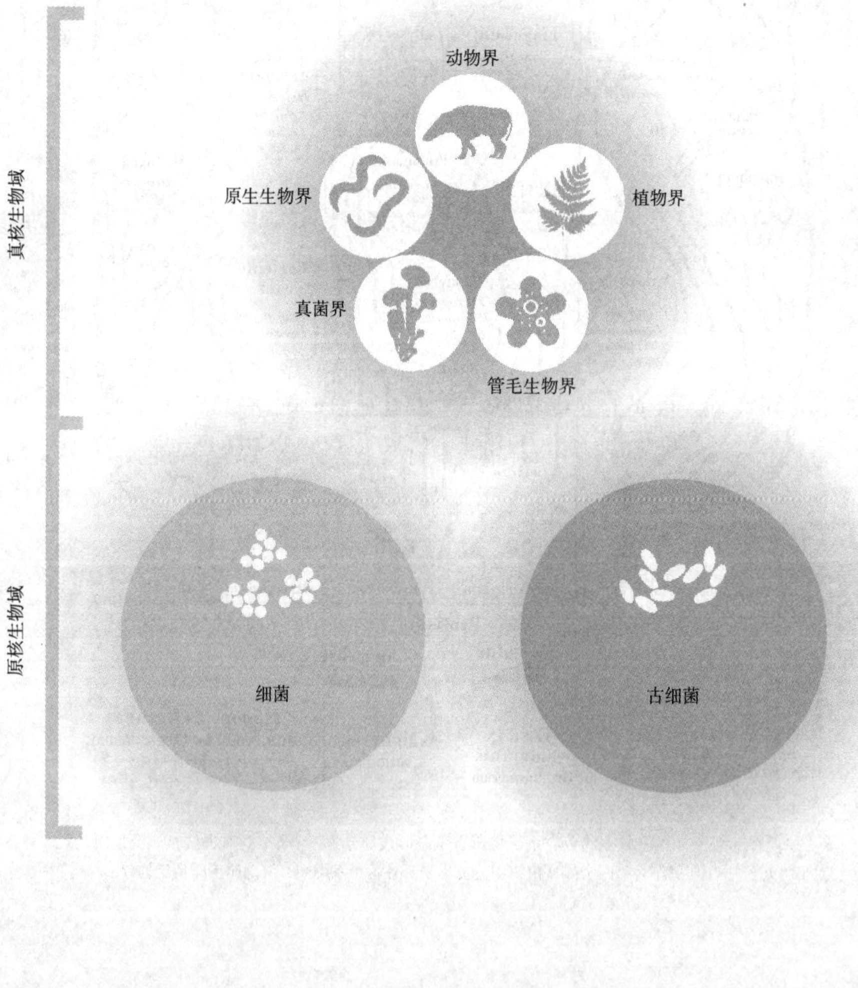

▲ 海绵并不仅仅生活在深海。如照片显示，它们也生长在红树林的气生根周围，成为独特生态系统的一部分。

管毛生物界是进化生物学家托马斯·卡瓦利尔-史密斯提出的，他对单细胞真核生物进行了广泛的研究。区分管毛生物界成员的特征乍一看似乎非常深奥，但所有管毛生物界成员都有这两个特征或其中的一个特征：它们的叶绿体含有叶绿素c，而不是典型的植物形态叶绿素a；与植物叶绿体相比，它们的叶绿体被束缚在一层额外的膜中。它们还有结构特别独特的微小毛发（纤毛）。

利用肉眼所能看到的基本形态，人们能够首先认识到植物和动物之间的本质区别，并（带着一些不安）认识到某些生物，例如海绵，不适合任何一种选项。然而，要准确地对生物进行分类，就必须以不同的方式更仔细地观察，因为生物体的表面结构只能让你走到这一步。

解剖学更加深入，而且随着放大率的提升，可以看到的细节变得更大。生命的基础分支是根据细胞生物学和生物化学层面的根本差异来区分的。为了达到这种理解程度，人们不得不抛开自己的动物本能——依靠感官的直接证据——寻找新的，更独立、更理智和更复杂的方式来探索世界。

界和门

现在人们普遍认为，真核细胞起源于过着殖民生活的耗氧原核生物——真核细胞中发现的线粒体来自自由生活的细菌。在海绵这种最简单的动物中，细胞在一起生活并发挥着不同的功能作用，不过这些功能在细胞的一生中可能会发生变化。通过这种方式，海绵可以被认为是一种“临时”的细胞劳动力——一群志同道合的人聚集在一起，每个人都愿意承担手头的任何任务，以实现一个共同的目标。

动物界的第一级分支是门，其中最基本的分支——最早从主“界”中分离出来——是多孔动物门。其拉丁文名Porifera的意思是“有孔的”，它描述了所有海绵的典型的吸水方式。

通过化石记录，可以大致确定其他所有主要动物门（一些为现存，一些早已灭绝）从生命之树的动物界树枝上分叉的时间。它们中的大多数出现的时间非常短。大约5.41亿年前，在古生代刚开始的时候，发生了一个被称为寒武纪大爆发的事件。在地质学中，即使是爆发也极其缓慢。这一次爆发从开始到结束至少用了1 300万年，占据了寒武纪的第一阶段（地质时代被分为几个时期，长达5 560万年的寒武纪是构成2.89亿年古生代的六个时期中的第一个）。

这1 300万年若以人类平均寿命计算，相当于16.25万代，也相当于长寿的六星海绵传了867代。然而，从地质学的角度来看，它确实很短暂，现存的绝大多数动物门都是在那些年出现的。究竟是什么导致了地球海洋中生命的突然繁荣和昌盛，目前尚不清楚，但一些来自古老而零散的化石记录的证据表明，在上一个地质时代（新元古代）末期发生了大规模灭绝，原因是氧含量的暂时下降。大规模灭绝使栖息地无人居住，为幸存下来的生命创造了迅速扩张和多样化的机会。

► 这是恩斯特·海克尔于1904年出版的《自然界的艺术形态》一书中菌丝体（各种类型的黏菌）的美丽插画。

寒武纪奇观

寒武纪大爆发的大部分化石证据来自加拿大落基山脉的化石层。伯吉斯页岩在这一地区露出地面，其中保存了大量来自寒武纪中期（在最初的爆发后）的异常完好且细节丰富的化石。在某些情况下，化石的形成是如此缓慢，以至于动物的软体部分以及硬壳都得以保存。

物种的多样性几乎令人难以置信。20世纪60年代和70年代，古生物学家在挖掘伯吉斯化石时发现，这些动物非常特别，以至于它们无法被归入之前已知的任何一个门类。许多伯吉斯动物是节肢动物（其拉丁文名的意思是“有关节的腿”），这是一个包括昆虫、螃蟹、蜘蛛、千足虫和其他无脊椎动物的门。早期的海洋节肢动物包括大名鼎鼎的三叶虫，它们每个体节的大小和形状都相当一致，有一对鳃和一对腿。在许多最近进化的节肢动物（陆地上和海洋里）中，体节更为多样，形状更为特殊，例如，一些附肢丢失了，而另一些则被改造成进食结构或用于交配的“钩状物”。

一些最初无法分类且长期灭绝的伯吉斯怪兽，现在被认为是节肢动物的基本亲属。其中有欧巴宾海蝎，它们的身体分节，呈叶状，有通气管状的摄食附肢，还有五只有柄的眼睛；奇虾是一种大型捕食动物，有成对的、带倒刺的觅食“钩”和扁平的鲸鱼状尾巴；还有怪诞虫，这是一种管状动物，有成对的、柔软的触须状腿，上表面有坚硬的长刺。

尽管它们在许多方面都与节肢动物相似，但它们也有一些特征，从而无法被归类为现代现存的节肢动物，然而大多数古生物学家都认为它们属于生命树的节肢动物分支。因此，现代节肢动物被定义为节肢动物门的“冠群”，而已灭绝的欧巴宾海蝎、奇虾和怪诞虫则被描述为“干群”，它们在节肢动物树枝上的较低点进化和分叉。

除了海绵和节肢动物，还有大约33个其他动物门。其中广为人知的门包括环节动物门（分段蠕虫，如蚯蚓）、刺胞动物门（水母及其近亲）、棘皮动物门（多刺海洋动物，包括海星和海胆）、软体动物门（软体动物，包括蜗牛、贻贝等双壳类动物和章鱼、鱿鱼等头足类动物），还有缓步动物门（如“水熊虫”——一种小型的八条腿无脊椎动物，生活在植物上的水膜上，对各种恶劣的环境条件有着非凡的适应力）。脊索动物门包括所有脊椎动物和其他一些类群，如海鞘。在植物中，门级分类不再被广泛使用，取而代之的是非正式名称。在大多数分类法版本中，真菌界有8个公认的门，而原生生物界约有20个基本分支，有时它们被称为门。在细菌和古细菌这两个原核生物域中，分别有29个和5个门。

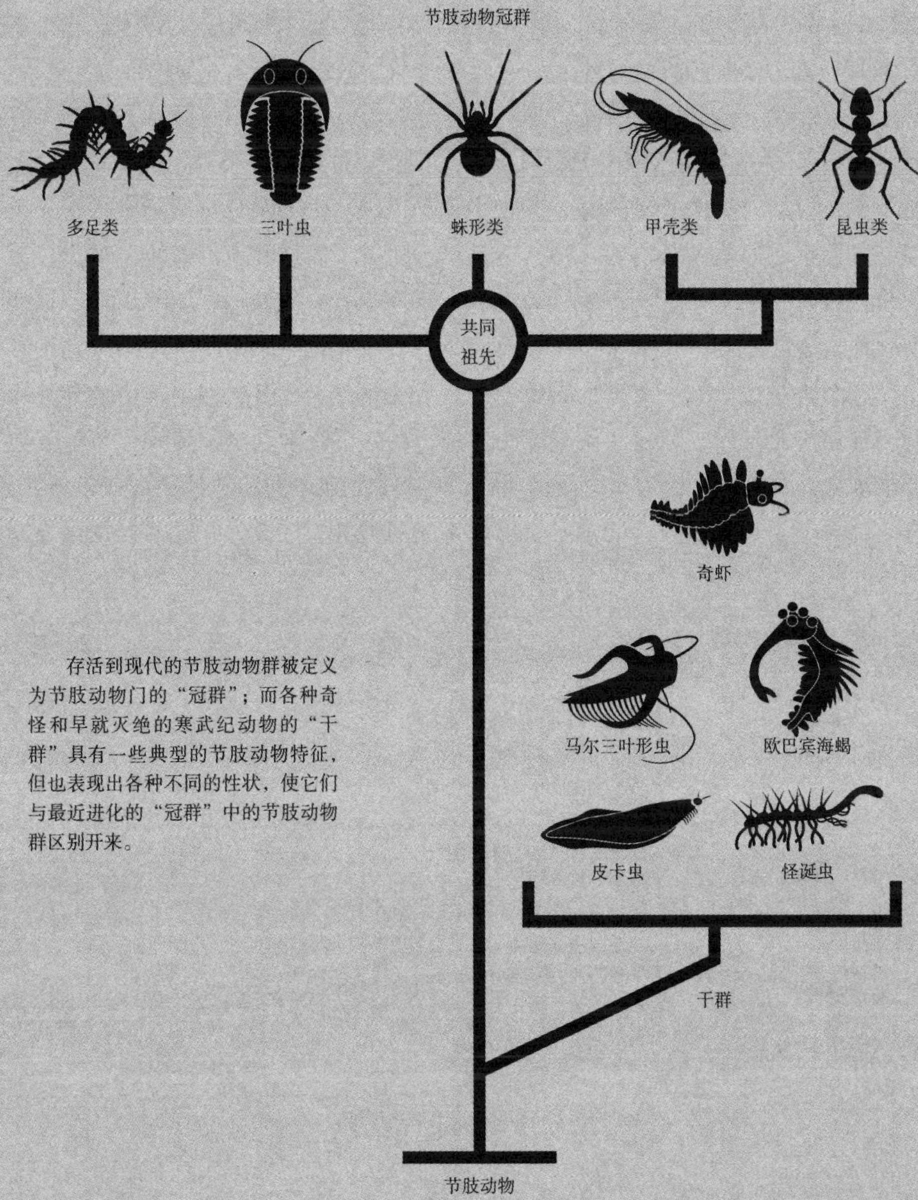

存活到现代的节肢动物群被定义为节肢动物门的“冠群”；而各种奇怪和早就灭绝的寒武纪动物的“干群”具有一些典型的节肢动物特征，但也表现出各种不同的性状，使它们与最近进化的“冠群”中的节肢动物群区别开来。

系统发育

生命之树的树干代表着地球上所有的生物，从树干上分出来的三根树枝（实际上先是两根，后来变成三根）是域。每个域分成界，界又分成门。每一个层次的生命都是一个“分支”，其中包括该群体最近的共同祖先，以及从中继承下来的一切，无论它是否仍然存在。

通常情况下，最近的共同祖先不仅已经灭绝，而且是不可知的：它的所有后代都暗示了它的存在（作为群体起源的分支）。这样，一个分支包括一个“创始”支，再加上从中萌生的每一个较小分支，以及每一个分支所承载的每一个细支，无论它们是今天仍然存在，还是早已死去。以这种树形式绘制进化关系的研究被称为系统发育学，其目标是定义真正的分支（也被称为单系群），以便准确地表达进化关系。

然而，在这个单一而简单的目标中，系统发育学有时会做出与传统分类相反的陈述，而且往往是以令人震惊的方式。例如，脊索动物门传统上包括五类脊椎动物：鱼类、爬行动物、两栖动物、鸟类和哺乳动物。这些类群非常独特，有自己独一无二的定义特征，但如果将灭绝的类群加进去，并且系统发育发挥

这是一只简单的脊索动物的结构——所有脊椎动物都是从像这样的动物进化而来的。

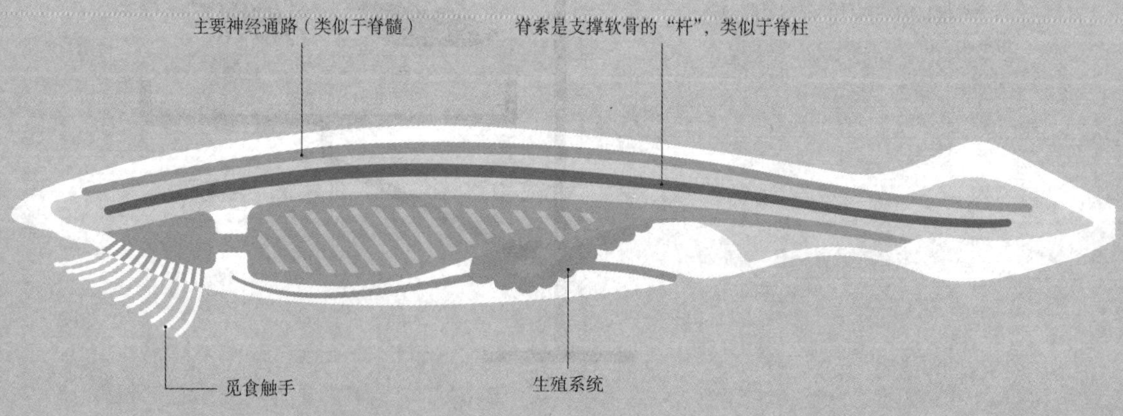

▲ 现代爬行动物（包括像变色龙这样的蜥蜴，还有鳄鱼、乌龟和其他动物）现在已知不构成单系群。

其魔力，那么其中两个类群就不再是单系的。

鱼类是其他四类脊椎动物的祖先，因此任何包括所有鱼类及其共同祖先的单系类群也必须包括所有两栖动物、爬行动物、鸟类和哺乳动物。爬行动物也有类似的问题，因为它们是鸟类和哺乳动物的祖先。爬行动物和它们的共同祖先单独形成了一个并系群——这个类群不完整，因为一些共同祖先的后代被排除在外。另一个不完整的类群只包括哺乳动物和鸟类，但不包括这两种动物的祖先爬行动物（以及爬行动物的共同祖先）——这被称为复系群。

伯吉斯页岩化石表明，系统发育虽然在概念上可能很简单，但应用起来并非如此，而且灭绝的分类群不能从系统发育树中排除。事实上，很多时候，一个分支可能会完全灭绝，而它的后代细支仍然非常活跃。

背道而驰

许多遗传学家目前正在努力确定各种现存生物的系统发育树。因为他们的受试者是活着的，所以他们可以相对容易地获得细胞样本，并从细胞核或线粒体，或者在某些情况下从RNA中提取DNA分子。然后，研究人员将来自两个物种的同一段DNA进行比对，并寻找碱基对序列的差异。通过比较这些差异，并通过了解DNA突变率的平均类型和生物体的繁殖速度，研究人员可以计算出这两个物种在多久前有一个共同祖先。

通过这项工作，可以建立不同分类群之间的进化关系，这通常会为化石记录、生物地理学和解剖学中已经怀疑的东西提供支持性证据。对同一分类群的两项研究有时会产生非常不同的结果，这样的结果即使不便于说是令人震惊的，也可以说是使人惊讶的。

例如，自分子测序出现以来，胎盘类哺乳动物的系统发育树已经被彻底重塑。20世纪90年代末和21世纪初的最新研究结果支持了一个分支的存在，这个分支是由非洲进化的各种各样的哺乳动物组成的，它们以前从未以任何方式组合在一起过。非洲兽总目包括大象、海牛、土豚、象鼩、蹄兔、金毛鼹，以及马达加斯加特有的马岛猬。大象跟金毛鼹的亲缘关系比跟犀牛的关系更近，海牛更像土豚而不是鼠海豚；对于普通人来说，这一观点几乎和蘑菇更像人类而不是更像土豆一样令人震惊。

系统发育学还揭示了可能存在一个全新的动物门——无腔动物门。这些动物类似扁形动物门的扁形虫，它们是一类外形扁平、边缘多肉、身体柔软的海洋动物，但无腔动物门的基因表明它们与扁形虫有着巨大的不同，数亿年前这两门动物在进化上就是分离的。关于这一分类能否保证门或亚门的地位，还存在争议，但系统发育学的本质使得分类单元级别的指定略显没有意义。

除了动物，植物的系统发育研究尚未明确地梳理出其进化树的细节，但它们进化的大致顺序如开篇所述。系统发育学显示，原生生物界是复系的，因为目前位于其中的生物起源于多个谱系。随着研究的继续，我们需要在界

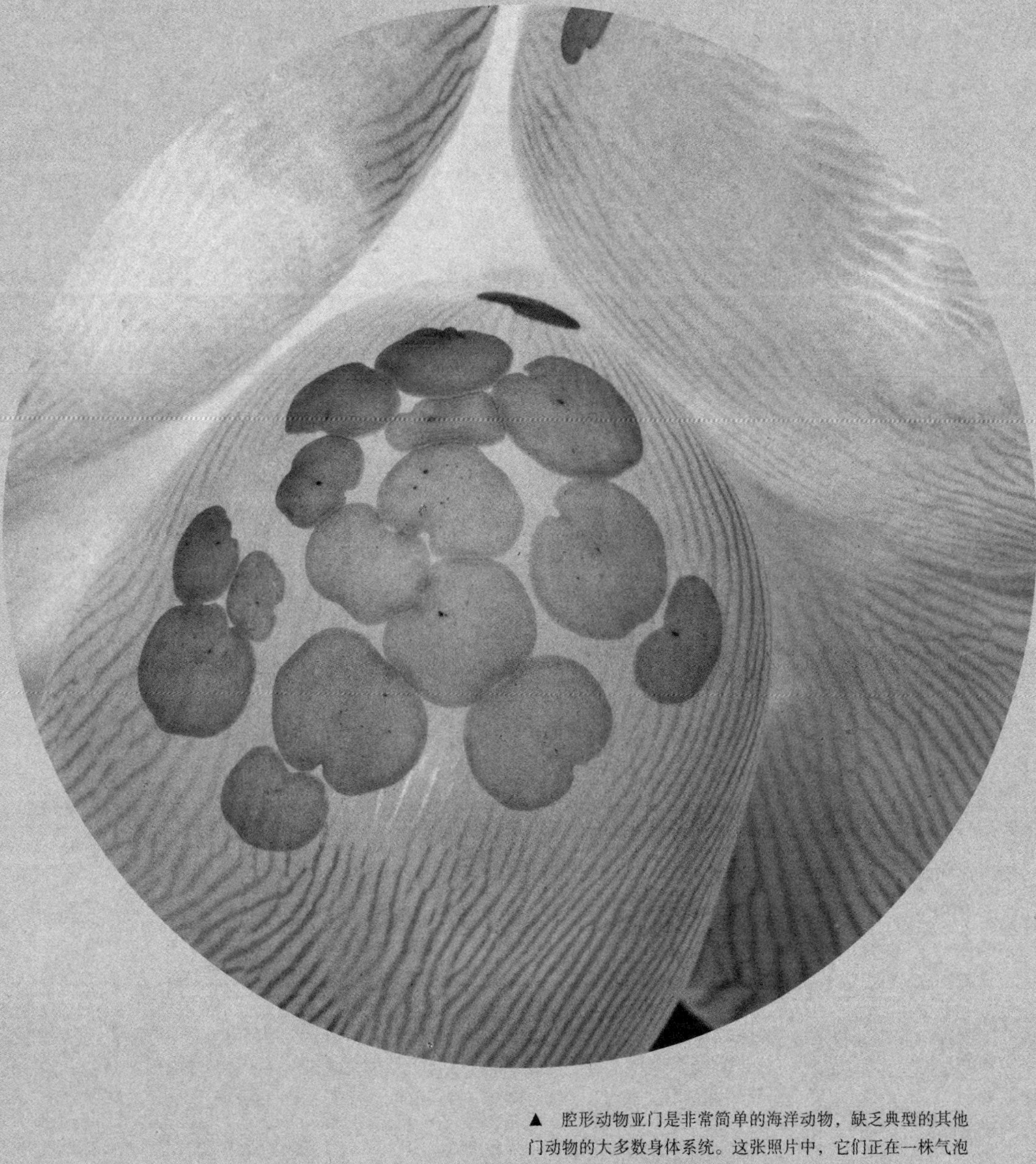

▲ 腔形动物亚门是非常简单的海洋动物，缺乏典型的其他门动物的大多数身体系统。这张照片中，它们正在一株气泡珊瑚（属于刺胞动物门）的表面移动。

的层面上对生命之树进行一次彻底的改造；但是人们在动物的分类学研究上的投入，可能比在其他任何分类群上的投入都要多得多——这或许是可以理解的。

无法再分的物种？

渐渐地，几乎所有领域的生物学家都不再那么拘泥于僵化的传统分类学，开始通过系统发育学的方法拥抱分支系统学。分支仍然可以被命名，但给它们分配等级已经变得很困难，因为系统发育揭示了一系列潜在的中间层次，它们可能位于不同正式等级之间的每个空间中。尽管系统发育树在教科书的页面上占据了更多的空间，但一旦学者和学生完全熟悉了它的工作方式，系统发育树的一部分就有可能比一系列等级和名称更直接、更清晰地解释进化关系。

然而，说到物种，放弃旧的方式并不容易。对于我们来说，有一个术语来描述一群看起来（或多或少）相同并且可以一起繁殖的生物，是非常有用的。在大多数情况下，"物种"这个词仍然容易理解，而且对它的使用似乎会无限期地延续下去，尽管它的局限性也越来越明显。

随着时间的推移，生物学家已经设计了几种不同的方法来尝试解释一个物种是什么，以及一个物种和另一个物种之间的界限应该划在哪里，并将其概念化。1942年，动物学家恩斯特·迈尔将物种描述为"实际上或可能互相交配的自然种群群体，它们在繁殖上与其他群体隔离"。这个定义被称为生物种概念（BSC）。最广泛使用的替代方案是系统发育种概念（PSC），该

▼ 菲律宾雕是一种不同于其他任何生物的有机体，所有物种概念都同意赋予它物种地位。

概念侧重于遗传和进化，而生物种概念缺少这两者。在系统发育种概念下，物种是一组个体有机体，它们拥有共同的祖先，并在许多不同的特征上（从解剖学、生理学到行为学）表现出高度的相似性。

还有一系列其他的物种概念，它们强调了与生物种概念和系统发育种概念中的一个或两个都不同的元素。例如，1981年，威利提出进化物种概念，将一个物种定义为“一个单一谱系的生物体的祖先-后代种群，它（在空间和时间上）保持独特性，以区别于其他谱系，并有自己的进化趋势和历史命运”。这个定义也涵盖了无性繁殖的物种，这是生物种概念所没有的，但它的准确性依赖于清晰的、连续的化石记录，而在许多情况下，这是不存在的。

同时，由马克·里德利于1993年定义的表型物种概念简洁地指出，“一个物种是一组看起来彼此相似但不同于其他集合的生物体”。从表面上看，这听起来非常不科学，但它表明，物种的概念本身更多地与人类偏见而不是客观科学有关。实际上，大多数物种概念在是否应将特定种群视为一个物种的问题上是一致的，如第195页所述，“最佳”的概念将根据目的和情况而变化。

倒下的门

◀ 这是一种三叶虫的化石。三叶虫是一类罕见的海洋动物，5亿多年前从地球上消失。

许多原本被认为代表整个门的不同寻常且已经灭绝的动物，现在被降级为干群，归属于仍然存在的30多个门之一。那么有没有证据表明整个门都灭绝了？即使在试图定义“门”是什么时没有出现概念问题，深入研究化石记录也是一项困难的工作。然而，现代分析技术确实使古生物学家能够从最古老的遗骸中重建出令人惊讶的详细解剖结构。

三叶虫是灭绝门类的一个可能候选者。这是一类海洋动物，其化石可追溯到约5.8亿年前的寒武纪之前。它们的名字源于它们表现出三边对称，而不是大多数动物表现出的双边对称。在其他方面，这些圆滚滚的动物与刺胞动物最为相似，有时被归类为刺胞动物门的一个干群，而不是一个独立的门。最著名的化石之一是三星盘虫（*Tribrachidium beraldicum*），这是一种非常小的动物，直径只有5厘米，有着迷人的螺纹外观。它被认为是一种生活在海床上的软体动物，通常附着在覆盖着微生物垫的基质上，并以此为食。

另一个可能已经灭绝的门是古杯动物门，已知存在于5.25亿年前的化石层。这些寒武纪生物像珊瑚一样，是浅海造礁者，在身体周围分泌碳酸钙基质。这些矿物骨架通常呈杯状，有些极其精致。寒武纪时期还存在着软舌螺目，这是一种有圆锥形外壳的小型海洋动物的分类群。然而，它们与软体动物相似，可能更适合作为软体动物门中的一个干群。

这些样本是否真的归于单独的门，也许是不可知的，但很明显，它们与今天的任何生物都有很大的不同。如果它们幸存下来，它们的后代可能会像现存的任何一个门一样，以令人印象深刻的方式多样化，而且地球上动物生命的构成可能会变得非常不同。

这是古杯类动物方解石骨架的横截面。它的两面骨骼壁之间的空间被分隔成了一系列的腔室。据信，动物的软体部分存在于这些腔室内。它可能通过骨骼壁上的孔将水从身体和中腔泵入泵出。

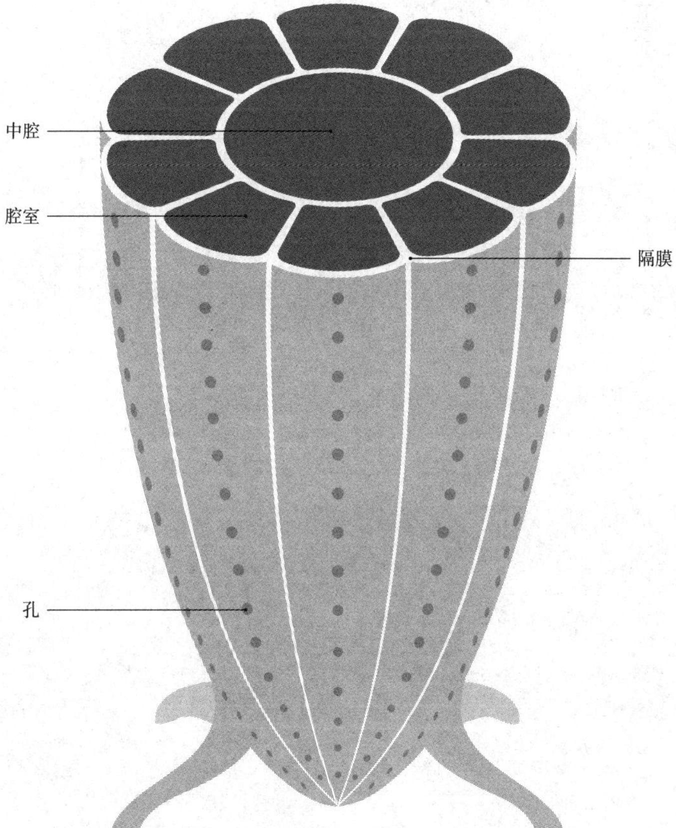

6

人类

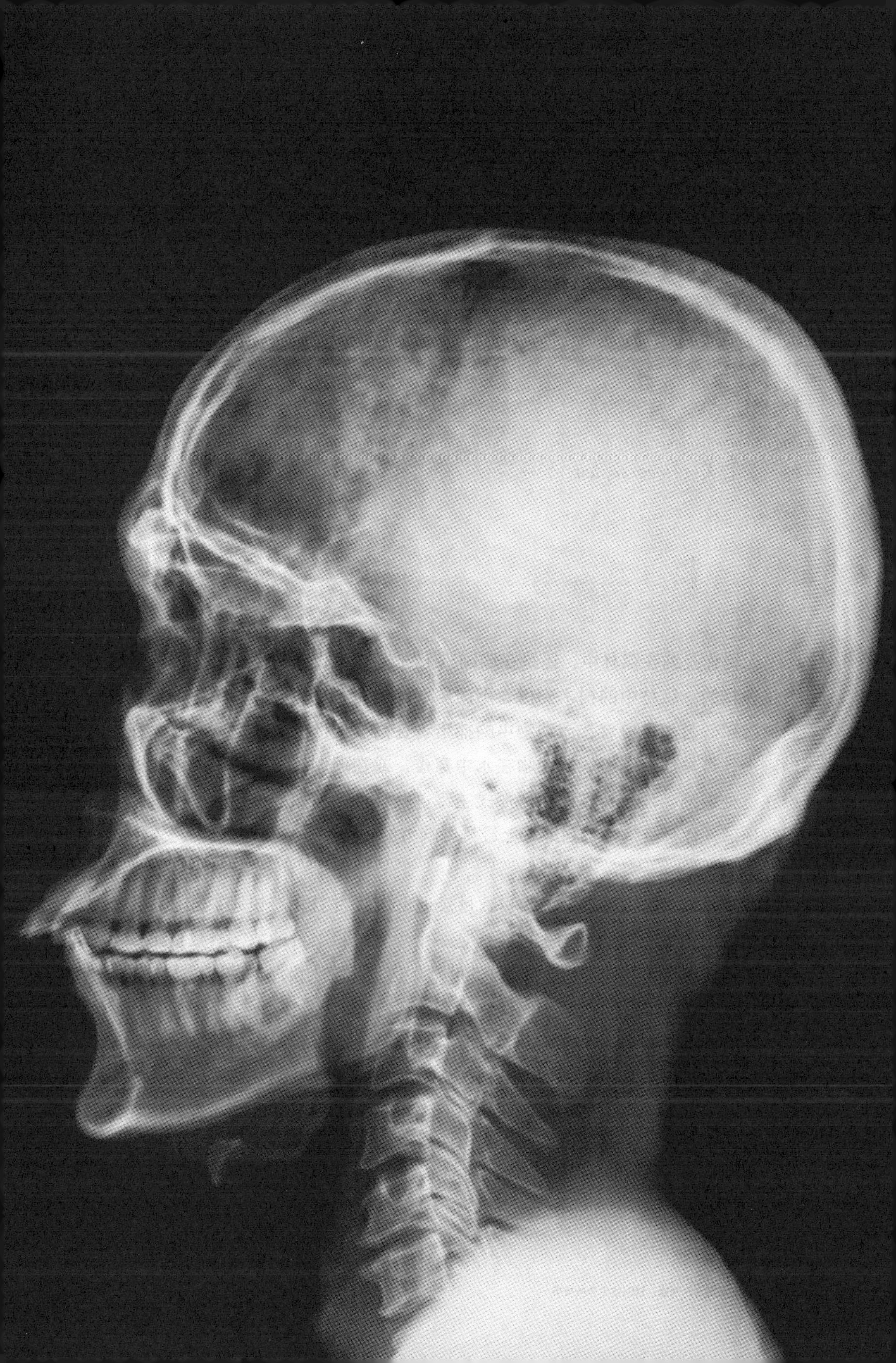

人 类

界　动物界
门　脊索动物门
纲　哺乳纲
目　灵长目
科　人科
属　人属
种　智人（*Homo sapiens*）

无论你是站在森林中，还是在珊瑚礁上方30米高的地方盘旋，周围的景色都是多样的。森林中的树木支撑着不同层次的生命，从植物和动物中的攀缘者到树叶碾碎者和采摘者，而动物中的捕猎者在高高低低的树枝之间穿行。在珊瑚礁上，奇异而色彩斑斓的动物在水中穿梭，或在珊瑚礁上爬行，而更大的阴影在远处逡巡。没有特定的生命形式主宰这些环境，但如果你退后一步，全面观察地球，你会清楚地看到地球上最具影响力的物种——人类。

在撰写本书时，地球上的人口数量接近80亿，并且正在快速攀升。对于一种自由生活的大型哺乳动物来说，这是一个令人瞠目结舌的数字。数量第二丰富的是锯齿海豹，其种群估计约为1 500万。这意味着锯齿海豹的数量大约是人类的0.2%，换句话说，地球上每只锯齿海豹对应着520人。

还有其他大型非人类哺乳动物的数量比锯齿海豹多，但它们是被驯化和养殖的：12亿只绵羊，近10亿只牛和山羊，约7.5亿头猪，略多于1亿只的马类家族（马、驴和骡子），以及约3 500万只骆驼。把人类及其大型哺乳动物牲畜加在一起，你会发现这个数字大约为126亿。

毫不奇怪，地球上数量最多的鸟类也是驯化物种：2020年，地球上大约有

190亿只鸡，而数量最多的野生鸟类（一种原产于撒哈拉以南的非洲，名为红嘴奎利亚雀的小型织布鸟）在一个富有成效的繁殖季后“仅有”15亿只。

然而，不久前还有一种数量多得多的野鸟——北美洲的旅鸽。这种鸟的数量一度可能多达50亿只，从18世纪的记载可以看出，这些鸟群的直径达数英里，它们经过时会使天空变暗数小时。然而，到了20世纪初，旅鸽已经被一种致命的掠食性物种——人类彻底消灭。

▲ 第116—117页：X光片显示了人类头骨上比例相当大的脑壳，这是该物种史无前例地成功主宰世界的关键。

商业与差异的神话

人类是灵长类动物——主要分布在世界热带和亚热带森林地区的一个独特的哺乳动物目的成员。它包括狐猴、懒猴、婴猴和树熊猴，以及非洲和南亚的其他各种毛茸茸的爬树动物。

最常见的灵长类动物是猴子，它们也存在于美洲。猴子四肢修长，手脚强壮，很好地适应了攀爬树木、采摘树叶和水果的生活。在猴子进化过程中，智力一直是一个受欢迎的特征。它们大多是高度社会化的，会分享关于哪些水果在何时何地成熟的知识，建立合作关系，并受益于对捕食者的共同警惕。

猿是没有尾巴的猴子，其中包括长臂猿——它们是体型小、动作敏捷的攀行动物，或者说“摆臂者”。类人猿比它们的小亲戚长得更大、寿命更长、更聪明，黑猩猩和大猩猩在非洲的雨林中进化，红毛猩猩在东南亚进化。世界上有几个公认的类人猿物种，DNA研究表明，即使是在离得相当近的地方生活的一些种群，也是不同的、独立的物种。

然而，还有另一种类人猿——人类。人类和其他类人猿有一个早已灭绝的共同祖先。第一个分支的谱系是大约1 300万年前的红毛猩猩谱系。大猩猩在大约

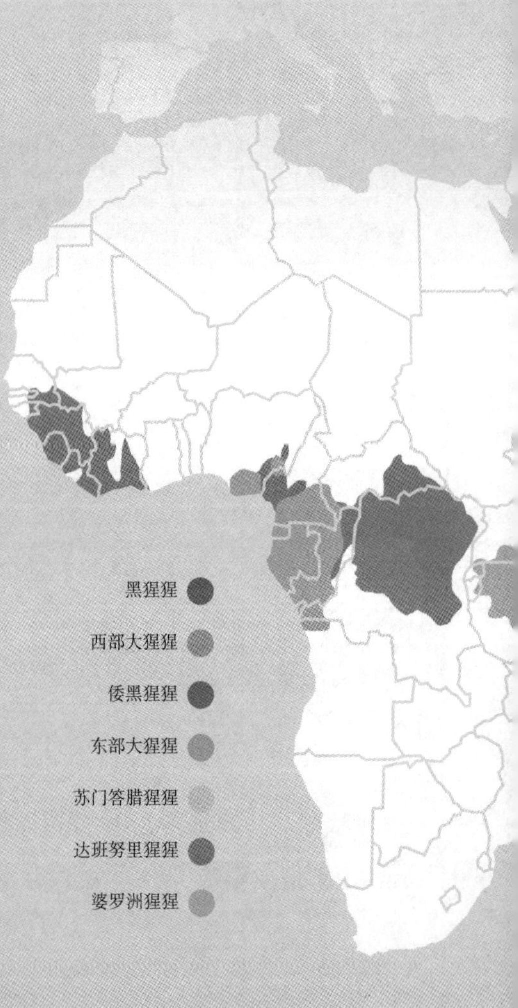

800万年前分化了，而黑猩猩和人类在600万年前才分道扬镳。黑猩猩分支在不到300万年前分裂，形成了普通的黑猩猩和倭黑猩猩。

从黑猩猩-人类最后共同祖先（CHLCA）到现代社会之间，许多类人物种出现过并已经灭绝。人们普遍认为人类进化是一个从驼背猿到直立的现代人的稳定、线性的过程，这是无数“人类的崛起”漫画的基础，但更准确的描述应该是一束树枝，除了其中的一根之外，它的其他尖端都是干的和死的。

不过，CHLCA并不像现代黑猩猩。黑猩猩和人类是从同一个祖先进化而来的，两个谱系都经历了相同时间的进化变化。然而，CHLCA是一种居住在森林中的动物，就像今天的黑猩猩一样；而人类是从CHLCA后代的亚群体进化而来的，他们开始探索更空旷的乡野。

这张地图显示了世界上类人猿的分布，它们是从生活在1 300多万年前的共同祖先进化而来的。与人类不同，它们都是特化的动物，只存在于赤道或赤道附近的森林栖息地，所有物种都面临着严峻的灭绝威胁。

重建人类史前史

CHLCA在非洲进化的时候，这片大陆以及更北和更东的地方有许多大型类人猿物种。确定这些猿类化石（如果有的话）中哪一种可能是真正的CHLCA，需要一定程度的猜测，这不仅是因为死亡的动物中只有极小一部分会变成化石，还因为森林栖息地潮湿的酸性土壤不利于一开始的成功石化。人们尽管分别在非洲与南欧发现了仲山纳卡里猿（*Nakalipithecus*）和奥兰诺古猿（*Ouranopithecus*）——前者也可能是大猩猩、人类和黑猩猩的祖先——但很可能从未发现过真正的CHLCA遗骸。

研究化石是一项令人沮丧的挑战。就其本质而言，化石是罕见的，几乎总是不完整的或损坏的，或两者兼而有之，更不用说寻找、挖掘和清理化石所涉及的纯体力劳动了。然后还有解释它们的工作——直接确定你所观察的是哪种动物的哪个部位几乎是不可能的。最早发现的奇怪且早已灭绝的节肢动物奇虾

的化石是相互分离的身体部位，包括一张嘴、一个觅食附肢和身体的大部分。它们最初被归为三种不同的动物：圆形的脊状嘴被认为是水母，有关节的觅食附肢被认为是虾，有裂片的身体是海绵。直到后来发现了更完整的化石，才揭示了真相：这是一种巨大的、快速游动的捕食者，它看起来一点也不像水母、虾或海绵。

就人类化石而言，研究领域仍在努力摆脱自己对“皮尔当人”误读的阴影。1912年，这一故意欺诈行为发生于英国萨塞克斯一个砾石坑的弃土中（据称），其中包括一个现代人的牙齿和头骨碎片，以及一只红毛猩猩的下巴。1953年，科学家最终揭穿了“皮尔当人”的骗局，但这位或多位不知名的恶作剧者留下的遗产将导致人们对其他类人化石的持续怀疑（尽管在科学研究中，适度怀疑真的不是一件坏事）。

在所有史前人类的化石中，最著名的是320万年前生活在埃塞俄比亚的一个年轻女性的遗骸。1974年，由克利夫兰自然历史博物馆的唐纳德·约翰逊领导的一个团队从地下找到了她的大约40%的骨骼。遗骸包括头骨的碎片、大部分下巴、很多臂骨、一些肋骨和脊椎（包括骶骨——构成人类脊柱底部的融合“块”）、一侧骨盆和相应的股骨，以及另一侧小腿的一部分。这些骨头碎片、它们的组合方式，以及它们形成的角度，为团队提供了足够的信息来进行一些评估：她被取名为露西，是女性；她大约12岁，1.1米高；她的脸扁平，下巴和胸腔很宽，与黑猩猩或大猩猩的脸和肋骨相似；而且，当她从A地到B地时，她是舒适地直立着用双脚走动的。

◀ 这是一些现代人类灭绝亲属的模型，包括阿法南方古猿（男性和女性，前排靠右）和身后挥舞长矛的尼安德特人。

露西和她的表亲们

露西所属的物种被命名为*Australopithecus afarensis*（*australo*来自拉丁语单词*australis*，表示南方；*pithecus*来自希腊语单词，表示猿；*afarensis*指的是她被发现的阿法地区）。然而，露西并不是第一个被发现的南方古猿化石，因为1924年在南非发现的一块头骨化石已经被归为南方古猿。当时人们注意到了它的人形特征，包括牙齿的数量和枕骨大孔（颅底的一个孔，脊髓从中穿过）的位置，这表明它是一个两足动物。然而，直到露西出现，人们才真正有办法想象一个完整的、活着的南方古猿。在艺术家们对露西的解读中，她或多或少是一只直立的黑猩猩——这是经典的“人类的崛起”漫画中左起第二或第三幅图像（见第137页）。

随着时间的推移，人类祖先亲属的头骨形状发生了很大变化，头盖骨变得更大、更平滑，眉脊不那么突出。出生过程对婴儿头部大小施加了限制因素，这就是相对于其他类人猿来说，人类婴儿出生时处于一个较不发达的状态的原因。

撒海尔人
700万年前

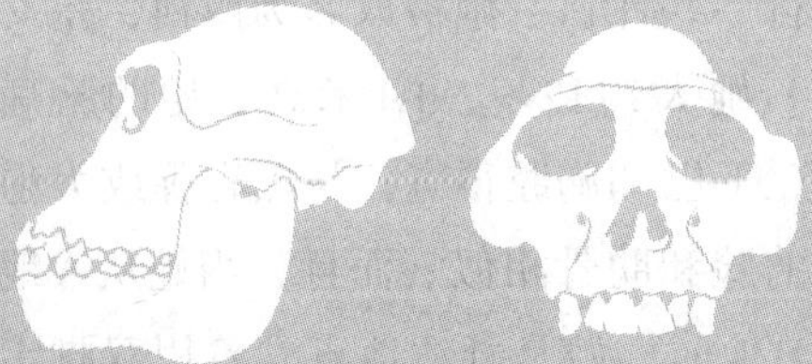

阿法南方古猿
350万年前

尼安德特人
5万年前

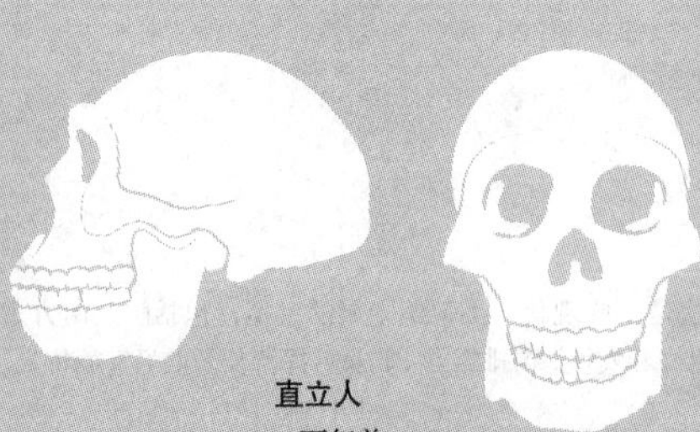

直立人
150万年前

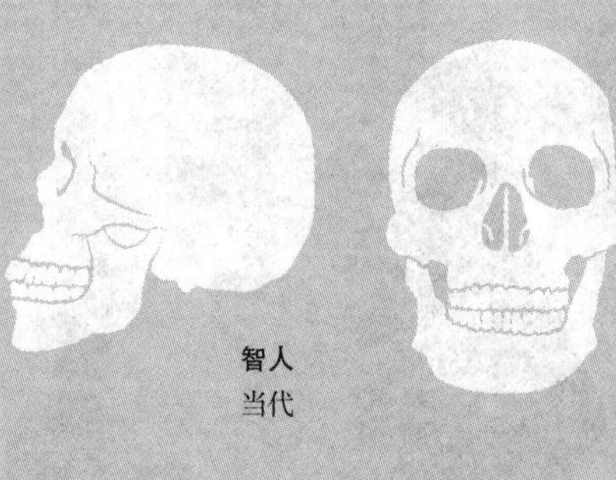

智人
当代

◀ 在非洲和欧亚大陆的许多地方都发现了几种不同的早期人类的重要化石。

不过，露西和她的亲戚不一定是人类的直系祖先。在过去的几个世纪里还发现了其他许多类似人类的化石，这些化石共同构成了一个类群，分类学家称之为“南方古猿”。南方古猿属大约于420万～190万年前起源于非洲东部，分布于整个非洲大陆。

至少有五个不同的物种进化出来，他们的总体体形各不相同。像露西那样体形苗条、轻盈的物种被称为“纤细型南方古猿”，而体形粗壮、下巴大而有力的物种则被归类为“粗壮型南方古猿”（拉丁文名为*Australopithecus boisei*；现在更常被称为鲍氏傍人，拉丁文名为*Parathropus boisei*）。所有的古猿都是用两条腿走路的，这在人类进化中是一个关键的发展：舒适平衡的两足行走可以让动物在走动时腾出前肢做其他事情，比如携带食物、握住婴儿的手或挥舞武器。

在上新世和早更新世期间，许多不同的两足类人猿同时生活在非洲和地中海周围，时间跨度为360万～180万年前。除了南方古猿和傍人之外，还有地猿（*Ardipithecus*）、原初人（*Orrorin*）、撒海尔人（*Sahelanthropus*）和希保人（*Graecopithecus*）的化石。他们的大脑并不比现代黑猩猩的大脑大多少，但许多人会使用简单的石器，有些人可能会说话（例如，地猿的头骨结构显示出对声音的复杂控制）。在这个时间跨度的后期，现代人类所属的人属的第一批成员开始出现在化石记录中。然而，化石记录非但没有揭示出一条单一的发展路线，反而显示出这些最早人类的许多可能的起源。

人类的到来

能人（*Homo habilis*，意为“手巧的人”）生活在大约210万～150万年前的石器时代。他们的化石已在东非的多个地点被发现，与南方古猿以及后来进化的人属物种（包括直立人，其拉丁文名为*Homo erectus*）生活在一起。然而，能人是真的属于人属，还是更适合被认为是南方古猿的另一个物种，是古生物学家争论的焦点。尽管他们通常被认为是早期人类，但解剖学特征表明他们介于露西和直立人之间。

能人的头骨容量比阿法南方古猿的头骨容量约大45%，而且头部的很大一部分由大脑组成——其“灰质”提供了抽象思维能力。除了更大、更圆的头盖骨外，他们还有比南方古猿更小且不那么向前突出的下巴，这使得他们的脸更容易辨认。牙齿的形状，以及它们所表现出的磨损模式，表明了饮食的多样性，食物中包括肉类和各种植物，但可能不包括有着极强壮下巴的粗壮型南方古猿所喜欢的非常坚硬的坚果。

能人的身高略高于1.3米，比一般现代人更娇小，但其身体比例与后者非常相似，尤其是他们的长腿比例使其成为高效的双足步行者和跑步者。能人是多产的石器制造者，尤其是制造有缺口的刀片，这种刀片可能是用来从大型动物尸体上砍肉的（与该物种相关的化石发现包括带有此类工具切割痕迹的动物骨骼）。能人个体可能会被捕食者（如剑齿虎）捕杀，但在群体中，他们很可能会在较小的食肉动物捕猎时与其对峙，利用团队合作将食肉动物赶走并偷走猎获物。

根据几块骨头和石头，对这一物种的行为进行如此详细的推测是否合理，仍值得商榷。然而，大量证据——包括现代人的证据以及他们所能做的许多事情——表明这些早期人类是创新者，他们生活在紧密的社会群体中，在那里他们可以互相学习。这两个因素，再加上两足行走所带来的双手自由，将给能人群体带来巨大的选择压力，使他们变得越来越聪明、灵巧和善于社交。

▶ 这是一个能人的模型，它正在使用石器。这些工具为“手巧的人”开辟了新的狩猎和觅食可能性。

地理驱动因素

更大、更复杂的大脑和更灵活的手指是直立人区别于早期能人的特征之一。最早的直立人化石可以追溯到190万年前，但直立人并没有一直留在其祖先的家园。现在化石被发现于西欧和远东，以及整个南亚。这些化石中有许多最初被归为不同的物种，但现代古生物学的观点是，他们都是直立人，尽管在某些情况下他们之间有明显的区别，可以判断是不同的亚种。

他们当中包括非洲的匠人（*Homo erectus ergaster*，他是已知最古老的形态）、欧洲格鲁吉亚的直立人（*Homo erectus georgicus*），以及爪哇梭罗河的梭罗人（*Homo erectus soloensis*）。广泛的地理分布是一个成功的多面手物种的标志，直立人存在时间之长（该物种存在的时间超过100多万年）也说明了他们的巨大成功——迄今为止，智人存活的时间仅为直立人的四分之一。

尽管直立人很可能是从一个能人群体进化而来，但他们并没有取代祖先——至少没有立即取代。这两个物种在这颗行星上共存了大约50万年，同时也存在着各种南方古猿。然而，直立人在脑力、灵巧度和社会结构方面已经变得相当先进，这使得他们比以前任何南方古猿或能人传播得更广泛、更成功。这些早期人类使用复杂的石器进行敲打、劈砍和切割，而在他们家园中发现的烧焦的动物骨头表明，他们能控制并利用火烹饪食物。在他们后来的历史中，有迹象表明他们在洞穴中收集了大量食物，一枚刻有几何标记的50万年前的贝壳表明他们还创造了艺术。同时，他们的地理分布表明他们会使用木筏穿越开阔水域。

直立人也会捕猎。虽然能人的前肢与黑猩猩的前肢相似，而且很可能是熟练的攀爬者，但直立人的手臂和肩部结构截然不同。和现代人一样，他们不太适合攀爬，但可以高速投掷物体。在他们的石器中有适合投掷的武器，而且他们有形成组织性团体和进行有计划攻击的智慧，这意味着直立人能够捕食其他动物。这在自然界中是史无前例的，也是现代人类骄傲自大地脱离自然的根源。

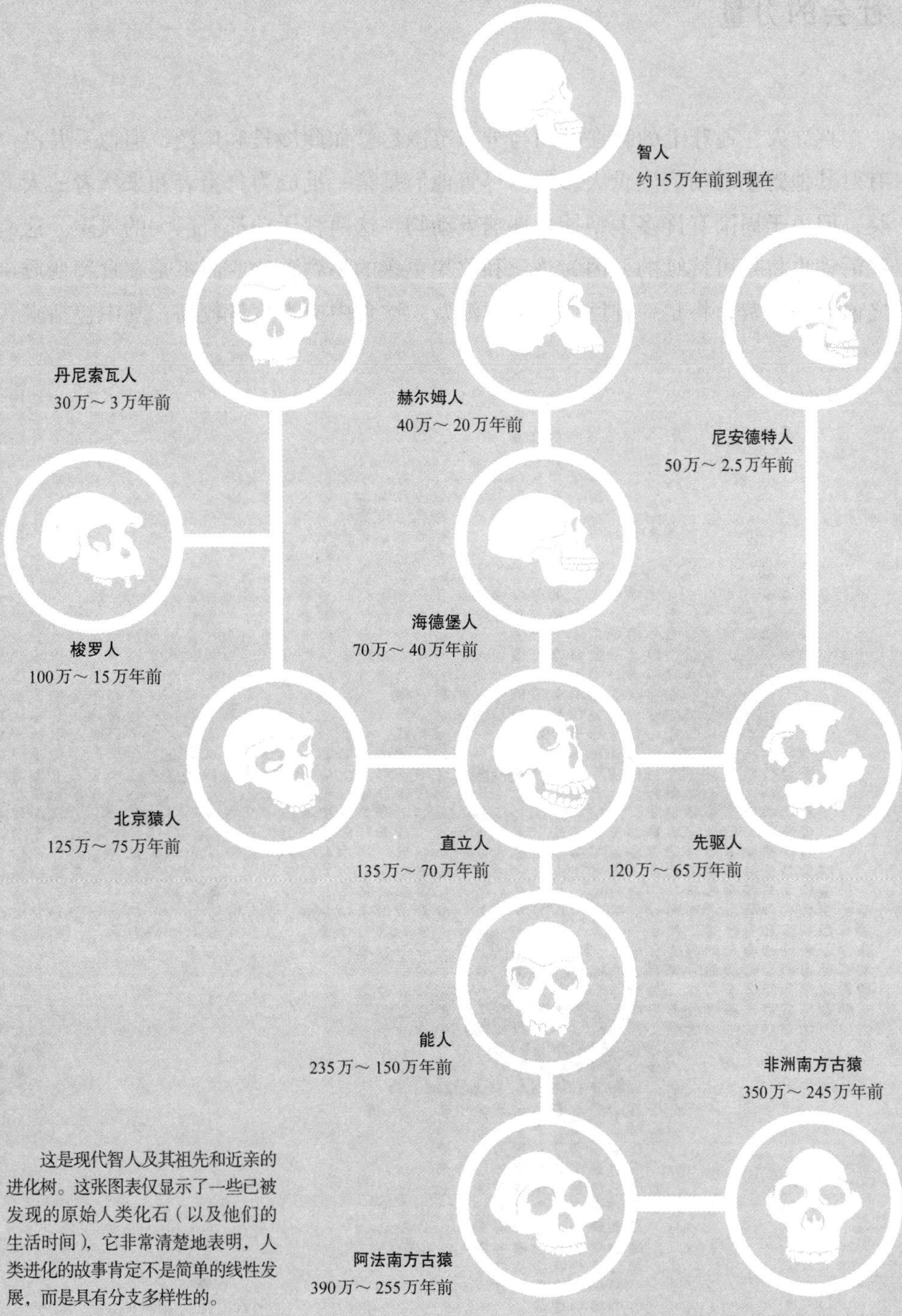

这是现代智人及其祖先和近亲的进化树。这张图表仅显示了一些已被发现的原始人类化石（以及他们的生活时间），它非常清楚地表明，人类进化的故事肯定不是简单的线性发展，而是具有分支多样性的。

社会的力量

直立人在地球上的存在时间与分布范围尽管如此漫长和广泛，但似乎并没有对其他野生动物产生重大影响。尽管他们是第一批成为狩猎者和采集者的人类，但由于周围有许多大型捕食性哺乳动物，这两种活动都有巨大的风险。这些活动也将是可持续的，因为杀死和收集更多的易腐食物，而不是在食物变质之前合理消费，将是一种巨大的资源浪费。饮食中肉类含量较高，其中包括来

化石发现所显示的直立人的非洲起源地和最终的完整分布区域

自无脊椎动物的蛋白质（因为直立人对吃昆虫和软体动物毫不犹豫），这有助于为生长中的、需要大量耗能的人类大脑提供能量。他们的手也变得更强壮、更灵巧，这在很大程度上得益于手骨头上出现了一个小突起（茎突），使手能够“锁定”手腕，从而通过手指施加更多压力。

这些人可能生活在家族群落和更广泛的社会群体中，并沿着水道觅食，也可能生活在开阔的田野和林地中。他们的时间会花在收集和准备食物上，但也会花在休闲上。今天，一些现代人类社区仍在追求传统的狩猎-采集生活方式，他们的工作时间比现代农民和城市工薪阶层的劳动时间要短。

直立人起源于非洲，但其化石已在更广泛的地区被发现。这些化石的年代测定提供了他们如何随时间迁移到新区域的图景。

当然，直立人有足够的时间建立和维持社会关系。一个属于老年人的直立人头骨证明了这样一个观点，即这些人会照顾群体中的年老、生病和垂死的成员。头骨下巴的损伤表明，这名男子在去世前很久就失去了大部分牙齿，因此需要别人帮忙管理他的饮食。

直立人在地球上存在的时间接近尾声时，在最后一个南方古猿物种最终消失之后，海德堡人（*Homo heidelbergensis*）出现了。这种人类很可能是从直立人进化而来的，但也与直立人共存，所以本质上他是一根新的树枝，从一根还在继续生长的老树枝上分了出来。就大脑大小和其他参数而言，海德堡人与现代人类非常接近，他们的额头仍然崎岖不平，下巴粗壮，但他们的脸看起来很像人类。海德堡人在大约70万～20万年前遍布非洲和欧洲，包括比直立人的分布地区更寒冷的气候区域，是已知的第一种穿衣服和使用永久性庇护所的人类。

人类的亚种存在吗

这种灵长类动物的化石记录远未被充分发掘，但它已经清楚地表明，CHLCA的人类后代开枝散叶，形成了一株复杂的、具有不同形态的粗糙灌丛，本章仅对其中的少数进行了详细描述。虽然今天只有一种幸存下来，但每一种形态都在一定程度上取得了成功，存活了千千万万年。他们过着安静而平淡无奇的日常生活，同时建立了一种文化，对他们来说，这种文化一定是通过他们的子孙后代无限延伸到未来的。

现代智人的大多数成员对他们自己这一物种也有同样的感受，但我们只存在了不到25万年。冷静客观地看待我们的前景，想和我们的一些更杰出的祖先生存的时间一样长，目前并不是特别乐观。

为什么除了一根树枝，其他所有的树枝最终都会灭绝？这是一个值得猜测的问题，但灭绝几乎是所有曾经生活过的物种的结局：任何存活时间超过100万年的物种的运气都很好。与类似物种的竞争往往是导致灭绝的重要原因，而所有两足非洲猿和欧亚猿之间肯定会存在资源竞争。虽然古生物学家就海德堡人到底发生了什么并没有达成一致意见，但有化石证据表明，人类两种最现代的形态——智人和尼安德特人（*Homo neanderthalis*）都起源于这种广泛分布的物种；智人出现在南部的非洲种群，尼安德特人起源于北部的欧洲种群。

第三种形态的人类被称为丹尼索瓦人（他们到目前为止还没有统一的学名），起源于更偏东的海德堡人，但我们尚不清楚他们与尼安德特人有多大的区别——这两种人很可能已经是同一物种。

还有另一个物种——弗洛勒斯人（*Homo florensiensis*），他们可能是从直立人或其他更早的人类物种进化而来的，在至少5万年前一直与世隔绝地生活在热带印度尼西亚的弗洛勒斯岛上。和许多孤岛动物一样，弗洛勒斯人也有一系列不寻常和独特的特征，最引人注目的是他们那只有1米多一点的矮小身材（因此这就产生了“霍比特人”这个绰号），他们的大脑甚至更小。

▲ 已经灭绝的尼安德特人可以比较明确地归为智人亚种。它的基因在现代人类中继续存在。

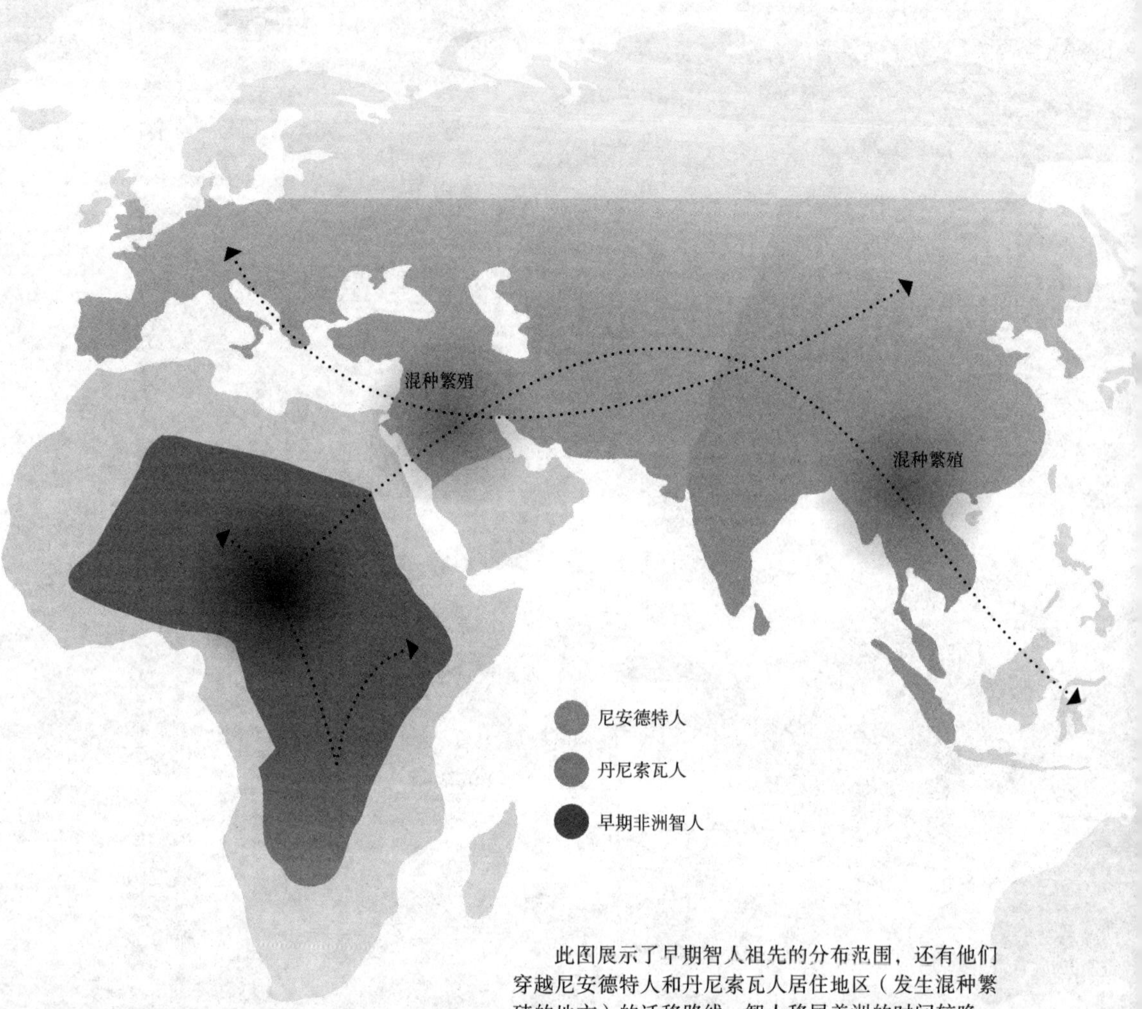

此图展示了早期智人祖先的分布范围，还有他们穿越尼安德特人和丹尼索瓦人居住地区（发生混种繁殖的地方）的迁移路线。智人移居美洲的时间较晚，他们可能是通过白令陆桥过去的，当时白令陆桥连接了遥远的东北亚和阿拉斯加。

尼安德特人

“尼安德特人”通常是不聪明、固执、反应迟钝的人，或是态度执拗和充满偏见的人的代名词。然而，将尼安德特人视为劣质原始物种的形象是不准确的。

尼安德特人和极其相似的丹尼索瓦人在身体上与矮小的、智力低下的弗洛勒斯人相反。前两者是脑容量大、身材高大的人类，适应了寒冷的北方生活。尽管现代智人认为尼安德特人是愚蠢的，进入了进化的死胡同，但尼安德特人在社会发展上和当代人一样先进，而且两者非常相似，有时被归类为人的亚种，而不是独立的物种。

事实上，现代欧洲人的基因组中包含一小部分尼安德特人基因，但这一比例是确定的，这表明当两者相遇时（当智人从撒哈拉以南非洲的祖先家园向北和向东迁移时），他们进行了杂交，而丹尼索瓦人的DNA在现代亚洲人中仍然存在。在有欧洲血统的人中，基因组大约有1%～4%来源于尼安德特人；而在一些亚洲基因组中，多达6%的DNA来自丹尼索瓦人。尼安德特人和丹尼索瓦人的基因只在那些祖先从未离开非洲的现代智人群体的染色体中少见或缺失。

得益于尼安德特人基因组计划，尼安德特人基因组在2013年首次被完全测序。该项目的研究人员致力于从欧洲不同地点发现的尼安德特人骨骼中提取DNA。随着尼安德特人基因组的解开，我们有可能确定，大约20%的尼安德特人基因保存在现代智人的整体当中。正如人们所料，这些幸存的基因似乎具有普遍的有益效果：它们促进了皮肤和头发生理的变化，使其更好地适应阳光较少的环境（黑色素含量较低的皮肤更有效地利用阳光生成维生素D），并且似乎还提高了对某些疾病的抵抗力。

至于尼安德特人和丹尼索瓦人后来怎么样了，我们不得而知；但人们认为他们相对来说不常见，生活在小而孤立的群体中。在群体之间没有太多接触的情况下，他们很可能出现了近交衰退，基因组中积累了有害的突变。根据对现代人类行为的了解，我们很容易假设，随着智人向北和向东扩展，他们经历了来自近亲的竞争，并通过以武力消灭对手来解决问题。然而，考古记录中几乎没有证据表明这两种人类形态之间的暴力行为司空见惯，而杀死和食用非人类动物的证据却很普遍。

我们所知道的是，尼安德特人在大约3.9万年前基本上已经灭绝，少数残余种群可能继续存活了几千年。然而，他们的基因仍然存在于现代人类中。随着全球旅行的出现以及由此带来的基因混合，在几代人的时间里，地球上几乎每个人、每个地方都可能有尼安德特人和丹尼索瓦人的DNA。

▲ 这是一群来自非洲南部卡拉哈里地区的桑族人。桑族人是现代狩猎–采集社会的一个例子。

现代人

如今，这个曾经多样化的原始人类家族只剩下热带非洲和亚洲的一小部分类人猿种群和一个人类物种（尽管有近80亿人口）。智人没有被描述的亚种，他们作为一个物种的（相对）寿命较短，在其早期祖先中有一两个遗传瓶颈，而且由于全球旅行而产生了大量基因混合，因此没有种群在繁殖上被隔离足够长的时间，以得到充分分化。

我们在皮肤黑色素、身材和面部特征形状上看到的差异都是临床变异的例子，是单一身体特征的可测量梯度。它们也可以在其他许多广泛分布的动物物种中看到。例如，与温暖地区的哺乳动物相比，寒冷气候下的哺乳动物种群往往更大，耳朵更小，腿更粗，皮毛更长，这就是为什么西伯利亚虎体型巨大，毛发较长，而生活在赤道附近的孟加拉虎体型较小，毛发较短。不过，这两种动物通常被归为同一亚种——大陆虎。*然而，人类的变异是表面的这一事实，并没有阻止人类在这个基础上相互歧视到可怕的程度。数百年来，不尊重科学事实的所谓“科学家”一直使用收集不充分、解释不当的物理数据为种族主义和性别歧视辩护。

进化继续影响着人类物种。例如，发达国家的智商分数目前正在下降，尽管直到20世纪70年代中期，每一代人的智商都在稳步上升。是人类变得越来越不聪明，还是智力的本质正在改变，需要一个新的测量体系？如果环境灾难消灭了世界上大部分人口，那么哪些遗传特征将提高个体的生存机会，这些幸存者的后代能否适应在一个几乎没有人类的星球上繁衍生息？大多数人宁愿找不到最后这个问题的答案，但另一个选择——拯救生物多样性和防止生态崩溃——将需要对人类行为的全面改变。无论接下来发生什么，可以肯定的是，这种创新性和适应力强的物种正面临着迄今为止最大的挑战。

像这样的“人类的崛起”漫画显示，人类的特征正在稳步取代黑猩猩的特征。不过化石证明，南方古猿有完全的两足站立姿势，但大脑的大小变化相对较小。

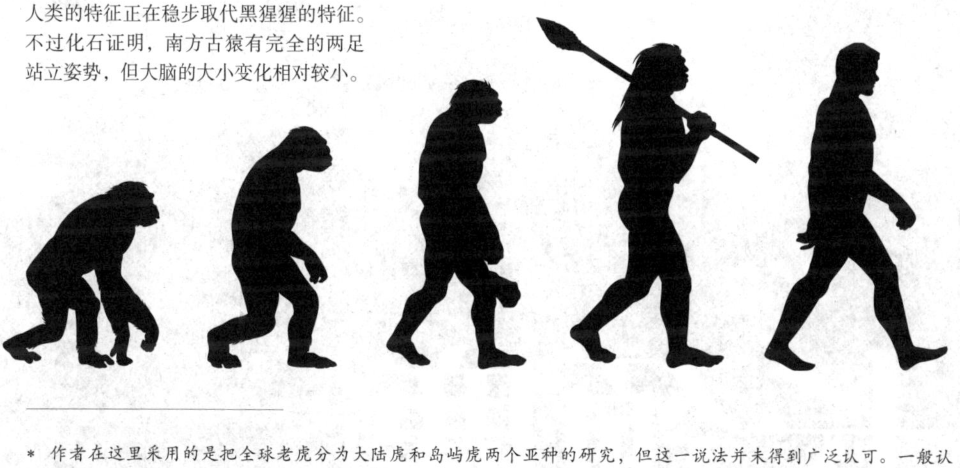

* 作者在这里采用的是把全球老虎分为大陆虎和岛屿虎两个亚种的研究，但这一说法并未得到广泛认可。一般认为，老虎有8个亚种，分别为巴厘虎（已灭绝）、里海虎（已灭绝）、爪哇虎（已灭绝）、华南虎（野外灭绝）、西伯利亚虎、印支虎、孟加拉虎、苏门答腊虎。近年也有学者认为还存在马来虎这个亚种。——译注

7

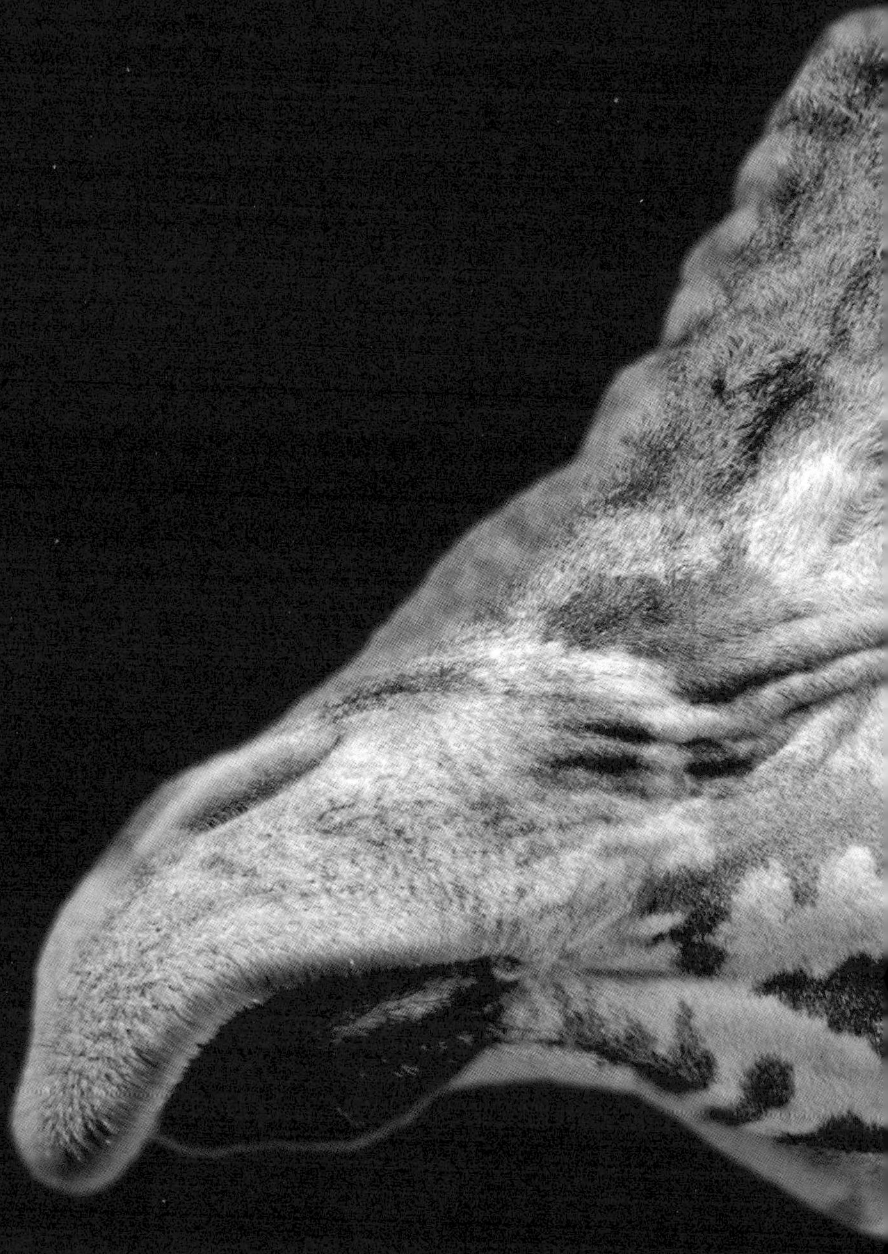

长颈鹿

长颈鹿

界	动物界
门	脊索动物门
纲	哺乳纲
目	偶蹄目
科	长颈鹿科
属	长颈鹿属
种	网纹长颈鹿（*Giraffa camelopardalis*）以及其他种类

在非洲大草原上，长颈鹿的头和肩（以及非常长的脖子）都比其他食草动物的高；它是一种独一无二的动物，在大多数参观非洲东部和南部大型野生动物公园的游客“必看”名单中排名靠前。然而，尽管这种引人注目的哺乳动物似乎是独立存在的，但分类学家仍然无法准确地确定长颈鹿有多少种。希腊人和罗马人也很努力地对这种独特的生物进行分类。他们认为它是豹子（因为它有带斑点的皮毛）和骆驼（因为它有长长的脖子）之间的一种奇怪的杂交，这种理解在它的拉丁文名*camelopardalis*中得到了保留。

不同种群的长颈鹿看起来略有不同，这取决于它们在非洲生活的确切位置。根据不同的生活区域，它们身上的图案可能是整齐的、几何形的，或者是稍微不那么规整的，它们的小腿可能是有斑点的或没斑点的。然而，在辨认一只“长颈鹿”上，没有人会有任何困难。事实上，即使它不是地球上最高的生物，美丽的斑纹、细密而整齐的鬃毛、深情的大眼睛（有着你可以想象到的最长的睫毛）、柔软而顺从的嘴巴和带有流苏尖的长尾巴，都让长颈鹿足够引人注目和独特。

成年雄性长颈鹿可能高达5.5米以上，体重超过1 200公斤。它的身高不仅来自脖子，还来自长腿，而它的身体非常短，肋骨很深。这些结构上的怪异让它在走路时有一种奇异而滑稽的摇摆步态，尤其是在全速奔跑时；但它仍然能够以超过60公里/小时的速度飞奔。这种速度再加上它的高度，使它几乎不会受到任何捕食者的伤害，不过它必须时刻警惕狮子。

解剖学家们喜欢让大家大吃一惊，他们发现长颈鹿的脖子有着和人类的脖子数量相同的颈部骨骼（颈椎）——它们只是更大、更长而已。长颈鹿也是拥有最常被引用的进化证据之一——喉返神经的典型动物。

喉返神经是脑神经中的第十对神经，在离开大脑后从身体的主神经（迷走神经）分散出来。在所有四足动物（四肢脊椎动物）中，它都遵循一条特殊的路径；而在长颈鹿等长颈动物中，它尤其显得不寻常。

在胚胎发育过程中，喉返神经在心脏的主要外血管主动脉周围形成一个环路，并到达其终点，即位于上喉的喉部，或称“音箱”。当神经最初形成时，一切都离得非常近；但随着胚胎（尤其是颈部）的继续生长，由于其环绕主动脉的循环路径，神经变得相当长。对于长颈鹿来说，这种拉伸是极端的，单个神经细胞的长度可超过5米。

进化论者指出，任何想要智能地设计长颈鹿的人，都会为长颈鹿的神经选择一条明显、直接且风险较小的路径，而非不必要地让其从大脑沿着颈部环绕动物的主动脉，然后从颈部回到头部。

▲ 第138—139页：它是地球上最独特的哺乳动物之一，不过可能存在多达九种的不同的长颈鹿。

门和动物界

长颈鹿有着非凡而明确的脖子结构，它可以端详热带草原上较高而不是较低的树叶和细枝。雄性长颈鹿在争夺雌性时也会使用它们的脖子进行战斗。这些“颈力”比赛包括用脖子推挤，以测试彼此的重量和力量，在强度更大的比赛中实际上是摆动脖子，以对对方施加有力的打击。

自然选择可能倾向于增加颈部长度，但只有通过其他适应，才能使这种解剖结构“发挥作用”，而随着颈部长度的增加，这种适应会变得越来越精细。与其他哺乳动物相比，长颈鹿的循环系统所表现出的差异尤其大。为了让血液持续流向大脑，长颈鹿需要非常高的血压，并且拥有一颗巨大的、有着厚壁且剧烈跳动的心脏。

然而，有时长颈鹿需要把它的头低到地面上，然后再抬起头。如果不是因为“神奇的网”的话，这一行动将灾难性地导致血液涌向头部（然后再次流出）。这张“神奇的网”是位于上颈部的一团血管，这些血管在头部下降时吸收过量的血液，当动物再次挺直时将血液输送回头部。长颈鹿的小腿也有特别厚的、不易弯曲的皮肤，这有助于它们规避血液在静脉中“积聚”的风险。

和所有反刍动物一样，长颈鹿也会将经过部分消化的食物反刍到嘴里“倒嚼”。这需要一组强大的食道肌肉将食物从胃送到口中。

长颈鹿其他不寻常的特征——有些与它的表亲獾㹢狓有共同之处——包括像马一样的鬃毛、一对被皮肤覆盖的短角（角状骨凸）、长而灵活的嘴唇，以及一条可以拖拽树枝的深蓝色长舌头。长颈鹿也有一种独特的带有棕色斑点或斑块的皮毛图案，底色较浅。除了提供伪装，这种图案还可以帮助它们散热，因为深色斑块中有丰富的血管和汗腺。

▶ 长颈鹿强大的食道肌肉有助于它在头低下喝水时抵抗重力，把水往上吸。

长颈鹿的进化

长颈鹿和獾狮狓一起组成了一个曾经辉煌的家族。长颈鹿科最早的成员出现在大约2 500万年前，并且起源于欧亚大陆，而不是非洲。长颈鹿科的化石种类众多，至少有20个不同的属。总的来说，它们体型较大，背部像长颈鹿一样倾斜，大多数都有相对较长的脖子（尽管在这一点上，没有一个灭绝的属能与长颈鹿属相媲美）。

一些早期物种的角比现代长颈鹿的角状骨凸大得多。例如，西瓦鹿属有着巨大、扁平和分叉的角状骨凸，更像鹿角，不过是永久性的，而非每年都会脱落和再生。最大的物种是亚洲的巨型西瓦鹿。虽然它的脖子比现代的长颈鹿短，但这只巨型动物的脖子和肩膀相应地非常坚固有力，足以支撑它沉重的角质头部。它的平均体重可能比现代长颈鹿重，而且在大约100万年前，当它在喜马拉雅山麓大步行走时，它肯定是附近最令人印象深刻的大型哺乳动物之一。

看看最早的长颈鹿的脖子，你就会发现它们的脖子下部已经有了相对较长的颈椎。然而，随着时间的推移，一些谱系的脖子变得较短了，其中包括那些产生现代獾狮狓的谱系。直到200万年前，才开始出现脖子很长，上、下颈椎都很长的长颈鹿。现代长颈鹿属最早的成员是细颈长颈鹿，原产于亚洲，此外从化石遗迹中还发现了其他六种已灭绝的长颈鹿。

在某些方面，长颈鹿的谱系与人类的谱系相似：这两个物种所属的属曾经高度多样化，但现在似乎都只有一个幸存者。人类幸存者——智人在其分布范围内表现出不同的外貌，长颈鹿也是如此。当然，与遍布非洲的各种长颈鹿种群之间的差异相比，世界各地人类之间表现出的差异可能看起来更加显著和富有戏剧性；不过变异仍然存在，尽管人类物种被认为是单型的（没有亚种），但长颈鹿不一定如此。

当然，我们看别人时，是有偏见的，并且倾向于更加重视在我们自己当中看到的差异，这可能是不必要的。但长颈鹿在观察其他长颈鹿时，很可能有完全相同的偏见。

这里提供的进化树展示了长颈鹿科中出现的一些谱系。最早的共同祖先身材矮小，像鹿一样，但已经有脖子拉长的迹象。然而，有趣的是，獾㹢狓的脖子在比例上比其与现代长颈鹿最近的共同祖先卡尼托斯鹿的脖子还要短。

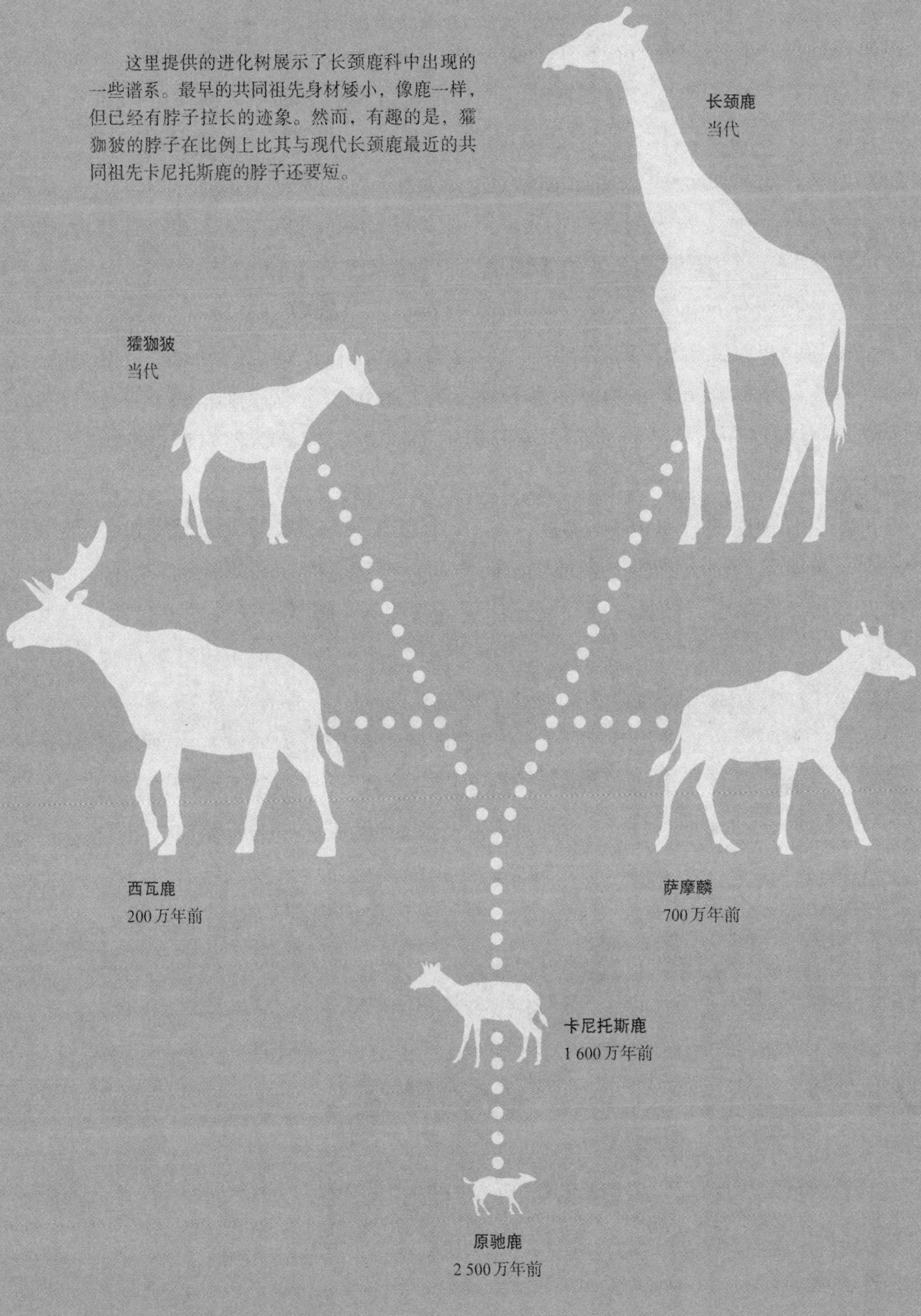

支离破碎的分布范围

现代长颈鹿并非均匀分布在整个非洲。相反，这里有几个不同的种群，主要分布在南部和东部，但也分布在西非和中非的部分地区，而且大多数被大片没有长颈鹿的土地隔开。不同种群的成员有自己独特的特征，可以通过这些特征被识别出来，比如斑点标记的图案和颜色，斑点是否延伸到小腿，以及“中间肿块”（成年长颈鹿，尤其是雄性的角状骨凸之间出现的隆起）的大小。这些差异既显著又一致，并且得到了来自不同地区长颈鹿DNA变异的支持。

还有比长颈鹿分布得更广的物种，但它们在自己范围内的差异要小得多。例如，与长颈鹿相比，狮子出现在非洲更广泛的区域，在亚洲也有分布，但它们通常只分为两个亚种（北非和亚洲狮子被称为北方狮，东非和南非狮子被称为南方狮）。从视觉上看，它们之间的差异很小（不像长颈鹿），但它们表现出一致的DNA差异。

18世纪，长颈鹿的分布范围相当广泛，在此之前，长颈鹿的分布范围可能接近连续，覆盖了非洲大陆的一半或更多。然而，仍然会有一些当地的环境障碍，使得种群彼此隔离。例如，现代长颈鹿更喜欢相当干燥的、开放的栖息地，因此会避开茂密的热带雨林。这样的地理边界虽然有时很小，但足以让种群保持分离，而这种生殖隔离则为自然选择和遗传漂变的发生创造了条件。

如今，长颈鹿的数量要少得多，而且它们的活动范围极为分散。由于开发定居点和农业用地而造成的栖息地丧失，导致了栖息地面积的长期下降，并使它们的范围缩小和分散。因此，长颈鹿的生殖隔离仍在继续，随着种群变小和它们内部的遗传多样性降低，种群之间的差异可能会继续以越来越快的速度增加。

◀ 狮子是另一种典型的非洲稀树草原哺乳动物，也并不是从非洲起源的，其所属的豹属最初进化于中亚。

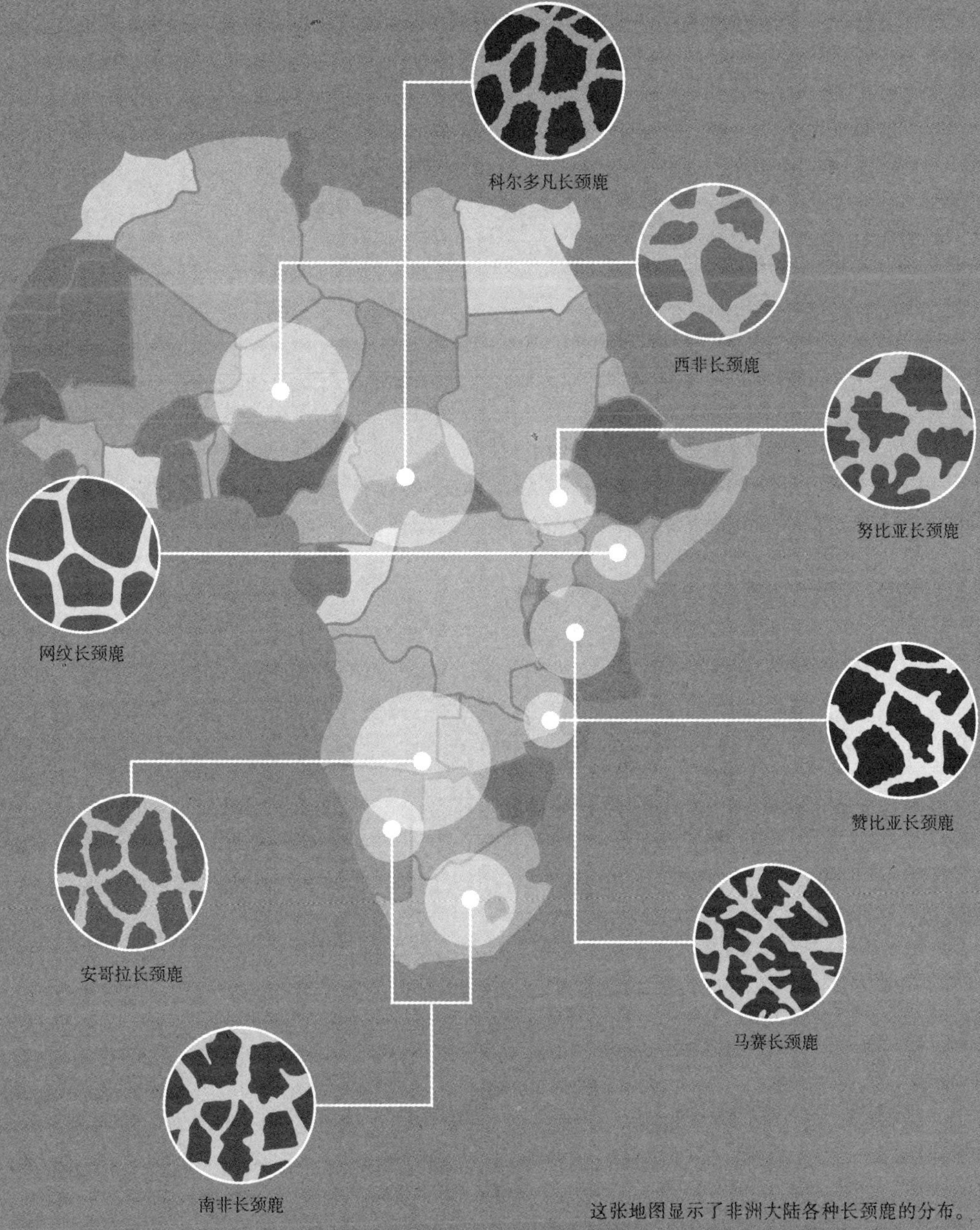

这张地图显示了非洲大陆各种长颈鹿的分布。它们在被毛颜色和图案上的细微变化可能是自然选择的结果（在不同环境中倾向于特定的外观），再加上遗传漂变的偶然结果。配偶选择往往偏向长相相似的物种。

一种，四种还是八种？

2007年，加州大学戴维·布朗领导的一个研究小组进行了一项调查，之后将各种长颈鹿种群之间的DNA差异发表在《BMC生物学》期刊上。通过比较线粒体DNA，研究人员确定了六个在遗传上不同的群体，即使分布重叠，它们也不会习惯性地进行杂交。

这表明长颈鹿对繁殖伙伴很挑剔，更喜欢那些皮毛图案与自己相似的伴侣。由亚历山大·哈桑宁领导并于2007年发表在《法国科学院报告：生物学》上的一项几乎同时进行的研究，使用了更大、更多样化的样本量。它还包括对动物形态及其线粒体DNA的检查，并得出结论，目前在非洲不同地区生活着八种不同形态的长颈鹿：

科尔多凡长颈鹿［*Giraffa (camelopardalis) antiquorum*］：分布于非洲中部。

努比亚长颈鹿［*G. (c.) camelopardalis*］：分布于苏丹、埃塞俄比亚、肯尼亚和乌干达。这个亚种还包括“罗氏长颈鹿”［*G. (c.) rothschildi*］，但是有些专家，包括世界自然保护联盟，认为这是一个单独的亚种。

西非长颈鹿［*G. (c.) peralta*］：分布于尼日尔的西南部。

安哥拉长颈鹿［*G. (c.) angolensis*］：分布于纳米比亚、赞比亚南部和博茨瓦纳到津巴布韦西部。

南非长颈鹿［*G. (c.) giraffa*］：分布于南非和相邻国家。

马赛长颈鹿［*G. (c.) tippelskirchi*］：分布于肯尼亚的中部和南部，以及坦桑尼亚。

赞比亚长颈鹿［*G. (c.) thornicrofti*］：分布于赞比亚的卢安瓜谷地。

网纹长颈鹿［*G. (c.) reticulata*］：分布于肯尼亚、埃塞俄比亚和索马里。

然而，尽管人们普遍认为长颈鹿有八种不同“形态”，但它们之间存在某些重叠和相似之处，从而允许进行多种可能的分类。因此，对于当今世界上有多少种长颈鹿，生物学家们没有达成一致意见。答案是一、四、八，还是九，要取决于你问谁。

1

4

2

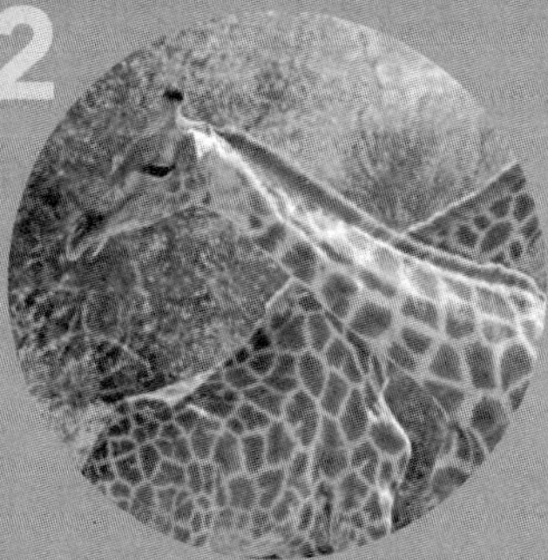

长颈鹿的形态：

1　安哥拉长颈鹿
2　南非长颈鹿
3　赞比亚长颈鹿
4　努比亚长颈鹿
5　马赛长颈鹿
6　网纹长颈鹿
7　科尔多凡长颈鹿
8　西非长颈鹿

7

5

3

8

6

差异程度

正如长颈鹿所证明的那样，分类学家经常会遇到两个（或更多）明显是近亲的生物体群体，因此它们可以被视为同一物种的一部分，但在某些方面又是不同的。在调查它们的关系到底有多亲密时，有各种各样的选择。基因研究是当今流行的方法，但通过比较解剖学、行为观察、生物地理学等也可以获得重要的见解。然而，无论收集了多少数据，仍然没有一种简单且得到普遍认可的方式来给出最终答案。传统的分类法要求分类之间有清晰的界限，但地球上的生命并不是这样的，所以这永远是一个“最佳猜测”的状态。

因此，当谈到长颈鹿时，有一些科学家强烈支持有八种不同的单型长颈鹿物种的观点，其中包括著名生物学家科林·格罗夫斯和彼得·格拉布，他们发表了许多关于哺乳动物分类的论文，并在2011年出版了一本重量级的书《有蹄类分类》。

然而，长颈鹿保护基金会（以及其他机构）支持长颈鹿只有四个独立种，包含八种不同形态的观点，其中三种被划分为亚种。他们把科尔多凡长颈鹿、努比亚长颈鹿和西非长颈鹿视为近亲，它们有着间隔相当紧密、边缘笔直的斑点，通常小腿没有斑点。正因为如此，他们将它们统一为一个物种——北方长颈鹿。

第二种是南方长颈鹿，由安哥拉长颈鹿和南非长颈鹿合并而成。它们共同的特点是大而圆的斑点延伸到小腿，这表明它们是近亲。

马赛长颈鹿和赞比亚长颈鹿是近亲，它们有一种小的、不规则的、几乎是星形的斑点图案，这些斑点可能延伸到小腿，也可能不延伸到小腿。它们被划分为第三种长颈鹿——马赛长颈鹿。

最后一种形态——网纹长颈鹿是最独特的。它的斑纹是巨大的几何形状，紧密地结合在一起，白色的细线形成了一种网状结构，让它看起来像“疯狂铺就的路”。人们一致认为网纹长颈鹿在基因上与其他所有形态的长颈鹿不同。

因此，虽然人们（大部分）认为长颈鹿有八种不同的形态，但一些专家认为它们是八个不同的物种，而另一些专家认为它们是包含亚种的四个物种。然而，还有第三个学派：国际自然保护联盟和有些组织认为，长颈鹿的所有形态都是亚种，只有一个物种——长颈鹿。

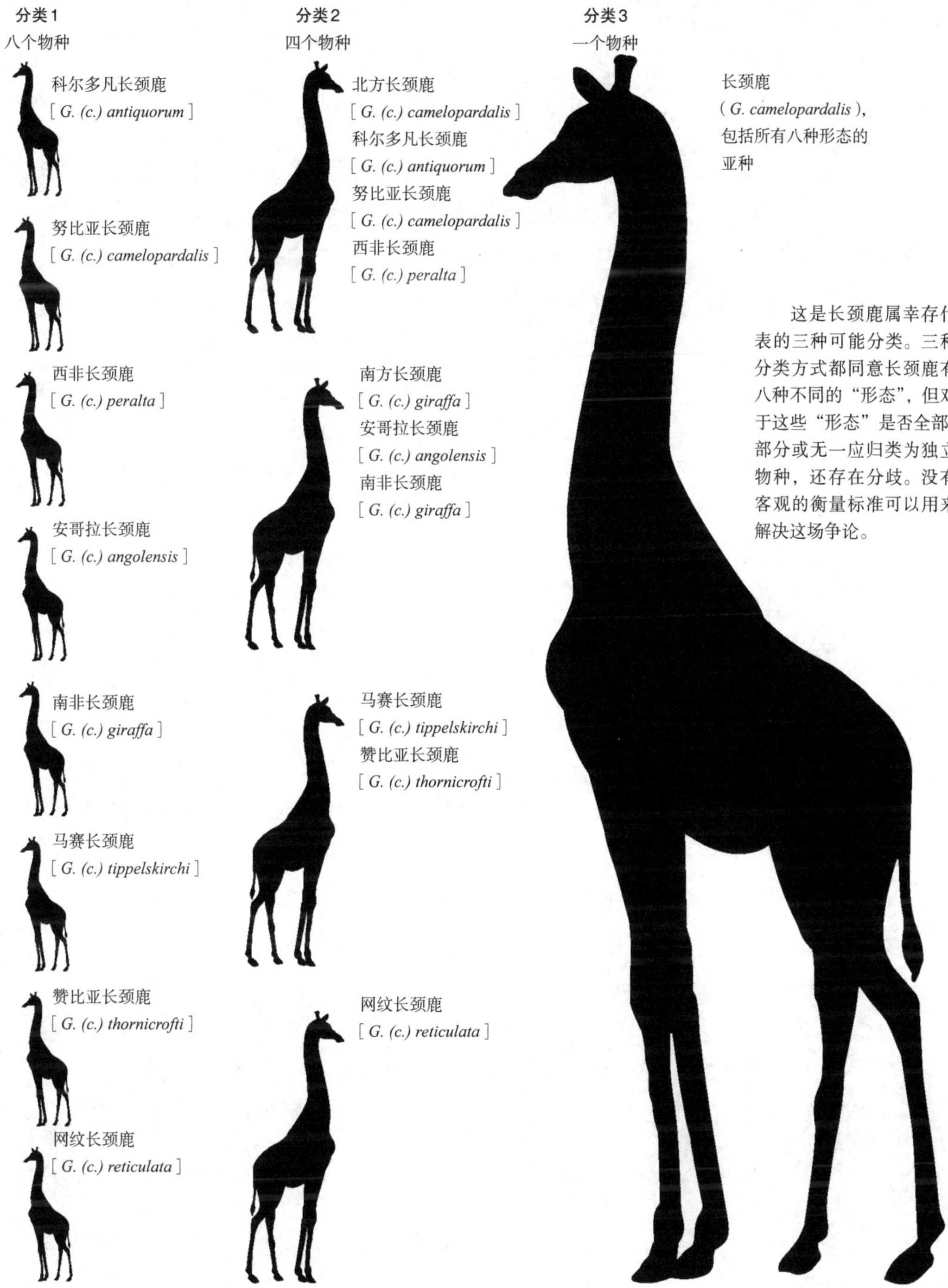

这是长颈鹿属幸存代表的三种可能分类。三种分类方式都同意长颈鹿有八种不同的“形态”，但对于这些“形态”是否全部、部分或无一应归类为独立物种，还存在分歧。没有客观的衡量标准可以用来解决这场争论。

拆分和合并

当面对两种密切相关的生物时，分类学家有两种选择——“拆分”或“合并”。他们可以决定，由于这两个种群的差异，它们是不同的物种，并将其分开；他们也可以决定，由于这两个种群的相似性，它们是相同的物种，并将其合并在一起（可能作为亚种）。

从表面上看，这似乎是一个容易做出的决定。这可以基于它们基因组之间的差异比例，或它们的谱系究竟在多少万年前开始了各自的旅程（要考虑这段时间内出生和死亡的世代数），也可以通过解剖学和行为的差异进行评分。

然而，生命进化的基本混乱意味着没有客观的衡量标准能够胜任这项任务。问题是，谱系不会完全分裂，突变率也不是绝对可预测的，而一个物种内部的解剖结构变异程度可能非常大，因此不可能以一种普遍适用的方式准确地定义一个物种。同样，物种形成事件也是不可能定义的。

因此，围绕“拆分”和“合并”的决策不仅受到所有这些因素的指导，还受到人类偏见和人类优先事项的影响。对于喜欢列出他们所看到的所有不同种类的观鸟者来说，拆分要比合并好得多，因为一个潜在的鸟类物种变成了两个。同样，拆分对保护工作者来说也是个好消息，因为拯救一个物种的号召比拯救一个亚种的呼吁显得分量更重。

合并会产生相反的情绪反应。例如，如果两种密切相关的生物在其中一种灭绝后被归为一类（作为亚种），那么随着物种的继续存在，这种损失就不会显得那么严重了。因此，合并和拆分可能会影响濒危动物人工圈养繁殖计划的决策。

然而，不仅仅是种这一级别可以被拆分或合并。同样的决定也可能发生在更高的分类级别上，随着DNA研究的广泛应用，这种情况越来越频繁。然而，物种的拆分和合并对人类的影响最大。

一个物种相似但不同的形态在分类上可以“合并”或“拆分”——虽然这实际上并没有改变什么，但似乎合并会减少生物多样性，而拆分则会增加生物多样性。

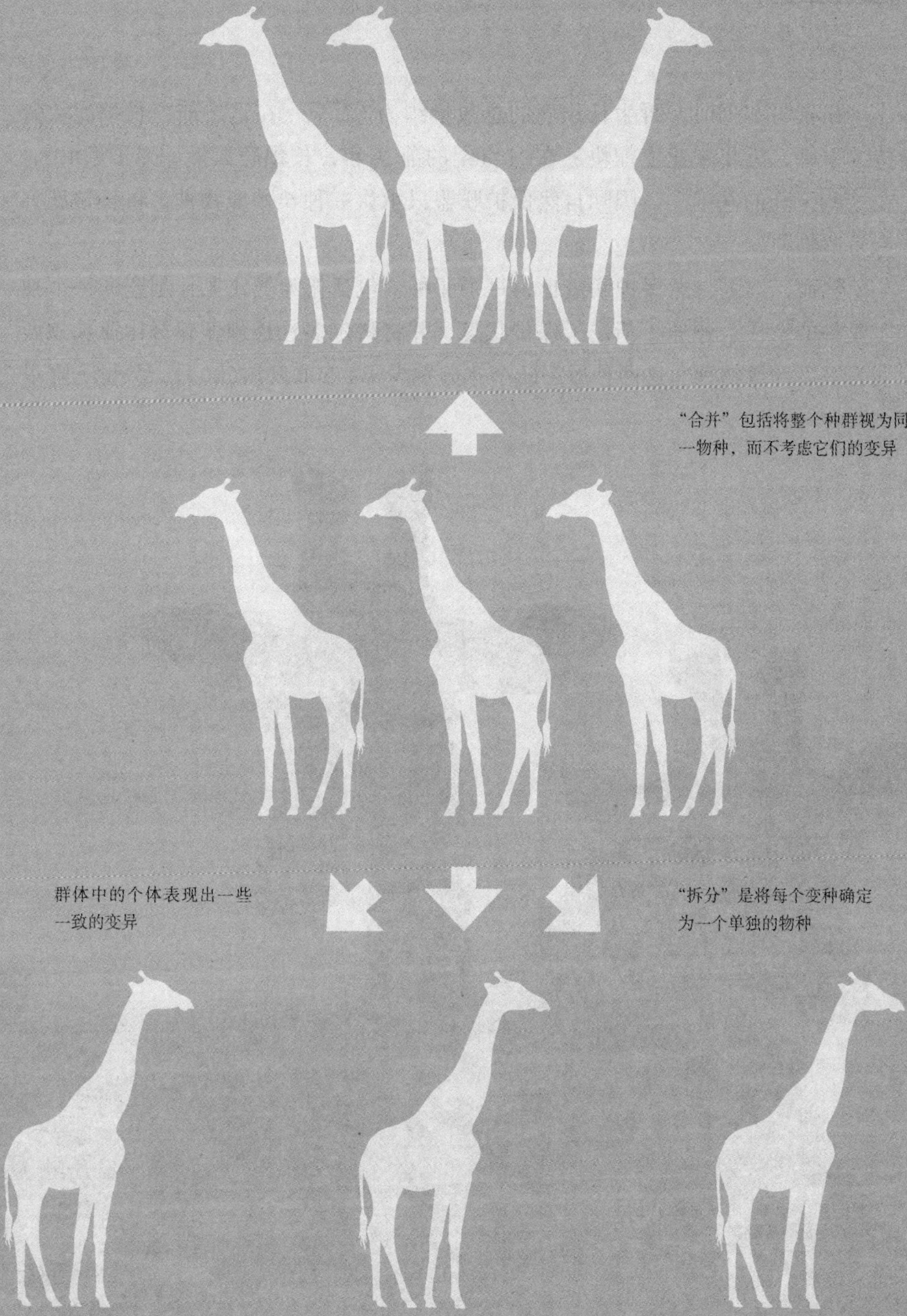
“合并”包括将整个种群视为同一物种，而不考虑它们的变异
群体中的个体表现出一些一致的变异
“拆分”是将每个变种确定为一个单独的物种

遗传瓶颈

在撰写本书时，野生长颈鹿的总数量约为7万只。在这之前，长颈鹿数量持续下降，近年来速度加快：在21世纪的前20年，长颈鹿数量下降了近40%。在这些下降的基础上，国际自然保护联盟只承认一种长颈鹿物种，将长颈鹿列为易危物种。

然而，国际自然保护联盟也为每个亚种（包括作为努比亚长颈鹿的一个独立亚种的罗氏长颈鹿）指定了保护状态，并将科尔多凡长颈鹿和努比亚长颈鹿列为极度濒危物种。这两种形态的个体分别少于1 500只和500只，数量下降最

为严重。马赛长颈鹿和网纹长颈鹿的数量也很少，而且在不断减少，它们都被列为濒危物种。然而，与此同时，西非长颈鹿的种群数量非常少，大概不超过600只，却被列为易危物种。这一点乍一看可能令人困惑（毕竟，努比亚长颈鹿的种群数量相似，被列为极度濒危等级），但这一特定长颈鹿亚种的乐观等级反映了齐心协力的、成功的保护工作。

由于20世纪60年代至90年代的偷猎和严重干旱，20世纪90年代中期，西非长颈鹿只剩下不到50只，灭绝的可能性似乎很高。这个亚种以前在西非广泛存在，从尼日利亚到塞内加尔都有分布，但现在只有一小部分剩余种群生活在尼日尔。

然而，尼日尔政府并不打算让该国唯一的大型哺乳动物物种灭绝，因此在这些动物每年的迁徙路线上建立并加强了几个保护区，特别是多索动物保护区，长颈鹿在雨季会去那里。长颈鹿种群数量逐渐壮大，2018年，八头长颈鹿被转移到尼日尔的另一个保护区——加达贝吉生物圈保护区，以建立新的种群，并为抵御未来的干旱和其他危机提供缓冲。因此，尽管西非长颈鹿仍然很容易灭绝，而且比其他长颈鹿种类的数量要少，但它的未来看起来比20世纪末健康得多。

◀ 由于“物种”概念在文化上的重要性，通过“拆分”确定新物种的后果超出了生物分类的范畴。

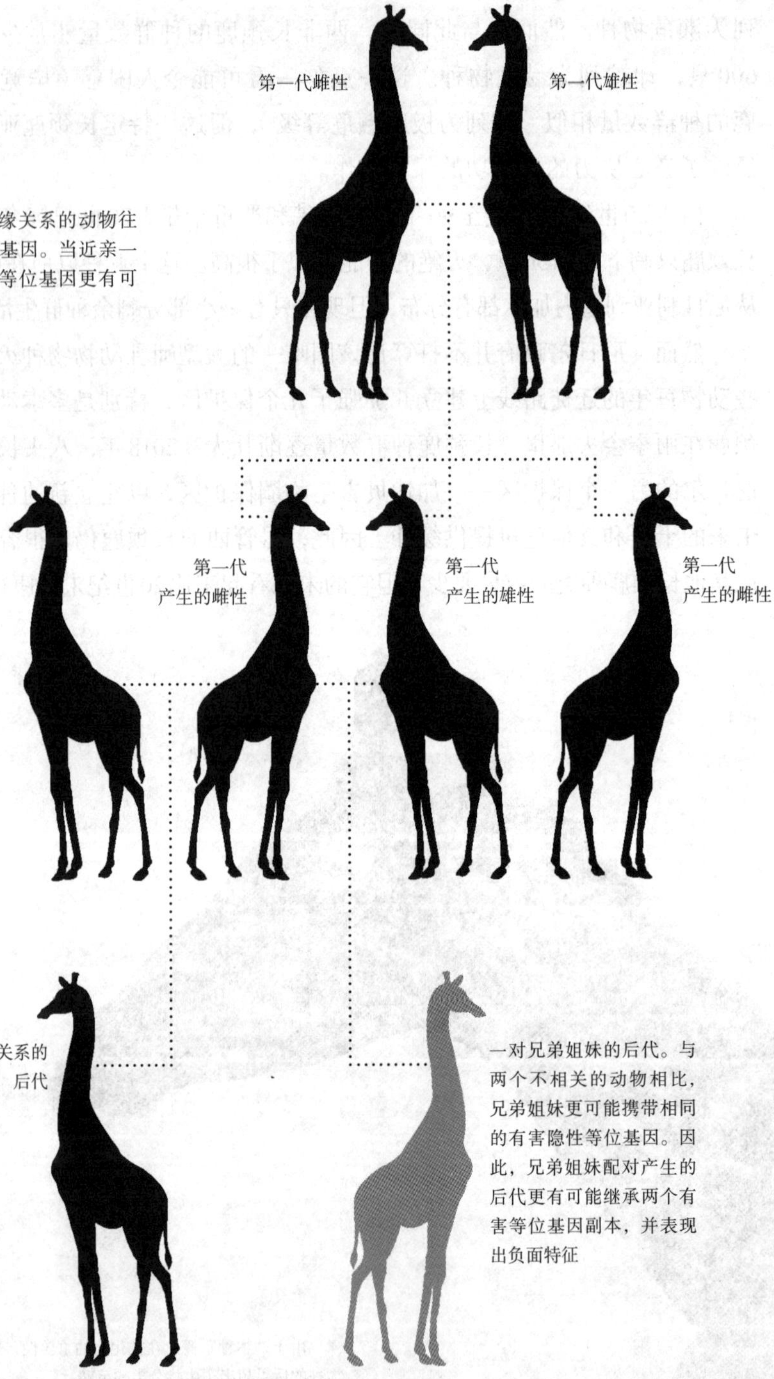

相互之间有亲缘关系的动物往往拥有相同的等位基因。当近亲一起繁殖时，有害的等位基因更有可能被保留和表达。

一对兄弟姐妹的后代。与两个不相关的动物相比，兄弟姐妹更可能携带相同的有害隐性等位基因。因此，兄弟姐妹配对产生的后代更有可能继承两个有害等位基因副本，并表现出负面特征

近亲繁殖的危害

将一个物种或亚种从灭绝边缘拯救回来是一个具有戏剧性的故事，对各地的保护工作者来说都是极大的鼓舞。然而，在这种情况下有一种特殊的危险。当种群数量下降到非常低的水平时，其遗传多样性也会降低。这可能会集中有害的基因突变，削弱整个群体——这种现象被称为“近交衰退”。并不是每一个数量急剧减少的种群都会遭遇近交衰退，因为一开始可能没有任何有害的突变，但它们都会遭受遗传多样性低的影响。

为了说明这一点，我们假设一个特定的基因有六种不同的版本（等位基因）。群体中的每个个体可以有两个这样的等位基因，它们可能不同，也可能相同。在一个只有约40个个体的群体中，所有六个等位基因持续几代的可能性很小，有一两个可能会丢失。将这一点推衍到物种的整个基因组——包括数千个不同的基因——很容易看出一个数量减到很少的种群将如何永远失去许多等位基因。

尽管该物种中的个体数量可能会增加到更高的水平，但种群的遗传多样性仍将远低于其应有的水平，因为它能拥有的等位基因是少数祖先中存在的等位基因。新的等位基因只能通过随机突变进入种群基因组，这不仅是一个极其缓慢的过程，而且不能保证丢失的等位基因会再次出现。

例如，西非长颈鹿可能会继续恢复其数量，但与其他亚种（如尚未濒临灭绝的马赛长颈鹿）相比，它的基因组显示出多样性的缺乏。这种现象被称为“遗传瓶颈”，而对于西非长颈鹿来说，这意味着它可能总是更容易受到不断变化的环境的影响。其种群由于多样性较低，通过自然选择进行适应的速度会较慢，而且对疾病的抵抗力也可能较低，因为抵抗力通常是通过基因的突变传递的。

包括智人在内的许多物种在过去的某个时候都表现出遗传瓶颈的迹象。生活在撒哈拉以南的人的遗传多样性，远远大于生活在世界其他地区的所有人口的遗传多样性，这表明大约6万年前，非洲最早向北迁移的人口数量很少，或者在旅途中遭受了严重损失。

遗传瓶颈使分类学家的工作变得更容易，因为它们限制了遗传多样性，而基因更同质化的群体更容易分类。然而，在野生世界的严酷现实中，这些瓶颈降低了物种的生存机会，减缓了其潜在的进化速度：自然选择通过遗传变异发挥作用。

瓶颈建模

瓶颈的遗留问题会延续到很远的未来。《生态位：遗传学生存游戏》是流浪小鹿工作室于2017年发布的一款电脑游戏，它提供了一个简化但非常优雅且引人入胜的演示。这款游戏的目标是繁殖一个被称为“尼可林”的类似猫的动物种群，它们可以在特定类型的栖息地中生存。每个栖息地都有特定的资源和危险，例如：一些猎物可能只被会游泳的动物捕捉，而一些食物只能由那些会爬的动物采集；有些栖息地很冷，有些很热；有些捕食者通过气味、声音、视觉等进行捕猎。

遗传瓶颈可能会极大地降低基因库中某些等位基因的出现频率，或完全消除它们。种群可能会恢复并回到原来的规模，但由于等位基因的丢失，新种群的遗传平衡将与以前不同，而且可能更加受限。

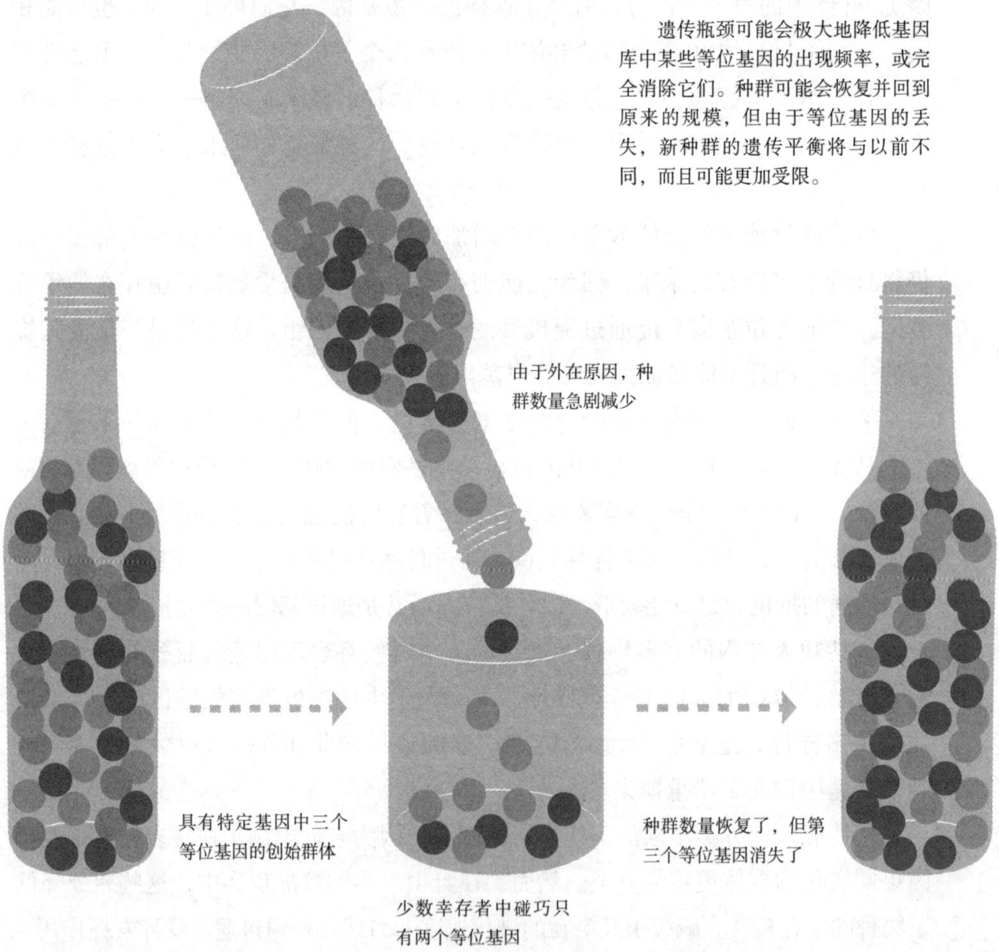

▲ 这种罕见的“猎豹王”有两个隐性等位基因的副本，使其身上的图案看起来像大理石花纹，而不是通常的斑点。

每个“尼可林”都有可见的、被表达出来的性状，但你也可以查看其基因组以揭示其基因对（包括其携带的任何隐性基因），然后再根据最合适的性状选择繁殖对。在这些基因中，每个“尼可林”都有两种“免疫基因”（这种类型的基因可能有12个），因此一个可能有免疫基因A和C，另一个可能有G和K，第三个可能有不同的组合。如果这两种基因是相同的，那么“尼可林”的免疫力就会受损，并大大缩短自然寿命，因此你必须尽可能确保“尼可林”免疫基因的多样性。

如果免疫基因被允许在种群中“消亡”，那么可能的组合数量就会减少，选择那些不会产生携带相同免疫基因后代的“尼可林”变得更加困难。如果你运气不好，只剩下一对“尼可林”，那么在12种可能存在的免疫基因中你将失去至少8种。即使这对“尼可林”拼命地繁殖并建立起一个庞大的群体，与没有经历瓶颈并保留了12种免疫基因的同等规模的群体相比，这个种群也会变得更弱。

无论是在游戏中还是在现实世界里，遗传学在决定一个物种面对不同疾病时的生存机会方面都扮演着重要角色。也许影响人类进化的瓶颈有朝一日会逆转地球上数量最多的物种的命运，谁知道呢？

8

海滨灰雀

海滨灰雀

界　动物界
门　脊索动物门
纲　鸟纲
目　雀形目
科　雀鹀科
属　沙鹀属
种　海滨灰雀（*Ammodramus maritimus nigrescens*）

北美东海岸的盐沼随着时间的推移有两种变化：一种是缓慢的，随着海平面的上升，沼泽地进一步向内陆扩展，取代了森林和农田；另一种是剧烈的，风暴潮会一次性地摧毁野生动植物栖息地。然而，正是对特定区域的故意蓄洪导致了一种特殊的佛罗里达鸟类——海滨灰雀灭绝。最近发生在它们身上的毫无必要的消失事件，是一个特别令人心痛的故事。

美洲的雀鹀是鸣禽（鸟类学家称之为“雀形目”）中一个大而多样的科。那些对欧洲麻雀更熟悉的人会被美洲雀鹀的优雅和漂亮的羽毛图案所震撼；这是因为，两者的英文名虽然都叫“sparrow”，但它们的亲缘关系可不近。

美洲的雀鹀属于雀形目。雀形目鸟类有9根而不是10根初级飞羽。“拥有9根初级飞羽的雀形目鸟类”大约有1 000种，占世界已知鸟类总数的10%左右。它们都来源于生活在不过1 500万年前的共同祖先，所以它们的多样性发展得异常迅速。除了美洲的雀鹀外，这个群体还包括林莺、黑鹂、唐纳雀、主红雀和朱雀。根据你选择遵循的分类系统，它们可以分成5 ～ 16个科，几乎所有的科在美洲都有分布。其中一些科的鸟类被列为北美最普通和最常见的鸟种。

海滨沙鹀的分布范围局限在东部沿海，只有那些住在海边的人才比较熟悉它们。这是一种线条流畅、有大大的喙、上体呈橄榄棕色的鸟，腹部为白色，夹杂深色的条纹，有着引人注目的黄色眉纹和一道白色的髭须。它的鸣唱活泼而欢快，但并不华丽。它适应在沿海的盐沼中生活，在湿地裸露的泥地边缘寻找无脊椎动物，并在芦苇和米草中较为低矮的地方编织鸟巢。这些巢能够很好地隐蔽起来，不让捕猎者看到，但它们的位置较低，当春季潮水来袭时极易受到洪水的冲击。

海滨沙鹀有几个亚种，其中最有特色的是体色昏暗的亚种。这个亚种身体上部的橄榄棕色被黑灰色所取代，赋予了这种鸟大胆的、对比强烈的外观。直到1973年，也就是它被发现整整101年后，它才被认为是一个独立的物种。它被命名为海滨灰雀，是因为它与其他海滨沙鹀有着如此大的不同。

海滨灰雀的分布范围是佛罗里达州的东海岸，在梅里特岛上有一块栖息地（梅里特岛实际上是一个半岛，而不是一座岛屿）。最适合它的沼泽地带位于海平面以上3～4.5米，既不太潮湿，也不太干燥。合适的栖息地带的宽度因其位置而异，但从来都不是很大；一旦发生严重的洪水或干旱，海滨灰雀将面临较高风险。尽管如此，虽然佛罗里达州人口越来越多，海滨地区也越来越发达，但海滨灰雀仍在这些小小的栖息地中存活了下来。

▲ 第160—161页：这种小鸟因其独特的生活方式和高度受限的栖息地，成为人类无休止的“发展”欲望的牺牲品。

分子通道

1962年，海滨灰雀的命运发生了巨大的变化。美国国家航空航天局在梅里特岛购买了土地，并开始在现有的卡纳维拉尔角空军基地附近建造一个巨大的新发射中心。该场所于1963年更名为肯尼迪航天中心，从20世纪70年代的探月发射开始，在许多太空旅行项目中发挥着关键作用。如今，该中心雇用了1万多名员工，每年吸引约150万名游客。

虽然梅里特岛地势低且平坦，是火箭发射的理想地点，但它的一部分也受到了保护，那就是梅里特岛国家野生动物保护区。这里有300多种鸟类，以及美洲短吻鳄、西印度海牛和“佛罗里达豹”（美洲狮的一个受威胁的当地亚种）等稀有哺乳动物，还有1 000多种植物。

然而，在沼泽地区生活和工作的人面临的问题之一是蚊子，而梅里特岛就存在蚊子的问题，这对当地居民和工人都有很大的影响。1963年，也就是航天中心开始运作的那一年，为了减少蚊子的数量，人们决定淹没岛上的沼泽。这样的计划放在现在，如果不对其对当地野生动物的预期影响进行全面评估，就不能实施；但在20世纪60年代，这并不是一个考虑因素。随着洪水的到来，海滨灰雀的栖息地和数量迅速且显著地减少了。

虽然梅里特岛国家野生动物保护区在1963年获得了该鸟剩余栖息地的一部分，并开始管理盐沼，但破坏已经造成。几年后，当剩余的部分沼泽地被排干，以便修建一条穿过梅里特岛的主要道路，将航天中心与华特·迪士尼世界度假区连接起来，情况就变得更加复杂了。在一些地区水资源过多，而另一些地区水资源不足的情况下，海滨灰雀几乎失去了整个栖息地，即使有剩下的部分，它们也正受到日益严重的污染的破坏。

► 白鹭和其他梅里特岛野生动物的平静生活有时会因航天器的发射而受到干扰。

凑齐

到了1969年，梅里特岛上的海滨灰雀数量估计已下降到35对，圣约翰河上游的一个单独的海滨灰雀种群也在迅速消失。尽管野生动物保护区和蚊子控制项目共同努力，恢复了更大面积的沼泽地，但到了20世纪70年代中期，很明显，这种鸟已经濒临灭绝，需要采取更严格的行动。

当野生物种（或亚种）面临困境时，有一种常见的保护方法，那就是将一些个体捕获并开始人工繁殖计划，同时将其他个体留在原地，使其保持原生状态。这就是豪勋爵岛竹节虫所碰到的情况——原生状态下的昆虫可能只靠一丛灌木就可以生存，但这是一座完全未受干扰的小岛上的健康灌木，因此它们没有任何直接的危险。

然而，就海滨灰雀的情况而言，仅存的微小种群所面临的威胁仍在继续，人们无法迅速恢复它们的栖息地。因此，1979年，保护工作者采取了一项重大举措，批准了针对整个野生种群的圈养繁殖计划。

将一个种群中所有幸存的成员圈养起来进行人工繁殖，是非常有益的，因为这有助于确保“最好”的个体配对，以获得最大的遗传多样性。许多基因有几种不同的版本或等位基因，如前一章所述，携带不同等位基因的不同个体将遗传多样性赋予一个物种。例如，一种基因可能有六种不同的已知等位基因，但每只动物最多只能有其中两种（在许多情况下，只有一种，因为携带该基因的两条染色体可能拥有相同的等位基因）。因此，拥有所有六种不同等位基因的最小可能群体是三只单独的个体。当然，你很可能需

要三只以上的个体，因为有些等位基因天然地比其他等位基因更稀少。

追踪圈养种群的谱系——追踪每个个体的后代——被称为品种登记，这种技术被农民和宠物饲养者使用，他们使用近亲繁殖（有亲缘关系的个体配对）来维持纯种谱系的“界限”。但对于从事野生物种保护的保护工作者来说，需要采取相反的方法——没有亲缘关系的个体配对是必要的，这样有助于尽可能多地保存遗传多样性。只有一小部分建群种时，这可能是一项极其困难的任务，但并非完全无法克服。加州神鹫的总数约为500只，是1987年仅存的22只加州神鹫的后代，那些加州神鹫都是被捕获，用于人工繁殖的。

不幸的是，海滨灰雀的圈养繁殖计划遇到了一个直接且显然无法逾越的障碍：人们观察并捕获的每一只海滨灰雀都是雄性。这一连串的厄运并不完全出乎意料，因为在繁殖计划获得批准之前，至少有四年没有人见过雌性海滨灰雀了。到了1980年，有五只雄性被抓获并被人工饲养，但由于它们没有伴侣，保护工作者只剩下一种选择。

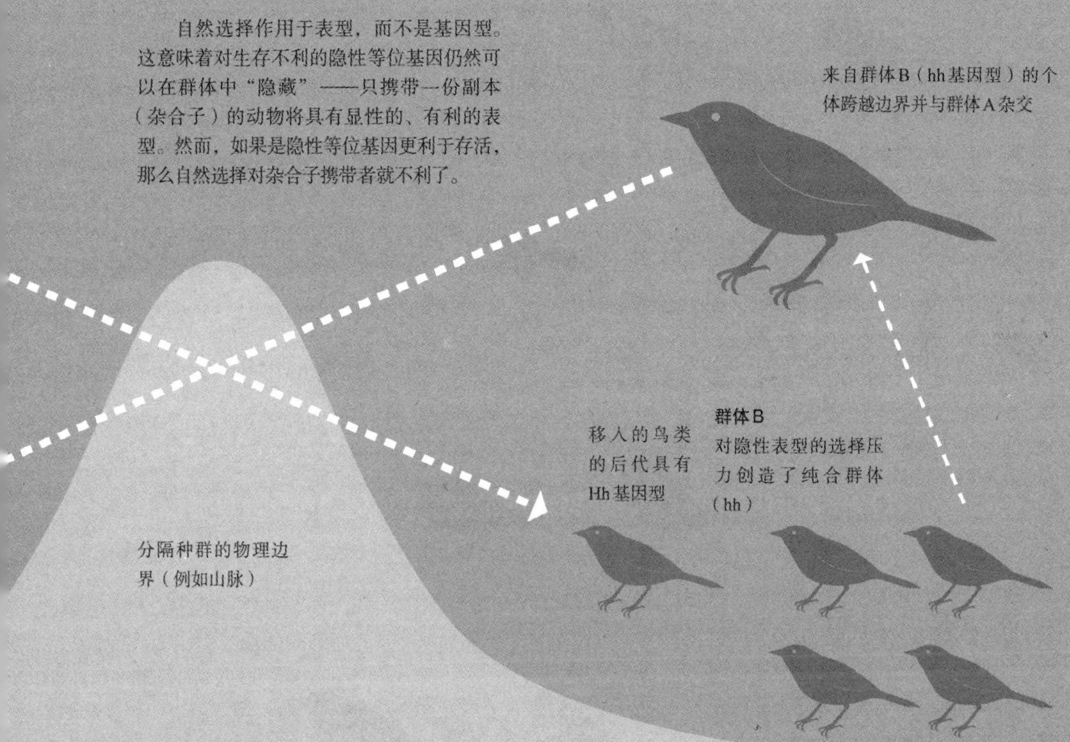

重造一只鸟

有些物种已经从几乎和海滨灰雀一样可怕的处境中恢复了生机，比如查岛鸲鹟。这种美丽的黑色鸲鹟只在查塔姆群岛的几座岛屿上被发现，在非本土的老鼠和猫破坏了它的种群后，数量减少到只剩五只。五名幸存者——其中只有

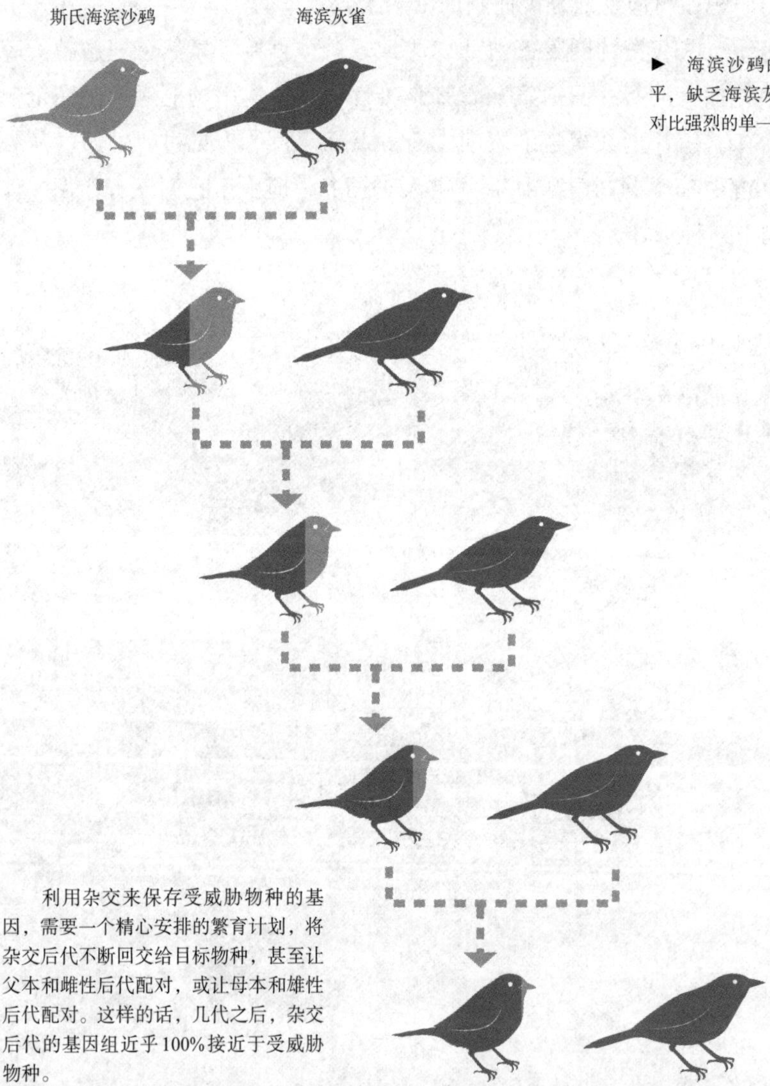

▶ 海滨沙鹀的其他亚种相貌平平，缺乏海滨灰雀那种引人注目、对比强烈的单一色彩。

利用杂交来保存受威胁物种的基因，需要一个精心安排的繁育计划，将杂交后代不断回交给目标物种，甚至让父本和雌性后代配对，或让母本和雄性后代配对。这样的话，几代之后，杂交后代的基因组近乎100%接近于受威胁物种。

一只雌性能够繁殖——被转移到一座没有捕食者的岛上，并受到密切监视。每当这只孤独的查岛鸲鹟雌鸟产下一窝蛋时，保护工作者就会把它们移走，放在养父母（与它亲缘关系密切的雀鸲鹟）那里，这样查岛鸲鹟就会很快再次筑巢。通过这种方式，雌查岛鸲鹟和它的固定伴侣（这两只查岛鸲鹟的寿命都超出一般的小型鸣禽）培育出了足够多的后代来确保该物种的未来：如今约有300只查岛鸲鹟。

因此，理论上，只要有一只雌性海滨灰雀就足以拯救这个种群，但如果没有雌性，这种鸟就已经功能性灭绝了——当五只雄性海滨灰雀中的最后一只死亡时，它注定会完全灭绝。然而，保护工作者决定给亚种最后一次机会，将剩余的雄性海滨灰雀与海滨沙鹀的另一个亚种斯氏海滨沙鹀（*Ammodramus maritimus peninsulae*）的雌性配对。

保护工作者的想法是，这种配对的后代可以一起繁殖，或者雌性后代可以与海滨灰雀父本回交，如果这种做法持续足够多的世代，选择最“类似于海滨灰雀”的个体进行繁殖，那么基本上会产生一个从视觉上无法与“纯”海滨灰雀区分的鸟类种群。它们可以被送回野外，那里的保护措施已经确保它们有了合适的栖息地。

遗憾的是，繁殖计划并不十分成功，也没有得到很好的支持，杂交幼鸟大多在被放归野外后死去。最后一只幸存下来的纯海滨灰雀——一只因脚环颜色而被称为“橙带”的年老且独眼的鸟——于1987年在圈养状态下死亡。这标志着海滨灰雀的灭绝，但考虑到人类“扭曲”科学规律的速度，它的故事可能还没有结束。

共同祖先

生物的不同类群之间的杂交是自然界中常见的事情，而那些在任何自然条件下都不会一起繁殖的类群，在圈养的环境下则有可能发生杂交。一般来说，同一动物物种的两个不同亚种可以非常自由地杂交繁殖——事实上，这可能是决定它们作为亚种而不是独立种地位的标志之一。这是因为它们通常由于一些外部原因而彼此孤立，并且在孤立中开始以各种方式分化。然而，这种差异还不足以使它们成为不相容的繁殖伙伴。

同一属内的不同物种也有可能一起繁殖，尽管这通常不那么容易。随着它们的生殖隔离持续的时间变得更长，任何不兼容都会更加明显。结构和体型上的差异可能会在交配时表现出适用的差异，也可能存在行为上的差异，例如“错误”的求爱表现。如果它们真的繁殖，它们后代的生育能力很可能降低甚至为零，特别是异配性别（两条性染色体不同的性别，拿哺乳动物来说，就是有性染色体XY的雄性）。然而，如果后代有足够的生育能力，它们可以通过和父本或母本的回交，或者通过跟另一个与自己是同类的杂交种配对，产生第二代杂交种。

通过杂交拯救一个种或亚种的概念，以及以完全相同的方式失去一个种或亚种的概念，继续引起人们的兴趣。在苏格兰北部，由于与家猫的广泛杂交，本地纯种基因型的苏格兰野猫已接近灭绝——这两种猫通常被归为不同的亚种，有时被归为不同的物种。保护苏格兰野猫的独特基因组，意味着要从家猫中分离出那些幸存的纯种野猫个体——如果它们确实存在的话。然而，你可能会说，如果它们如此相似，以至于可以自由杂交，那么首先将它们视为独立的实体是没有意义的。

► 这只标志性的苏格兰野猫体现了其高地家园的野性精神，但杂交已经将它带到了灭绝的边缘。

杂交种和种的问题

将生物分为不同物种的做法可以追溯到人类最初对生命进行分类的努力。粗略地看一眼，自然世界似乎确实可以分成外观相似的生物种群，几乎没有重叠。例如，如果你观察一群正在花园喂食器上觅食的鸟，你会注意到它们有几种不同的类型，而不是某种平稳的连续体。

英国的喂鸟器吸引了成群的欧金翅雀和红额金翅雀。这两种鸟类都是色彩斑斓的小鸟，喙呈圆锥形，适合剥开种子；但它们的身体形状略有不同，羽毛也明显不同，我们很容易区分欧金翅雀和红额金翅雀：没有像红额金翅雀的欧金翅雀，也没有像欧金翅雀的红额金翅雀。与此同时，长嘴啄木鸟和绒啄木鸟都会出现在美国的许多花园里，它们的羽毛令人困惑地相似。不过，长嘴啄木鸟体长约22厘米，有一个较长的喙；绒啄木鸟体长约15厘米，喙比较短：没有体长19厘米、喙的长度中等的中间型啄木鸟。

在远离喂鸟器的地方，不同的花园鸟类会与自己的同类配对繁殖，杂交的可能性非常小。事实上，大多数字典对“种”的定义都包含了这样一种含义：同一个物种的成员都具有相同的特征，只会相互配对繁殖。然而，看看其他栖

灰翅鸥　　西美鸥

在这两个物种分布重叠的地方，就会出现杂交种，它们在外观上介于两个亲本物种之间

息地和世界其他地方，你会发现物种间的杂交确实发生在自然界，有些物种会非常自由地杂交。

例如，北美洲西部，在西美鸥（体型大，背部黑）和灰翅鸥（体型类似西美鸥，背为浅银灰色）的同域分布区，有一个很大的“重叠区”。这两个物种如此自由地杂交，以至于杂交种甚至有了自己的名字——奥林匹克鸥。

第一代杂交的鸥看起来像是它们亲本的中间混血儿。尽管它们看起来也都和这两个物种的“纯种”成员稍有不同，但它们彼此之间的差异似乎更大：有些几乎和纯种西美鸥一样黑，另一些几乎和灰翅鸥一样浅白，而且大多数介于两者之间。这是任何第一代杂交种的标准样子，但如果第一代杂交种可以生存下来并相互交配繁殖，那么第二代杂交种将显示出相当少的变异。

自然杂交的现象已在很多类群中被记录，在植物中尤其常见。它可能是进化改变的强大驱动力，因为每当一个与真实物种成员完全相似的“混合群体”发展起来时，这个群体最终可能会以自身的方式作为一个物种发挥作用并进化。

杂交种的存在延续了系统发育学开始的工作，破坏了物种作为某种客观、整洁的多样性单位的整体概念。再加上亚种和梯度变异的存在，物种的概念被进一步侵蚀。事实是，所有分类群，从界到门，从纲到目，从科到属，从种到亚种，都处于不断变化的状态。我们可能会在世界各地看到许多看似独特、离散和稳定的物种，但仔细观察它们，深入了解演化过程，就会发现这只是一种幻觉。

当一个物种扩展到另一个物种的分布范围时，或当分隔它们的屏障被移除时（例如，一座陆桥形成，或新的、合适的栖息地得到发展），杂交种群可能会自然形成。群中的杂交种在外观上各不相同，但更可能类似于那些“纯种”范围在地理上更近的亲本物种。

群体内的杂交种是变化很大的

杂交进化

系统发育学可以预测，如果两个物种的最后一个共同祖先生活在最近，那么它们可能会在某种程度上成功进行杂交。对于许多物种来说，它们之间的遗传距离不足以使它们在基因、由这些基因形成的身体特征（如结构）、配子形状以及许多动物的行为因素等方面不相容。对于两个差异还不足以被归类为独立物种的亚种来说，成功繁殖的生物障碍通常可以忽略不计，那么为什么这种情况不经常发生呢？

其中一个原因是生态位分离。回到花园鸟类，红额金翅雀和欧金翅雀是近亲，我们知道它们可以杂交——数百年来，笼养鸟类爱好者一直在培育红额金翅雀和欧金翅雀的杂交种。它们也经常接触，在花园里的喂鸟器前摩肩接踵。

然而，在远离花园的地方，它们的差异变得更加明显。例如，红额金翅雀喜欢在较低的灌木丛中筑巢，而欧金翅雀喜欢在较高的松树上筑巢。红额金翅雀细长的喙使其能够从蓟和川续断的带刺果实中提取种子；而欧金翅雀更大、更厚的喙不能做到这一点，但可以剥开更大、更硬的种子。雄性的歌声不同，它们的求爱行为也不同。

这两种鸟在欧洲和西亚有着共同的分布区域，过去也归于同一个属——红额金翅雀属，红额金翅雀是*Carduelis carduelis*，欧金翅雀是*Carduelis chloride*。然而，2012年一项对红额金翅雀属所有19个成员的DNA进行的研究发现，其中只有三个成员关系非常密切——其他成员的距离足够远，因此研究人员建议将它们转移到新的类群中。于是，现在红额金翅雀仍然是*Carduelis carduelis*，属于红额金翅雀属，而欧金翅雀是*Chloris chloris*，属于金翅雀属。

从金翅雀属和红额金翅雀属的分布来看，前者似乎最早出现在东亚，后者出现在南欧，它们最后一次拥有一个共同祖先是在1 650万年前。这个共同祖先还衍生出其他许多属，包括一些北美洲的金翅雀谱系。从它们的起源点来看，红额金翅雀属和金翅雀属分散并多样化，成为不同的物种，两个属中各有一个种最终在北欧再次相遇。然而，到目前为止，进化已经使它们充分分化，以至于它们不会在自然状态下杂交繁殖，尽管这在物理上仍然是可能的。

◄ 红额金翅雀（左）和欧金翅雀（右）有亲缘关系，并共享栖息地，但在自然状态下不会杂交。

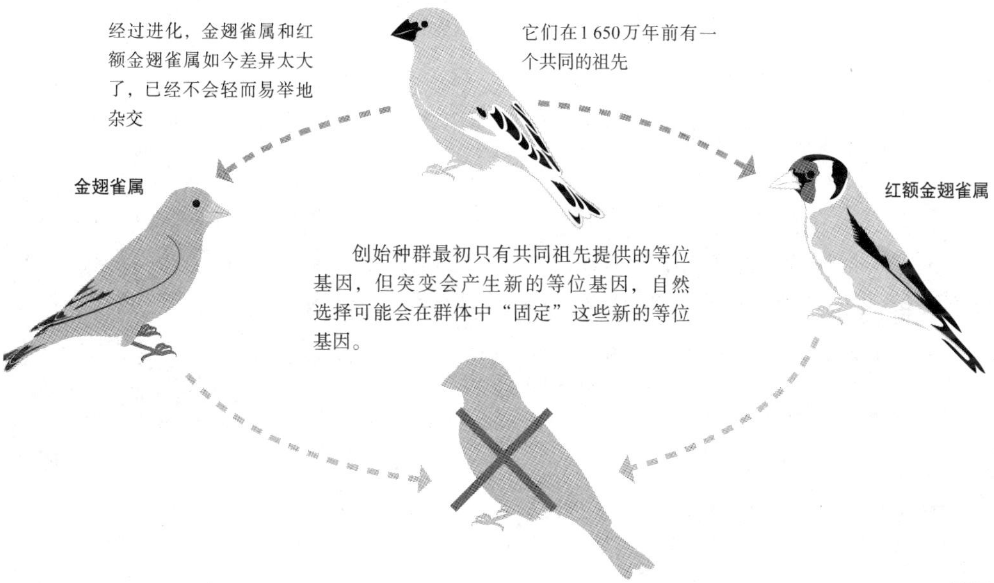

杂交种

► 这是阿拉斯加的灰翅鸥亚成体，位于杂交区以北。这些个体可能很少或者根本没有西美鸥的基因。

为了启动一个谱系分裂成两个的过程，需要某种形式的分离。有时这种分离是戏剧性的：海平面上升会淹没低洼的土地，将一块陆地变成两块，阻止每座岛屿上（流动性较低的）生物种群之间的进一步杂交。在其他时候，这种分离可能非常微妙：气候或降雨的轻微变化可能会改变生长在林地不同部分的植物物种的平衡，而这反过来又会改变依赖这些植物的动物的选择压力。但正如分离可能发生并导致谱系开始分化一样，后面发生的另一个变化可能是在与它们上次相遇完全不同的位置上，将这些分化的谱系重新组合到一起。

当两个如此不同的谱系再次相遇时，关于它们会如何对待彼此，存在好几种可能性；这取决于它们沿着各自的道路走了多远，以及它们之间的差异有多大。如果分离时间很短，分歧很小，它们很可能会再次开始共同繁殖，它们的差异将在几代内消失。然而，时间更长的分离和更大的分化将意味着它们不会一起繁殖，除非是在特殊情况下。

第三种可能性是两个不同的谱系开始自由杂交。虽然可能会出现稳定的杂交群体，但这通常会导致其中一个谱系实际上消失，因为它的基因组被另一个谱系淹没。如果这两个物种还必须争夺食物和其他资源，而且其中一个物种的竞争力明显弱于另一个物种，那么这种情况尤其可能发生。

前面提到的西美鸥和灰翅鸥在分别向北和向南扩展种群时开始接触。对这两个物种DNA的研究表明，很有可能只有雄性第一代杂交种能够繁殖，而雌性第一代杂交种是不育的。这是因为杂交后代没有共同的线粒体DNA，而线粒体DNA只由雌性遗传。

然而，尽管有这一限制，这两种鸟已经建立了一个杂交区，覆盖了近300公里的北美海岸线。最具开拓性的北上的西美鸥所遇到的灰翅鸥远远多于同类，而向南推进的灰翅鸥也会遇到同样的情况。这表明海鸥对繁殖的渴望是强烈的，一只充满性激素的海鸥如果在同类中找不到伴侣，就会转而在近亲中寻找替代者。

然而，如果一个成功繁殖的杂交种群存在，但它的一个亲本物种灭绝，或两个亲本物种都灭绝了，会发生什么呢？所有生命都受制于进化的力量，杂交种群将通过自然选择被塑造，以适应其环境。到了一定的时间，它可能与任何“自然的”物种都别无二致，尽管它的基因组将揭示它是如何形成的。如果拯救海滨灰雀的计划成功了，一个杂交亚种可能会取代它，几百年后，不一定会有人知道这种差异。

尽管拯救海滨灰雀的行动没有成功，而且该鸟种目前已经灭绝，但它是否已经永远消失了，或者一个消失的物种或亚种是否有可能重新进化？关于这一主题的传统思维会说“不”：非常相似的物种可能会进化，以填补它的生态位，但在许多明显和不那么明显的方面会有所不同。然而，在印度洋阿尔达布拉环礁上的一项发现挑战了这一观点。环礁是阿岛秧鸡的家园，这是一种胖墩墩的、不会飞的鸟，羽毛呈棕红色。阿岛秧鸡是该岛屿的特有物种，由白喉秧鸡进化而来。白喉秧鸡会飞，它们从附近较大的岛屿，包括马达加斯加和塞舌尔迁移过来，在该环礁定居。阿岛秧鸡的化石可以追溯到13.6万年前，但众所周知，该环礁在晚更新世（12.6万～1.1万年前）被上升的海平面淹没。这本可以消灭不会飞的鸟类，但在环礁岛重新出现后，白喉秧鸡再次到达环礁岛，并进化成一种不会飞的物种，似乎与最初的阿岛秧鸡没有什么区别。虽然机会很渺茫，但海滨灰雀也有可能以类似的方式“重新进化”。

从母绵羊A体内提取干细胞，并提取其DNA

卵细胞取自母绵羊B

克隆技术与基因工程相结合，使灭绝物种复活的可能性也越来越大。每个有机体都有自己独特的一组基因，我们可以将这些基因储存在基因库中。基因库最简单的形式是保存植物种子的种子库。大多数植物种子都能在休眠状态下存活多年，因此可以在没有太多专业设备的情况下储存——在某些情况下，冷冻是合适的。然后我们把种子放在能触发萌芽的条件下，植物就可以繁殖了。

收集和储存动物的遗传物质非常困难，从储存的遗传物质中复活活体动物则更加困难。但这并非完全不可能。理想情况下，动物的配子（精子和卵细胞）被收集起来，并通过冷冻保存。对于哺乳动物来说，配子可以直接聚集在一起进行体外受精，产生的胚胎要么冷冻一段时间，要么立即植入雌性动物的子宫。这是帮助人类生育困难者的体外受精的基本方法。

通过使用三只不同的母绵羊来创造克隆羊——一只提供卵细胞，另一只提供DNA，第三只怀孕。

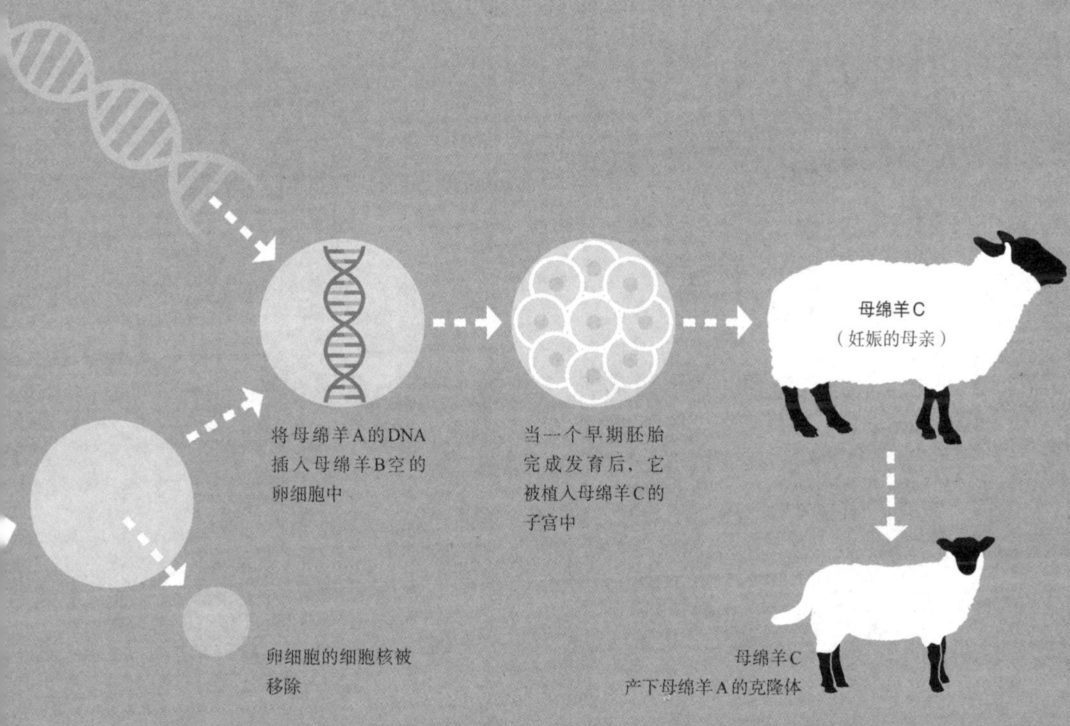

死而复生?

动物克隆技术有点类似于体外受精，但它的起点不是一对配子。不同之处在于，一个卵细胞被收集，其细胞核被移除，取而代之的是一个身体细胞的细胞核，该细胞取自待克隆的哺乳动物。第一只用这种方法成功创造的哺乳动物是一只绵羊，名叫多莉，1996年出生于苏格兰。它是从一只绵羊的乳腺细胞中培育出来的，该细胞的细胞核被移出来并注射到另一只绵羊的卵细胞中，然后合成的胚胎被植入第三只绵羊的子宫内。因此，从某种意义上说，多莉有三个母亲（没有父亲），但在基因上，它与提供乳腺细胞的绵羊是相同的。

继多莉之后，其他几种动物也被成功克隆，成功的定义是创造一种健康的动物，并使它存活到成年。也有许多失败的尝试，其中两次失败涉及从已灭绝

▼ 从绵羊卵子或卵细胞中取出细胞核——这是实验室克隆过程中的一个阶段。

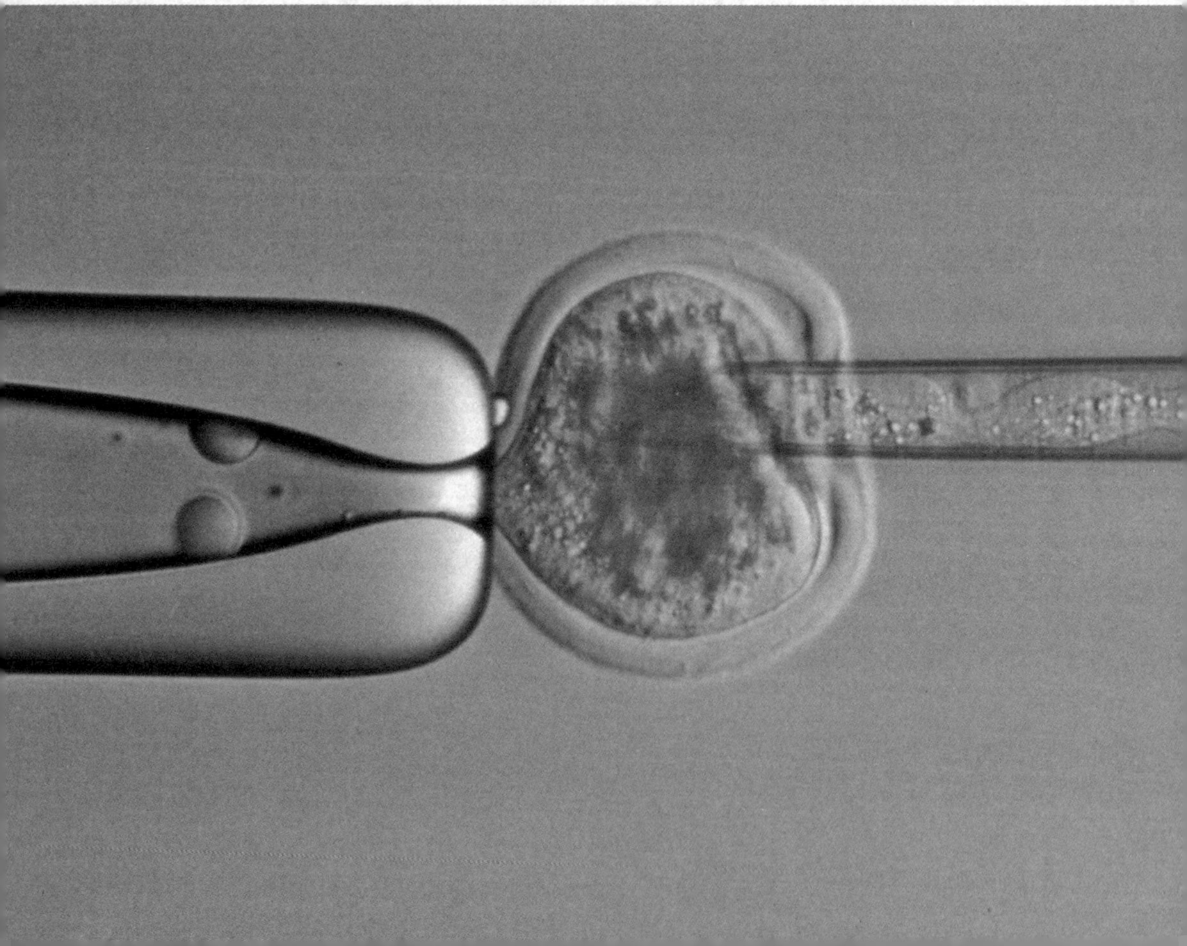

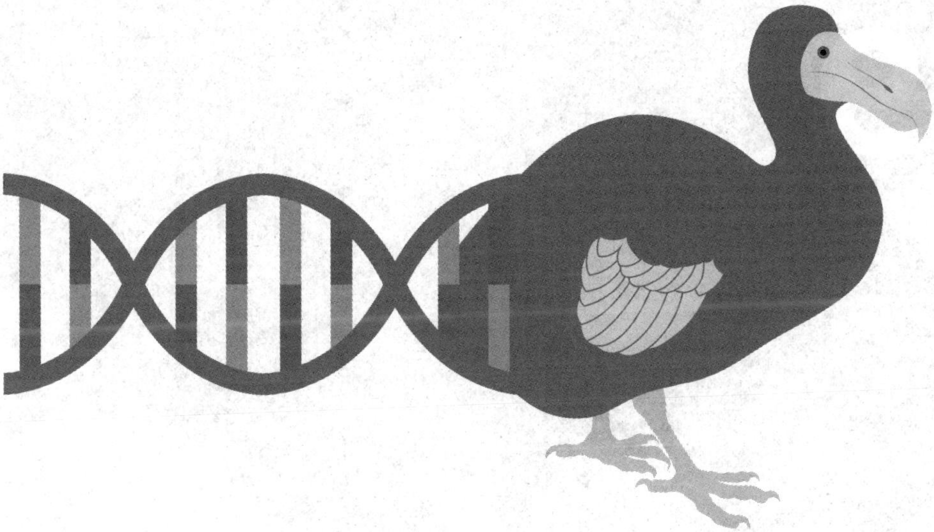

通过克隆从博物馆标本中提取的DNA，这种早已灭绝的渡渡鸟能重新复活吗？也许有一天会的，但令人遗憾的是，克隆任何一种鸟所涉及的实际障碍迄今已被证明是无法克服的。

动物标本保存的细胞中提取的遗传物质，这两种动物是胃育溪蟾和伊比利亚野山羊的比利牛斯亚种，后者是一种令人惊叹的、有着大角的野生山羊。在这两个案例中，克隆体都成功出生，但很快就死亡了；不过随着克隆技术的进步，这很可能成为让灭绝动物起死回生的真正选择。

然而，还没有合适的方法来克隆鸟类。获得一个合适的体细胞核以放置在卵细胞内是很容易的，但困难在于将其放回鸟体内，或者更具体地说，放回鸟蛋里。问题是，卵细胞是在从卵巢来到外部世界的快速过程中受精的，所以，当一个完全成形的硬壳蛋产下时，里面的胚胎发育得太好，无法被替换。这和其他物理问题意味着，如果有任何机会将海滨灰雀——或其他任何消失的鸟——从灭绝中拯救回来，就需要制定更复杂的程序。

9

斑鳖

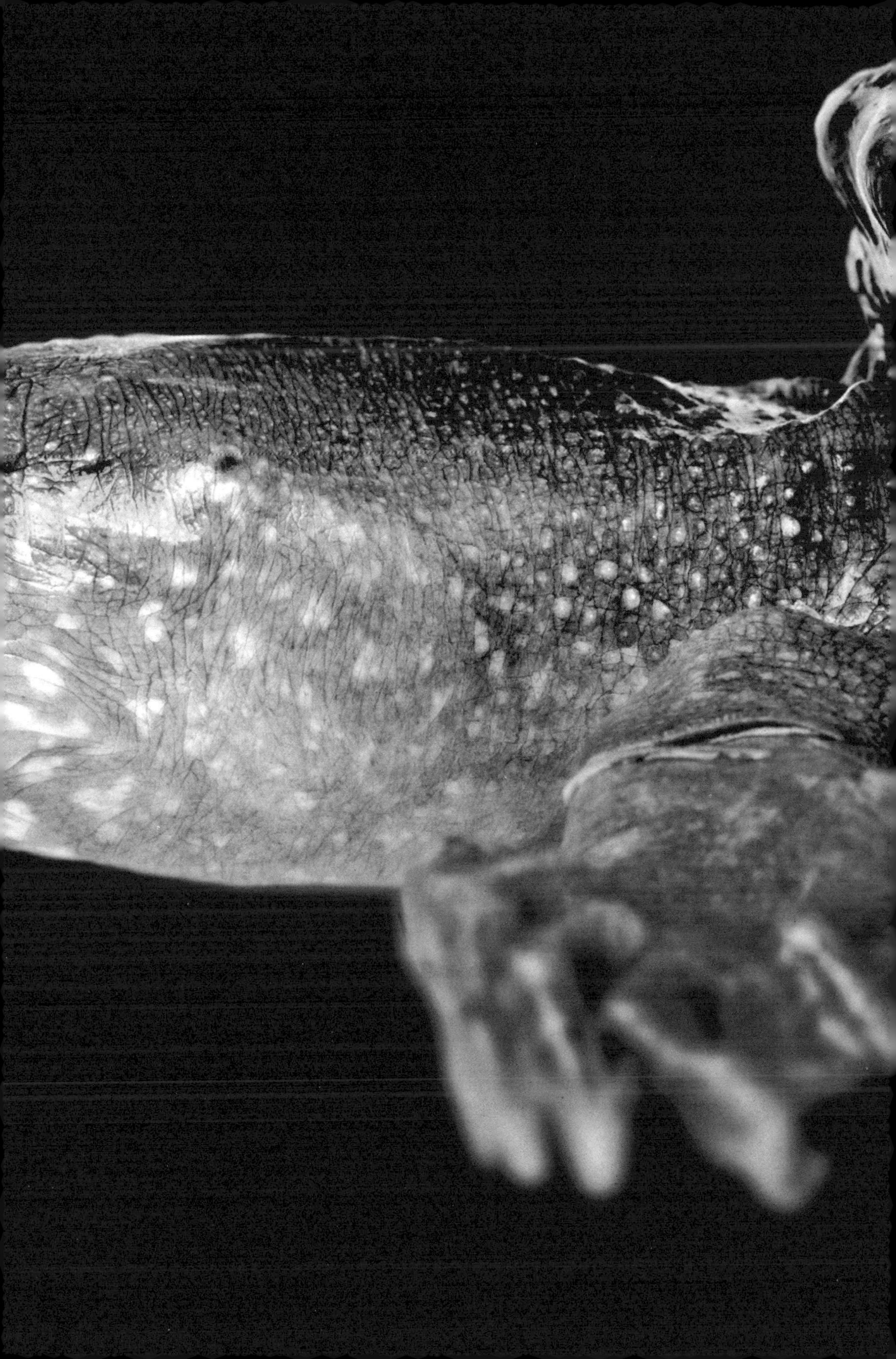

斑 鳖

界　动物界
门　脊索动物门
纲　爬行纲
目　龟鳖目
科　鳖科
属　斑鳖属
种　斑鳖（*Rafetus swinhoei*）

2019年4月3日，最后一只已知的雌性斑鳖死亡。它可能活了90多年，但在1956年来到中国长沙动物园之前，它的生活史是未知的。2008年，它被转移到苏州动物园，与该物种最后三只雄性中的一只配对，但它的卵子不能受精。2015年，一项人工授精计划开始实施，但也失败了。随着它的死亡，该物种在功能上灭绝了。

软壳龟属于龟鳖目，现存约13个物种，而龟鳖目总体上包括海龟、陆龟和淡水龟。这些软壳龟并不像它们的一些亲戚（比如身量魁梧、相貌和蔼可亲的陆龟，色彩迷人的淡水龟，以及巨大而优雅的海龟）那么广为人知，它们在公众心目中形象模糊，可能是因为它们大部分时间都在水下等待猎物。即使是最大的物种，包括长近1米的斑鳖，也很难被观察到。

软壳龟因其似皮革的壳而得名，这种壳缺乏龟鳖目其他成员所特有的硬板或龟甲。它们的其他特殊特征包括嘴巴中的鳃状结构（这使它们能够在水下"呼吸"），以及特殊的、细长的、树干状的吻部（当身体的其余部分埋在软泥或沙子中时，它可以作为通气管）。

海龟和陆龟都以长寿而闻名。遍布热带岛屿的各种象龟是最受尊敬的，一些著名的个体已经活到了150岁以上：阿尔达布拉象龟阿德维塔在大约255岁时去世；而塞舌尔象龟乔纳森在2020年，也就是它188岁时，仍保持强壮。然而，也许其中最著名的是“孤独的乔治”——最后一只已知的平塔岛象龟。1971年，它独自在加拉帕戈斯的原产地岛上被发现，余生都生活在圣克鲁斯岛上的查尔斯·达尔文基金会龟类保护中心。它所属的物种很可能在2012年随着它的死亡而灭绝，因为在野外或世界上任何动物园里都没有发现其他平塔岛象龟。

无论它们生活在陆地、海洋还是淡水中，在现代人类主导的世界里，龟鳖目的所有成员都很脆弱。它们适应了缓慢的生活节奏，成熟和繁殖速度也相应地缓慢；无论是作为个体还是通过种群的进化，它们都无法对变化做出快速反应。除了栖息地被破坏或污染造成的附带损害外，它们还被想要获取肉和龟壳的捕猎者作为特定目标。在某些情况下，因为宠物贸易而被捕捉也是一个重大问题。世界自然保护联盟目前将约360种已知龟类中的20%列为极度濒危物种，56%以上的种类面临灭绝的威胁（极度濒危、濒危或受胁）。

▲ 第182—183页：这种巨大而奇异的爬行动物即将从我们的星球上完全消失，它需要奇迹才能生存。

在生存的边缘

灭绝的结局总是令人警醒的，而当它被直接见证时，情况更是如此。1914年9月1日，地球上已知的最后一只旅鸽在美国俄亥俄州辛辛那提动物园的笼子里因年老而死亡。这一物种的消失尤其令人震惊，因为就在几个世纪前，旅鸽还是北美数量最多的鸟类。然而，猖獗的过度捕猎以惊人的速度根除了它。

最后一只旅鸽名叫玛莎，其年龄被认为是29岁。它在它的伴侣——也是这个物种中最后一只雄性——死后四年去世。今天我们在辛辛那提动物园可以看到它的标本。不到四年后，世界上最后一只卡罗来纳鹦哥——雄性，名叫印卡斯——在同一家动物园去世。1936年，另一个著名的物种在笼子里结束了它的存在，它就是澳大利亚的袋狼，也被称为"塔斯马尼亚虎"。袋狼的最后一个个体是一只名叫本杰明的雄性，不过在它去世时人类还不知道该物种可能在野外灭绝，因为有一定可能性的目击事件持续了几年。即使在今天，仍有人声称发现了袋狼，但那些希望明确看到袋狼的人只能观看在澳大利亚霍巴特动物园和英国伦敦动物园拍摄的圈养动物的黑白纪录片，其中有本杰明。如今，没有任何一种哪怕是略微与袋狼相仿的生物幸存下来，这些非凡生物的动态图像具有强大的情感影响力。

最近的灭绝悲剧降临到加拉帕戈斯群岛上的象龟身上，人们认为这些象龟是大约200万～300万年前从南美洲漂流到加拉帕戈斯群岛的陆龟的后代。随着时间的推移，15种或16种象龟在群岛上繁衍生息，尽管今天只剩下10种。它们通常是所在岛屿上占主导地位的食草动物，这意味着它们具有关键的生态作用，包括传播种子和让携带植物的养分返回土壤。

不幸的是，在16世纪和17世纪，这些象龟很容易成为过路海盗的猎物，海盗们会把活着的象龟装上他们的货舱。它们能够在最少的照料下活一年之久，随时可以在需要时被屠宰食用。

▶ 象龟从孵化的那一天起看起来就显得老，但"孤独的乔治"只活到了相对年轻的101或102岁。

杂交的希望

世界上有各种各样的象龟，平塔岛象龟（*Chelonoidis abingdonii*）是其中之一。除了被人类捕食，平塔动物群中野化山羊的增加也给这一巨型物种带来了更多麻烦，因为这意味着它面临一些严重的食草动物竞争。虽然山羊最终在2003年被消灭，但此时对象龟来说已经太晚了：名叫“孤独的乔治”的最后一位幸存者，已经在1971年从岛上被带走了。

孤独的最后幸存者，或者说一个物种的最后一个个体，可以被视为厄运的活生生的化身；但它们也可以充当大使，成为仍在生存和呼吸的灭绝象征。作为最后一只平塔岛象龟，“孤独的乔治”无疑完成了这个角色，在查尔斯·达尔文基金会的40年里，它引发了大量的公众关注，吸引了无数游客。与此同时，人们试图在平塔岛上找到更多的象龟，但即使奖赏10 000美元给能找到“孤独的乔治”配偶的人，也没有发现它的同类。

2008年，“孤独的乔治”被安排和两只雌性亲缘种沃尔夫火山象龟一起生活，这种象龟原产于伊莎贝拉岛，距离平塔岛西南仅50公里。人们希望这两个物种能够交配，并从杂交后代中重造出一只基因纯正的平塔岛象龟，或者至少以某种方式保留该物种的基因。然而，虽然交配确实发生了，蛋也产下了，但它们未能孵化。

2011年，人们用一对雌性小西班牙岛象龟进行了类似的实验，但同样没有成功。第二年，“孤独的乔治”在对它来说还属于“青年”阶段的100多岁时死亡（它理论上还能再活100年）。它的死亡被广泛报道，认识他的人不仅为它，也为这个物种感到悲痛。

然而，平塔岛象龟的故事还没有结束。尽管自17世纪以来，抵达加拉帕戈斯群岛的人带走并杀死了许多象龟，但一些象龟被捡到后不久就被遗弃了。许多象龟只是单纯地被扔到海里，而象龟的游泳能力非常强。加拉帕戈斯群岛中最大的岛屿是伊莎贝拉岛，它周围的海域通常是“倾倒”不想要的象龟的地方。如今，这座岛屿上不仅有五种本地象龟（分别生活在岛上的五座火山附近），而且还有其他非本地的象龟种群。

生物学家长期以来一直怀疑一些象龟物种已经杂交了。2012年在沃尔夫火山附近进行的DNA分析发现，有几个个体的基因来自平塔岛象龟，其中包括一些幼年龟。这点燃了人们的希望，一些第一代杂交龟——甚至可能是一些纯种的平塔岛象龟——也许生活在该地区。如果是这样的话，它们可能会被送回平塔岛，并在现在没有山羊的岛上受到保护；不过，对于是把杂交种还是仅仅把纯种平塔岛象龟（如果它们确实存在的话）送回去，仍存在争议。

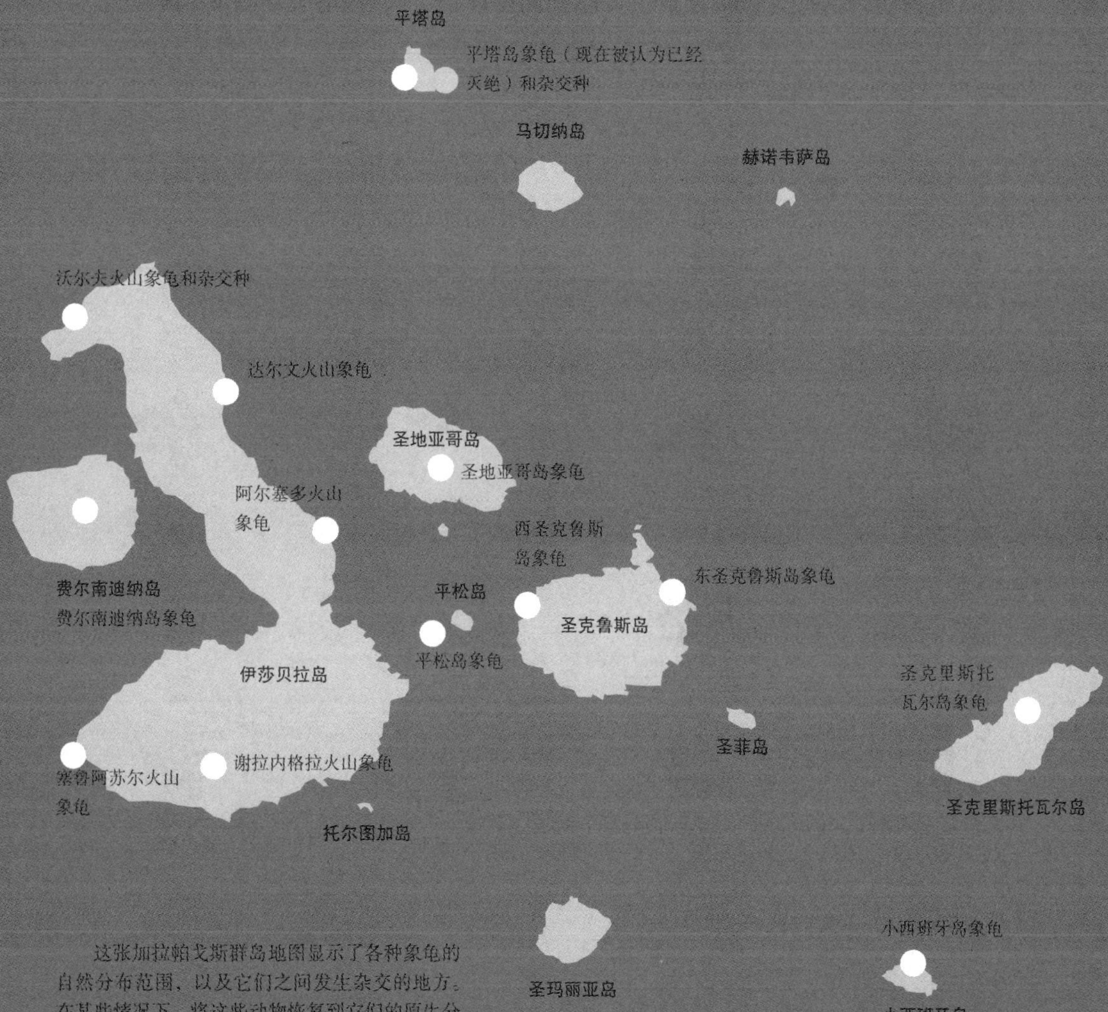

这张加拉帕戈斯群岛地图显示了各种象龟的自然分布范围，以及它们之间发生杂交的地方。在某些情况下，将这些动物恢复到它们的原生分布区域是可能的，但从保护的角度来看，对杂交种来说，最佳的做法尚不清楚。

生活在边缘

“生存边缘”项目是一项全球保护倡议，由伦敦动物学会组织，旨在宣传“地球上一些最独特物种”的困境，尤其是那些目前很少或根本没有受到保护关注的物种。该项目为进化独特且全球濒危的物种代言，每个物种都会根据其独特性和保护状态获得项目的评分。项目网站目前列出了多达532个物种，其中有114种爬行动物（包括斑鳖）、118种两栖动物、113种哺乳动物和106种鸟类。到目前为止，名单上唯一的无脊椎动物是珊瑚（31种），但随着项目的继续发展，其他种类也将得到评估。

这是按分类单元划分的1 200个“消失”物种（定义见全球野生动植物保护组织的“寻找消失物种”项目，见第202页）。在选定的1 200个物种中，约80%是动物，20%是植物。每个群体的代表数量并不一定与其多样性成正比；一些群体，如两栖动物，显出不成比例的脆弱性。

◀ 2020年因为全球新型冠状病毒暴发而导致的“停摆”，对濒危海龟来说是一个福音，因为它们的许多筑巢海滩没有受到干扰。

定义“进化独特性”包括查看每个物种的系统发育树，以了解它在多久前与仍然活着的近亲发生了分化。然后，该评估与国际自然保护联盟的物种保护类别相结合。然而，虽然这两个标准都是通过客观方法计算的，但给一个物种分配“保护价值”分数的想法永远都不可能是真正客观的。

说到自然，人类的首要任务一直是让其自我保护和自我完善。在过去的几千年里，随着我们开始饲养和管理某些野生动物，种植某些野生植物供我们自己使用，保护和保存这些物种变得至关重要，这包括对任何威胁到它们的事物采取零容忍的态度。在世界各地，我们肆无忌惮地杀死牲畜的捕食者和毁坏作物的食草动物。扩大定居点、改善交通线路、开采矿藏、开发效率更高但污染更严重的制造工艺等行为，也对各种野生动物栖息地造成了巨大的、无法形容的破坏。最终的结果是第六次大灭绝——全新世或人类的灭绝——在过去几千年里，物种灭绝的速度估计比自然状态下消失的速度快100～1 000倍。只在过去100年左右的时间里，人们才对此发出了担忧的声音；只在过去20年左右的时间里，随着野生动物数量的显著下降及其速度的明显加快，人们才真正有了紧迫感。这是有史以来第一次，我们在对人类没有直接好处的情况下，寻求拯救野生动物种群。

独特性的价值

我们的世界是一个具有惊人生物多样性的世界，但由于我们天生有偏见，某些生物比其他生物对我们的情感影响更大。例如，花朵色彩斑斓的开花植物比开花不起眼的植物更能吸引人们的注意，而体型庞大、凶猛的哺乳动物比体型较小、躲躲藏藏的哺乳动物更能给人留下持久的印象。居住在远离印度的地方、受教育程度达到一定水平的人一眼就能认出一只孟加拉虎，但他们可能不知道有多少田鼠或鼩鼱生活在身边的社区，也不知道这些物种叫什么名字。

“生存边缘”项目在让“普通”人了解几乎无人听说的濒危动物的困境中发挥着重要作用。由于我们对独特性和特殊性印象深刻，突出这些品质有助于唤起我们的同情心。一个没有近亲的物种可以获得孤独的光环，因此显得格外特别。它的灭绝将被放大，因为周围将没有其他幸存物种作为提醒，即使在生物学家最疯狂的梦想中，它也不会再次进化了。因此，“生存边缘”项目挑选的所有物种都有情感上的吸引力，但不能说它们的消失会对生态或人类的生存产生深远的全球影响；相反，它们影响的可能是人类的精神。

虽然有些人也许会说，情感在任何有关生物保护的辩论中都不该有一席之地，但我们是情感动物，我们的情感总是会在我们的决策中发挥作用，

并决定了我们支持他人决策的力度。试图游说政府并为特定物种争取公众支持的保护工作者知道，他们必须进行情感诉求，在大多数情况下，这意味着唤起人们的同情、悲伤和愤怒。环保故事突显了人类的粗心大意与贪婪所带来的可悲和可避免的困境，并警告说，除非采取行动，否则也许会出现永久性损失。在少数情况下，濒危生物的命运有可能对人类的福祉和生存产生重大影响；这也许会引发最原始、最强烈的感觉——恐惧。

▼ 这种奇异的恒河鳄被国际自然保护联盟列为极度濒危物种，目前在"生存边缘"项目名单上排第17位。

保护种群

每个工作或兴趣涉及生态保护的人都会很清楚“物种”这个词的力量。一个物种的保护比一个亚种的保护更容易推动，因为亚种似乎不那么重要，也不那么不可替代（只要它不是其特定物种的最后一个亚种）。例如，大多数人都知道老虎的濒危程度，但并不是说大家都知道世界上已经失去的独特的老虎亚种多达四个。

比起一个名称由三个斜体拉丁文单词组成的物种的栖息地或生物群落，有一个俗名（以及一个学名）的物种更让人类觉得和自己有关系。这可以再次让保护工作变得更容易。分布在俄罗斯东南部和中国西南部的颜色特别浅、毛发蓬松的豹子被归为一个亚种，它们是豹（*Panthera pardus*）这一物种中的东方亚种（*Panthera pardus orientalis*）。然而，尽管这一豹亚种濒临灭绝，但在它被称为远东豹，并且其特殊特征（使它区别于其他豹亚种）得到强调之前，对它的保护工作并没有得到太多关注。

如今，致力于提高人们对远东豹认识的保护机构将宣布它是世界上最稀有的大猫，但他们不一定会提到它是豹的一个亚种。相反，对它的描述与对其他被归为完整、独特物种的保护目标（如雪豹）的描述是一样的。

在实验室或博物馆里，对一个物种进行分类很重要，在那里就标本讨论分类问题，与竞相拯救一个物种（或亚种），使其免于灭绝是非常不同的。更重要的是，需要保护的不仅仅是物种。一个亚种可能比另一个亚种具有更多的生态重要性，并且比另一个亚种受到更大的威胁。这一程度可进一步细化：在某些情况下，它是一种独特的、受到威胁的、可能在生态上非常重要（通常是因为它碰巧生活的地方）的生物的特定种群，即使它在其他方面与该物种的其他种群没有特殊区别。

◀ 濒危物种远东豹“只是”一个亚种，但用令人难忘的名称来称呼它有助于激发公众对其困境的同情。

进化显著单元

1986年，美国生物学家奥利弗·赖德创造了“进化显著单元”（ESU）一词。虽然“生存边缘”项目和进化显著单元都描述了保护工作的目标，但一个进化显著单元与“生存边缘”项目里的一个物种不同，因为一个进化显著单元不一定是一个物种，它也可能是亚种或种群。出于实际保护的目的，进化显著单元是一个比分类学物种更有用的名称；要被定义为进化显著单元，一个对象需要具有以下三个特征中的两个：

- 它目前在地理上与其他类似的种群**分离**。
- 它与其他类似群体的**基因不同**。
- 与其他类似群体相比，它表现出一些**表型差异**。

通过以地理为出发点，进化显著单元方法还强调了环境和生态系统的重要性。保护需要在环境中进行，每一个生物种群的持续生存都依赖于其他物种。例如，为了有效地保护和守卫濒危的伊比利亚猞猁（原产于西班牙和葡萄牙），有必要保护和支持它的主要猎物——欧洲兔；虽然欧洲兔在世界其他地区作为外来物种兴旺发达，但在其原产地被归为“近危物种”。

在过去，伊比利亚猞猁被认为是欧亚猞猁的一个亚种，虽然现在它通常被视为一个独立物种，但用进化显著单元的方法来看，这并不重要：无论伊比利亚猞猁被归为一个独立物种还是一个亚种，它显然很容易满足进化显著单元的所有三个标准，因为它生活在远离其他猞猁种群的地方，并且在基因型和表型上都与它们明显不同。

保护一个进化显著单元意味着要考虑其整个生态，这意味着那些天然地属于同一生态的其他物种和生物种群也将受益。然而，这些额外的好处是有代价的，因为虽然在受控条件下保护一个进化显著单元可能很简单，但保护或创造一个健康的、正常运行的生态系统，使其能够在自然状态下茁壮成长，是一项重大任务。

在撰写本书时，圈养的老虎比野生老虎多得多。至少其中一些老虎可以恢复到足以在野外生存的程度，但大规模放归圈养老虎不太可能帮助到野生老虎种群，因为它们需要大面积的合适且安全的栖息地，要有足够的空间、猎物和其他资源来支持能独立生存的繁殖种群。目前这样的地方根本不存在。

同样，如果能找到一只雌性斑鳖并让它成功繁殖，立即将其后代送回野外仍然不是明智之举：该物种的栖息地可能需要很多年才能恢复到能够养活健康种群的程度。

鹪鹩（*Troglodytes troglodytes*）的七个亚种分布在不列颠群岛及其周围，每一种都是一个进化显著单元，有些种群非常小。

保护的复杂性

► 海鸟可以在没有哺乳动物的岛屿上形成巨大的繁殖群，但引入的毛茸茸的捕食者往往会产生毁灭性的后果。

如果保护项目可以在原地进行，并且只有一个威胁需要消除，那么拯救一个进化显著单元可能很简单。在不列颠群岛周围，有各种各样的岛屿，暴风海燕和大西洋鹱在那里筑巢。这两种海鸟在陆地上非常笨拙，而且它们又小又脆弱，这使得它们很容易被较大的海鸟（比如海鸥和贼鸥）捕食。为了躲避这些捕食者，它们只在夜间登陆筑巢的岛屿，并在大型鸟类无法进入的深洞穴中筑巢。

从历史上看，这个方法很有效，因为它们筑巢的岛屿上没有可以入侵它们洞穴的捕食者。然而，当人们开始探索这些岛屿时，他们（通常是无意地）带来了各种捕食性哺乳动物，如老鼠、刺猬和雪貂，它们完全有能力进入海燕或鹱的洞穴，杀死并吃掉里面的一切。

说到筑巢，每座岛屿上的大西洋鹱和暴风海燕的每一个种群实际上都是一

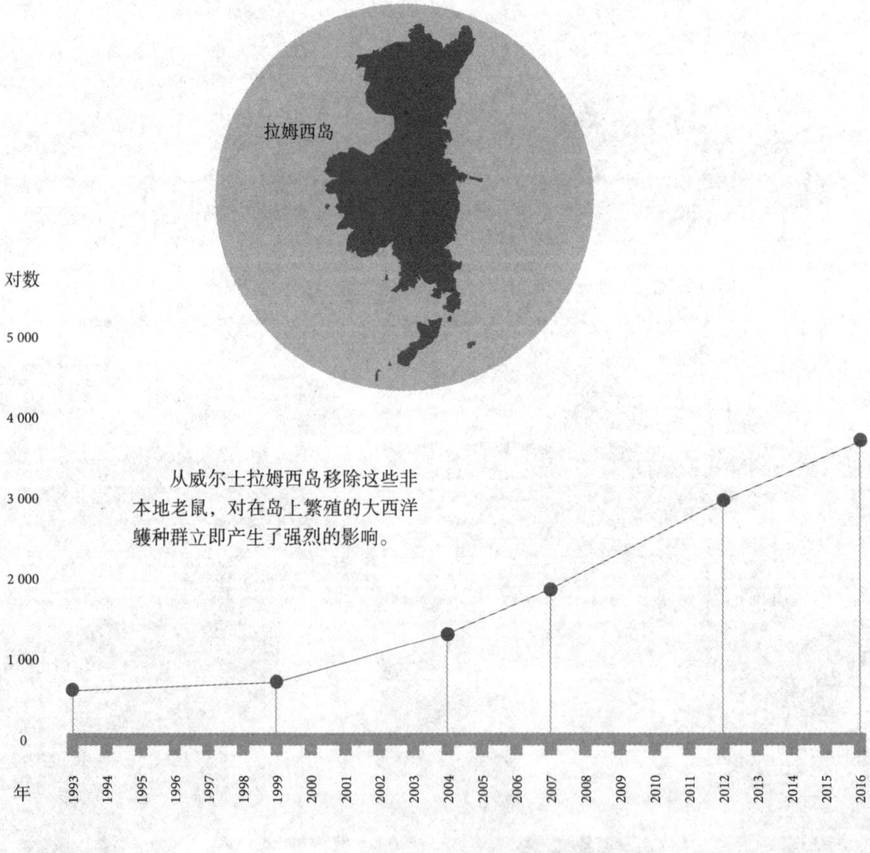

从威尔士拉姆西岛移除这些非本地老鼠，对在岛上繁殖的大西洋鹱种群立即产生了强烈的影响。

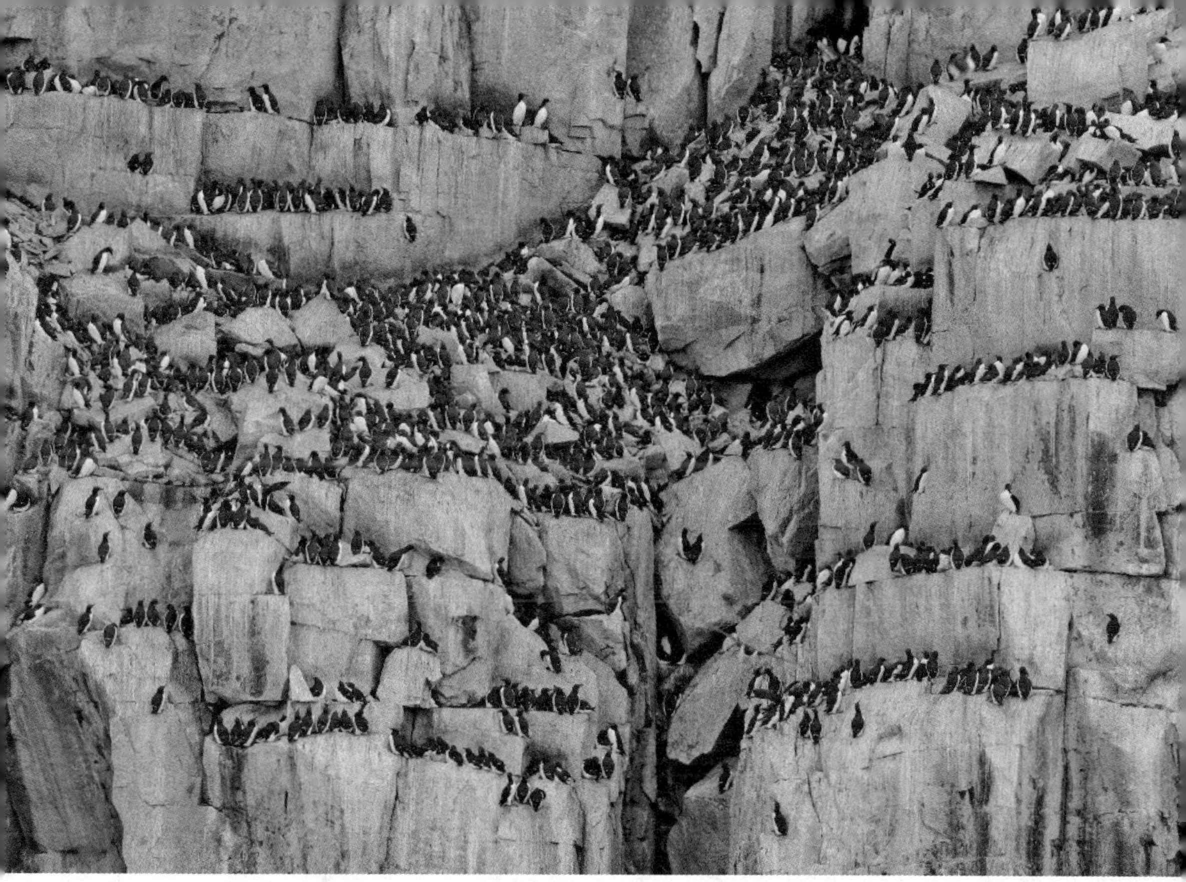

个独立的进化显著单元，因为每一只鸟都倾向于待在同一个筑巢地点。因此，将捕食者从每座岛屿上移除将拯救剩下的筑巢鸟类，但也值得将非本地捕食者从附近那些已经完全失去了大西洋鹱和海燕的岛屿上移除。这样，如果岛上的一个种群表现得很好，那么必须离开出生地、寻找新地方的多余亚成鸟将在附近有一个合适的位置。

以这种方式理解种群的个体生态，对保护非常重要，因为同一物种的不同种群很可能有重要的生态差异。同一种类的植物可能会在其分布范围的北部被一种蛾类毛虫吃掉，但在南部会被另一种蛾类毛虫吃掉；而动物的生态位可能会受到一个地方竞争的严格限制，但在另一个没有竞争对手的地方则不会如此。因此，生态保护需要一种不同的方法来对待自然的多样性，而不是简单地根据纯粹的、深奥的科学做出决定。当然，保护工作者有时必须根据主观标准对物种、亚种与种群进行排序和确定其优先级，他们也必须迅速而充满激情地这样做，因为时间和资源都很短缺，但总体目标是尽可能多地保护生物多样性。没有生物学家会反对这一点。

利益冲突

2019年，人类见证了新冠肺炎的出现。这是一种新的致命（对人类而言）病毒性疾病，突出了某些野生物种面临的不太为人所知的危险之一。导致新冠肺炎的新型冠状病毒被认为是人畜共患的，这意味着它从另一种动物“跳”到了我们身上。它可能起源于野生蝙蝠，但穿山甲也可能作为中间宿主参与其中。

穿山甲（或称有鳞食蚁兽）分布于亚洲和非洲，但所有物种目前都面临灭绝的威胁，亚洲本土物种面临的风险最大。中华穿山甲现在被列为“极度濒危”物种，自21世纪初以来已经失去了80%的种群。出现这种下降是因为人们为了获取穿山甲的肉和鳞片而捕杀它们，而穿山甲的鳞片既是吉祥物，又是传统中药中的配料，备受追捧。尽管中国在2007年对这种动物给予了充分的法律保护，而且早于其他也有穿山甲的国家开展了保护工作，但偷猎活动仍然猖獗。近年来，中国海关工作人员还扣押了大量从非洲非法进口的穿山甲鳞片。

人类有可能将病毒性疾病传染给其他物种，其中一些物种从疾病易感性和种群规模来说可能更加脆弱。例如，埃博拉病毒已经从人类传播给一些野生大猩猩种群，导致大猩猩的死亡率高达95%，而人类的死亡率约为50%。大猩猩很可能也容易受到新冠病毒的感染，考虑到它们的种群规模小、支离破碎且受到威胁，任何疾病暴发都可能是灾难性的。尽管这种暴发也可能对人类种群产生巨大影响，导致数十万人死亡，但世界人口基数庞大，而且正在高速增长。

然而，旨在遏制新冠肺炎传播的全球停摆确实也带来“一线希望”：它们导致空气污染水平迅速而显著地改善，这在大城市尤为明显。不过，人们尽管理由充分地庆祝了这一点，但也普遍认为，生活将很快“恢复正常”。当然，封锁的经济影响可能极其严重，因为经济灾难和疾病一样必然会导致人类死亡，但凭借想象力和创新，这场危机也可能成为人类社会的进化走向一个新的、对生态危害较小的方向的机会。

20世纪的人口增长速度非常快，但新冠肺炎的传播速度是类似的。

跨过边缘

“生存边缘”项目中的物种面临着一系列不同的威胁，其中一些比其他的更难对付。事实上，可能有一些物种已经消失了，比如爱氏长喙针鼹，它位于这个名单的顶端。这种多刺的、产卵的哺乳动物（单孔目）是以深受公众喜爱的英国自然历史纪录片主持人大卫·爱登堡爵士的名字命名的，它来自巴布亚新几内亚的独眼巨人山脉。唯一能证明它存在的证据是一个标本，被认为是在20世纪60年代杀死并制作的。但在2007年，研究人员发现，山区周围的当地人都知道这种动物，他们还发现了可能的足迹、洞穴和“鼻戳痕”（这种动物在寻找无脊椎动物猎物时，长长的鼻子在地面上形成了明显的凹陷）。

这使得爱氏长喙针鼹不仅成为“生存边缘”项目的入选物种，还被列入了全球野生动植物保护组织编制的“消失”物种名单。他们的项目——“寻找消失物种”专注于追踪“在科学上失踪”的物种，这些物种通常位于世界上极为偏远、几乎没有被探索过的地区。他们的成功故事包括在印度尼西亚的马鲁古群岛重新发现了世界上最大的蜜蜂——华莱士巨蜂，以及在越南重新发现了一种美丽的小鹿——银背鼷鹿。就其本身的性质而言，寻找消失的物种也会产生科学上新发现的物种，不过这些物种几乎总是局限于非常小的原生范围，也可能濒临灭绝。

发现并保护这样的物种需要巨大的努力和多方协调，这有时会带来无法应对的挑战。2005年，在哥伦比亚的一小片云雾林中，人们发现了伊莎毛腿蜂鸟（一种精致小巧的蜂鸟）。然而，森林正在迅速被清除，这主要是由于有人为可卡因贸易而建古柯种植园；因此进入鸟类栖息地进行调查是非常危险的。然而，乐观和毅力在保护界占据主导地位，蜂鸟保护协会等组织就是明证。蜂鸟保护协会成立于2005年，旨在帮助建立和保护哥伦比亚北部的自然保护区。

▲　华莱士巨蜂是一种引人注目的、最近重新被发现的印度尼西亚本土的“消失物种”，其体型让我们熟悉的蜜蜂相形见绌。

10

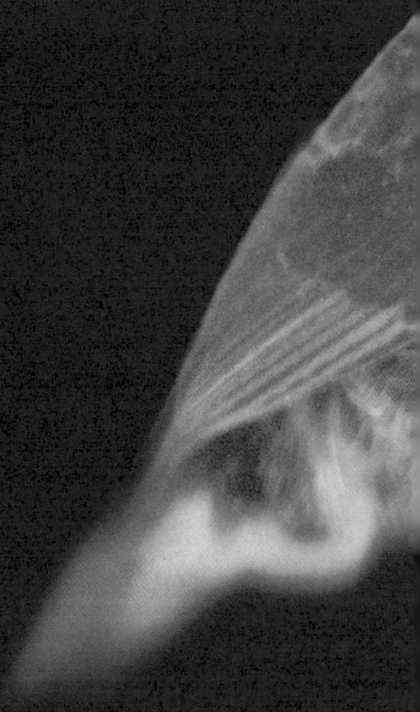

达尔文雀

达尔文雀

界　动物界

门　脊索动物门

纲　鸟纲

目　雀形目

科　裸鼻雀科

属　加拉帕戈斯地雀属、加拉帕戈斯树雀属、植食树雀属、加拉帕戈斯莺雀属、科岛雀属

种　各种

加拉帕戈斯群岛提供了独特的野生动物观察体验，即使是对自然世界几乎没有兴趣的游客，也会情不自禁地注意到在海滩甚至沿海街道上放松的海狮和鹈鹕。许多游客在旅行中会遇到一两只象龟，或者在带着呼吸管去海边浮潜时，遇到一系列令人眼花缭乱的热带鱼和其他海洋生物。然而，对于1835年到访的查尔斯·达尔文来说，这场演出的主角却是一群羽色单调的小鸟。

从政治上讲，加拉帕戈斯群岛是厄瓜多尔的一部分，尽管它是一个遥远的部分，位于南美大陆以西900公里开外。如果你从危地马拉的克察尔特南戈正南画一条线，从厄瓜多尔首都基多正西画一条线，它们相交的点就是加拉帕戈斯岛。这条太平洋岛链中最大的岛屿是伊莎贝拉岛，其陆地面积近4 640平方公里。有6座岛屿的面积超过100平方公里，另外11座岛屿的面积不到1平方公里，还有100多座更小的岛屿。其中只有5座岛屿上有永久居民，它们是伊莎贝拉岛、圣玛丽亚岛、圣克里斯托瓦尔岛、圣克鲁斯岛和巴尔特拉岛。巴尔特拉岛虽小，但对旅游业很重要，因为它是加拉帕戈斯群岛国际机场的所在地。

从地质学角度来说，这条岛链非常年轻。在过去的数亿年里，构造板块的移动极大地重塑了地球的陆地，但这是一个惊人地缓慢的过程。一张1 000万年

前的地球地图在今天看起来仍然很容易辨认，因为陆地都已经在我们预期的和熟悉的位置上了——主要的区别其实只是海岸线的细微差异。然而，加拉帕戈斯人会徒劳地寻找他们的家园，因为这些岛屿是大约500万年前才形成的。随着纳斯卡板块缓慢向东滑动，它开始穿过海底火山活动的“热点”地区，这些火山活动扭曲和抬升板块，形成火山岛，并且这一过程还在持续进行。随着时间的推移，古老的岛屿继续下沉，最终消失在大海中，而新的岛屿不断形成并向上抬升。加拉帕戈斯群岛最新的岛屿之一——也是第三大的岛屿——是费尔南迪纳岛，它仍然是一座活跃的火山，因此无人居住，不过其较低的山坡上植被良好，生活着大量的野生动物。

500万年前，地球上的生命与今天没有太大的不同。大多数现代动物、植物与真菌的科和属已经存在，今天仍然存在的许多物种也是如此。这些物种和种群都有自己的生态位，自然选择的压力不断驱使它们越来越适应这些生态位。

厄瓜多尔是一个多山的、有着茂盛的亚马孙雨林的国家，其生物多样性过去丰富得令人难以置信，现在依然如此。厄瓜多尔目前拥有世界上约10 000种鸟类中的15%，其中一个特别有代表性的科是裸鼻雀科，它由唐纳雀及其亲缘鸟组成。裸鼻雀科是地球上包含种类第二多的鸟类科，仅次于霸鹟科。它由近100个不同的属组成，在全世界约有400个种，其中近200个种在厄瓜多尔有记录。

▲ 第204—205页：中地雀——这是一个平淡无奇的名字，但它是对具有开创性的“进化论”颇有启发的鸟类之一。

来自加拉帕戈斯群岛的故事

唐纳雀是具有九枚初级飞羽的中小型雀形目鸟类（也叫鸣禽）。从进化角度来看，它们是美国雀鹀（包括前面讨论的海滨灰雀）的近亲。虽然美国雀鹀往往是颜色相当庄重的鸟类，但唐纳雀用大自然的调色板上的每一种亮丽的颜色来装饰自己。在厄瓜多尔，你可以找到仙靓唐纳雀、辉斑靓唐纳雀、火脸靓唐纳雀和一系列其他物种。

大多数唐纳雀外表像燕雀，有结实的锥形喙，适于夹碎种子和果实，但有些谱系已经分化。例如，旋蜜雀（*Cyanerpes*）演化出了长而细的、向下弯曲的喙，用于探花和提取花蜜。刺花鸟（*Diglossa*）也吃花蜜，但方式非常不同，它们用短而尖的、向下弯曲的喙在花瓣的底部戳出洞，并直接提取花蜜。唐纳雀通常在有森林的地方占据小片活动区域。这里的植物非常茂盛，它们不用飞很远就能找到所需要的一切。然而，大约200万或300万年前，有一种唐纳雀与其他几种鸟类一起，进行了漫长的海外旅行，从大陆（可能是厄瓜多尔，也可能是太平洋沿岸的其他地方）到达了加拉帕戈斯群岛。

目前尚不清楚这些先驱鸟类是不是在迁徙时被暴风雨吹过来的（现在有几种唐纳雀在北美洲和南美洲之间迁徙），或者甚至可能是乘坐由漂浮植被构成的天然木筏而来的。唐纳雀旅程背后的真相是生物学历史中令人沮丧的未知细节之一，但不管怎样，它发生了，并取得了成功。

如今，加拉帕戈斯岛上居住着几种唐纳雀后代，其中一些的分布范围仅限于一座岛屿，另一些则分布得更广。不过，它们一点也不像热带雨林中的彩虹色唐纳雀。它们都是不起眼的深褐色或灰褐色小鸟，喙与标准的圆锥形唐纳雀喙有所不同——有些鸟有很重、很厚、能够让种子开裂的喙（和下颌结构），而另一些鸟的喙要细得多，适合捕捉昆虫。

▶ 这是金靓唐纳雀——产于厄瓜多尔大陆森林中的裸鼻雀科众多色彩绚丽的成员之一。

朝气蓬勃的家族

当达尔文去加拉帕戈斯群岛时，他主要对这些岛屿不同寻常的地质情况感兴趣，但他也注意到了当地独特的野生动物种类。他监督了标本（包括唐纳雀的后代）的收集，并将其交给了伦敦动物学会的鸟类学家约翰·古尔德。正是因为古尔德努力鉴定出它们，达尔文才认真思考这些小鸟的历史和起源。

达尔文最初认为这些鸟来自不同的科。其中有许多似乎是燕雀，但也有一两只美洲拟鹂，以及一只看起来像是鹪鹩的鸟。但古尔德得出结论，它们都是同一个科的成员。此外，他认为这是一个独特的科（直到后来才了解它们来自唐纳雀）。

这激起了达尔文的兴趣，他给予这些鸟更密切的关注，尤其注意它们形状多样的喙。围绕着这些鸟，他开始形成关于进化的想法——关于不同物种起源于同一个祖先的想法。在《"小猎犬"号航海记》的第二版中，他描述了这些鸟类的不同之处，并评论道："看到一个小而密切相关的鸟类群体中的这种分级和结构多样性，人们可能真的会想象，从这个群岛最初稀少的鸟种中，有一个物种被选中并为不同的目的进行了改变。"

达尔文在接下来的几年里强化了这个想法，并通过对家鸽进行繁殖实验来发展他的理论。他饲养了许多不同的家鸽品种，从普特鸽、雅各宾鸽到孔雀鸽，并记录了它们的性状是如何世代传递的，以及如何通过选择性育种来引导下一代的形状、大小和其他特征。通过研究，达尔文认识到，用于从单一祖先物种（岩鸽）发展和培育不同鸽子品种的人工选择，类似于自然选择，而后者使得唐纳雀的单一祖先物种在加拉帕戈斯群岛上逐渐多样化，成为许多不同的种类。

这一观点现在已经成为进化论的一个成熟部分。这是一种被称为"适应性辐射"的现象，即创始物种多样化，以填补许多生态位。就加拉帕戈斯唐纳雀的后代（今天被称为加拉帕戈斯雀或达尔文雀）而言，一些物种已经适应以更大、更坚硬的种子为食，而另一些物种则以较小的种子或昆虫为食。例如，拟䴕树雀是一种食虫鸟，它已经发展出了从仙人掌中拔出刺，并用它们从腐烂的木头中取出甲虫幼虫的非凡技能；而吸血地雀已经适应了以大陆祖先从未有过的方式补充其杂食性饮食。这种特殊的地雀分布在沃尔夫岛和达尔文岛上，那里也是许多筑巢的鲣鸟（大型海鸟）的家园。人们观察到吸血地雀将鲣鸟的脚趾啄至流血，然后喝下血。鲣鸟在陆地上动作缓慢、笨拙，几乎无法抵御这个小小的袭击者。

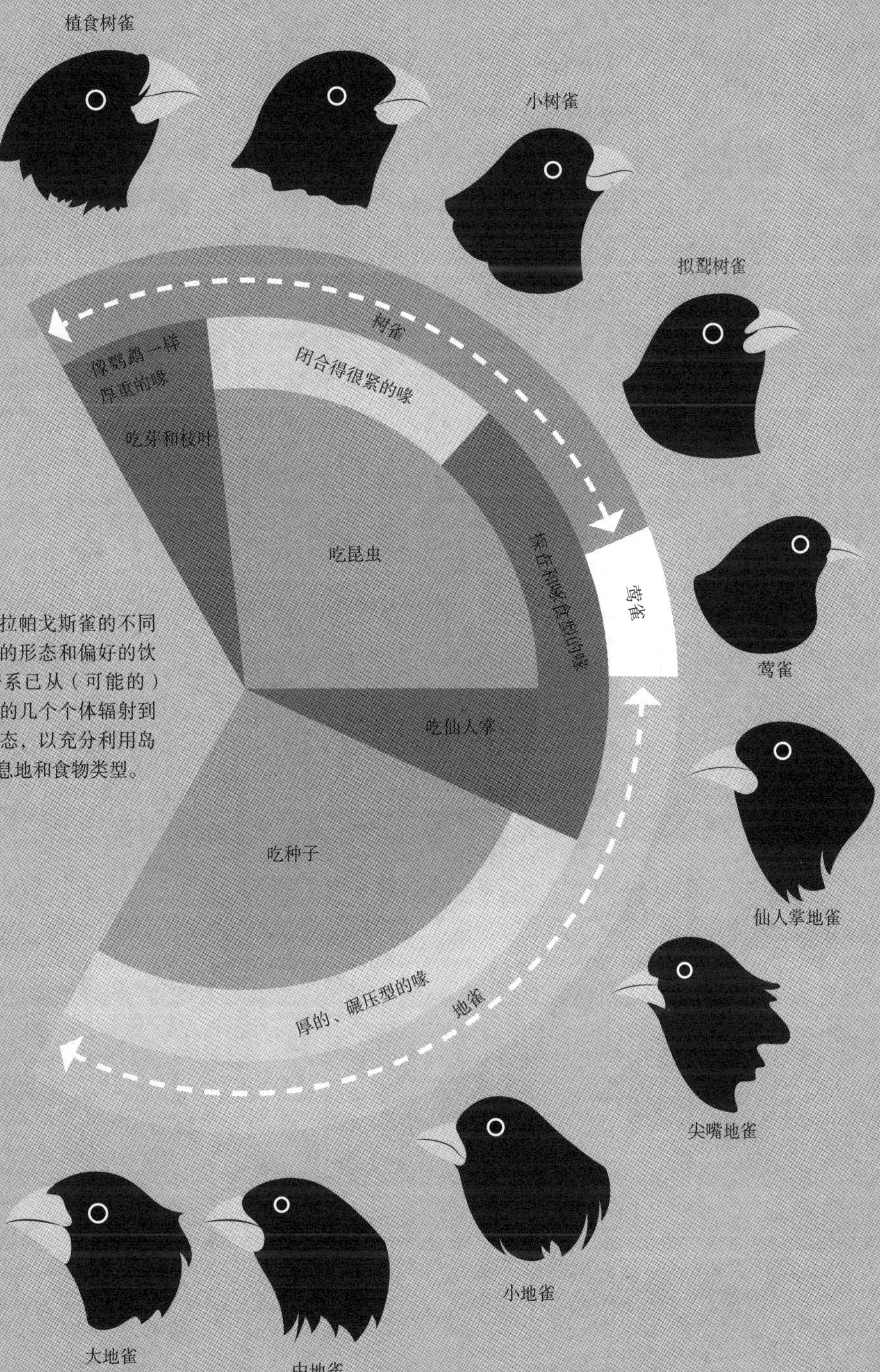

这些是加拉帕戈斯雀的不同种类，根据喙的形态和偏好的饮食排列。该谱系已从（可能的）单一创始物种的几个个体辐射到各种不同的形态，以充分利用岛屿上不同的栖息地和食物类型。

造一只嘲鸫

适应性辐射在加拉帕戈斯群岛的嘲鸫身上也很明显。达尔文在几座岛屿上遇到了这些漂亮、活泼的鸟，但直到他的访问结束后才意识到它们在不同的岛屿上是不同的。今天，生物学家发现了四种密切相关的嘲鸫，它们都是同一祖先的后代。虽然基因研究表明，加拉帕戈斯群岛的嘲鸫与来自更远地方的迁徙的嘲鸫关系更为密切，而不是与离大陆

这张地图显示了加岛嘲鸫(*Mimus parvulus*)在群岛上的分布状况。适应性辐射产生了该物种的六个亚种，不过它们还没有充分进化到足以成为一个独立物种。然而，在群岛的其他地方还有另外三种嘲鸫。

◄ 加岛嘲鸫是加拉帕戈斯群岛上的四种小嘲鸫属的鸟类中分布最广泛的，在13座岛屿上都有它们的身影。

最近的、在厄瓜多尔作为留鸟的嘲鸫关系更为密切，但这一祖先可能与达尔文雀的共同祖先同一时间在群岛上定居。

加拉帕戈斯群岛上的四种特有嘲鸫中分布最广的一种，被恰当地命名为加拉帕戈斯嘲鸫。这种嘲鸫有六个被确认的亚种，每个亚种都分布在不同的岛屿或群岛上，彼此之间没有重叠。这清楚地表明了适应性辐射在起作用，不同亚种之间没有任何基因交换，随着时间的推移，它们可能会变得越来越不相似，因为它们会更好地适应所生活的岛屿（或群岛）的特殊条件。假以时日，日益增长的差异将使它们走向被生物学家归为独立物种的方向。

新岛屿的生态系统可以提供非常明确的适应性辐射的例子，因为这样的岛是一块白板，移居其上涉及偶然因素。除了雀和嘲鸫，加拉帕戈斯群岛特有的29种陆地鸟类仅属于11个科。厄瓜多尔大陆的鸟类大约有73个科，在北美洲和南美洲的太平洋沿岸还有更多的科。理论上，其中任何一个科的鸟都有可能到达加拉帕戈斯并建立起种群。当时它们也有可能表现出适应性辐射，甚至取得更大的成功，但最初的移居行为并没有出现。

当适应性辐射发生在某次地球生物大灭绝之后时，同样的原理也适用。扩展到许多新空出来的生态位的时机已经存在，但只有那些在灭绝事件中幸存下来的、相对较少的生物才拥有机会。

奠基者和先驱者

一座从海里冒出来的火山岛是没有生命的岩石，但随着时间的推移，它可以形成一个丰富而复杂的生态系统。然而，生物定居的自然过程是缓慢的，并不是每座新岛屿都有足够的时间在很大程度上实现生物定居。例如，2014年出现在南太平洋汤加群岛的洪阿哈阿帕伊火山岛预计不会存在30年以上，它存在的时间太短了，不可能成为一个有意义的生命家园。

叙尔特塞火山岛是一座潜在寿命稍长的岛屿，它在1963年末的一次水下火山喷发后出现在冰岛南部。海底活动一直在扩展岛屿的面积，直到1967年夏天；在那时，这座泪滴状的岛屿的面积刚刚超过2.7平方公里，最高点海拔约为174米。尽管它现在正在慢慢消失，由于侵蚀和沉降，面积和高度都在减少，但科学家预测它将存活到2120年前后。

自从叙尔特塞火山岛从深海中出现以来，科学家们记录了岛上不同形式的生命的到来，并且对该岛的参观活动进行了严格的管理，以便让常驻物种尽可能自然地生活。冰岛是许多种在陆地上筑巢的海鸟的家园，但它们会在海上度过冬天的几个月；所以毫不奇怪，海鸟很快就来到了叙尔特塞火山岛，它们的粪便丰富了该岛的沙质土壤，使其更适合植物生长。

尽管植物扎根于某处不能移动，但它们有多种方式让自己的种子从A地到B地。鸟类是植物种子的天然载体，种子小到足以粘在鸟的脚或羽毛上；鸟类也可能将吞咽的完整种子沉积在粪便中，或使用带有种子的植物部分作为筑巢材料。种子也可以随着风或波浪传播；在裸露的沿海地区自然生长的植物通常会演化出坚硬的种子，可以在盐水中长期浸泡。事实上，在叙尔特塞形成几个月后，科学家们从该岛海岸线收集了各种植物的种子，并能够在实验室条件下让这些种子发芽。

► 这是叙尔特塞火山岛的航拍照片。叙尔特塞火山岛在1963年形成于冰岛南部，后来逐渐有各种野生动植物来此居住。

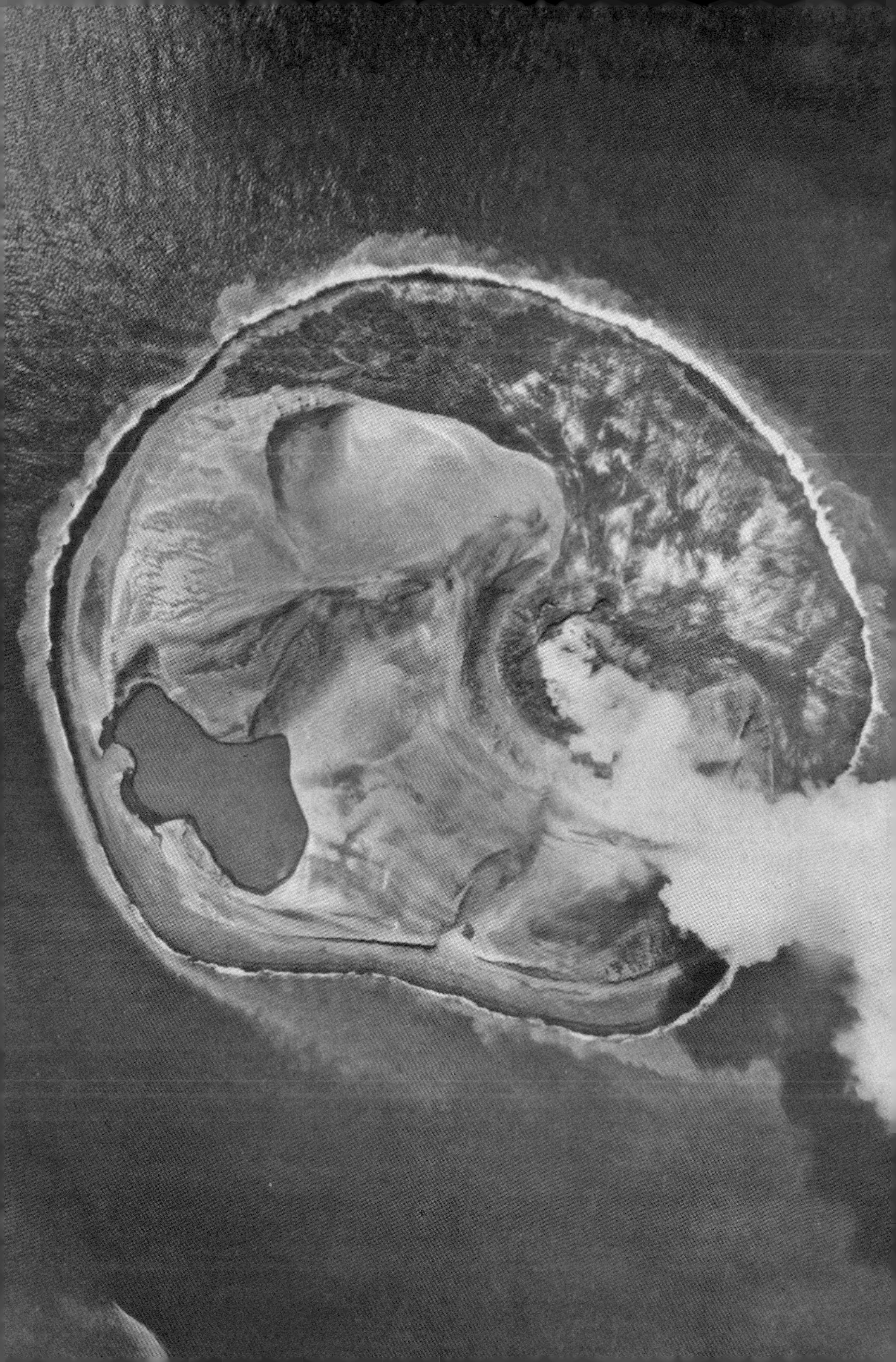

先锋群体

1965年，在叙尔特塞火山岛发现的第一种高等植物是欧洲海滨芥。紧随其后的是冰漆姑、赖草和紫背万年青。每种植物都会产生大且可漂浮的种子，这表明它们是被海浪带到岛上的。其他一些植物更可能是借助风而来的，其中包括几种柳树和蒲公英，它们产生的微小种子附着在轻盈的绒毛上，能够在微风中飘浮。可能由鸟类带来的植物包括越橘、酸模和黄花毛茛，它们都常见于冰岛。

暴雪鹱和白翅斑海鸽于1970年首次在叙尔特塞火山岛筑巢，并很快有其他繁殖鸟类加入。首先是一群海鸥和北极燕鸥，然后是陆地鸟类——雪鹀、灰雁、白鹡鸰和草地鹨。岛上还记录了各种各样的无脊椎动物，其中一些会飞到或漂浮到岛上，而另一些则很可能是通过1985年以来出现的筑巢海鸥群落带来的植被而过来的。

2003—2006年的一项调查显示，岛上出现了令人印象深刻的155种鸟类（冰岛自己的鸟类数量只有380种左右）。此外还有4种蜘蛛、21种蝴蝶和蛾子，以及41个膜翅目成员（蚂蚁、蜜蜂和马蜂）。甚至有两种陆地软体动物（蜗牛和蛞蝓）已经登陆，而在海鸥集群生活区域周围日益肥沃的土壤中，人们发现了两种蚯蚓。就在海岸线附近，在岛上的水下斜坡（底栖生物带）上，已经形成了一个海洋生物群落，其中包括珊瑚、软体动物、甲壳类动物和各种海藻。

叙尔特塞火山岛只存在了大约60年，它提供了一个戏剧性的例子，展示了各种生物到达一座新岛屿的速度，以及整个生态系统形成的速度。它还表明，当面对一个全新的栖息地时，物种也许能够利用它们的起源地不向它们开放的机会。例如，叙尔特塞火山岛的一些底栖生物所处的深度范围比冰岛的情况更广，这可能是因为这里没有通常会和它们竞争的其他物种。

不管是什么原因，这就是适应性辐射的本质：祖先物种可以突然（相对而言）填补比以前更广泛的生态位，在某些情况下，其种群中的不同谱系可能会更好地适应新生态位的不同方面。如果出现这种情况，那么正如达尔文雀所证明的那样，不同的谱系很可能会发展出自己的特征并变得不同。最终，这种分化会导致新物种形成。

2002—2006年，瑞典隆德大学的研究人员对叙尔特塞火山岛上的物种进行了调查，共发现了354种无脊椎动物。虽然其中一些物种是罕见的或只被发现过一次，但有143个物种已经完全定居，另有30个物种可能会定居。

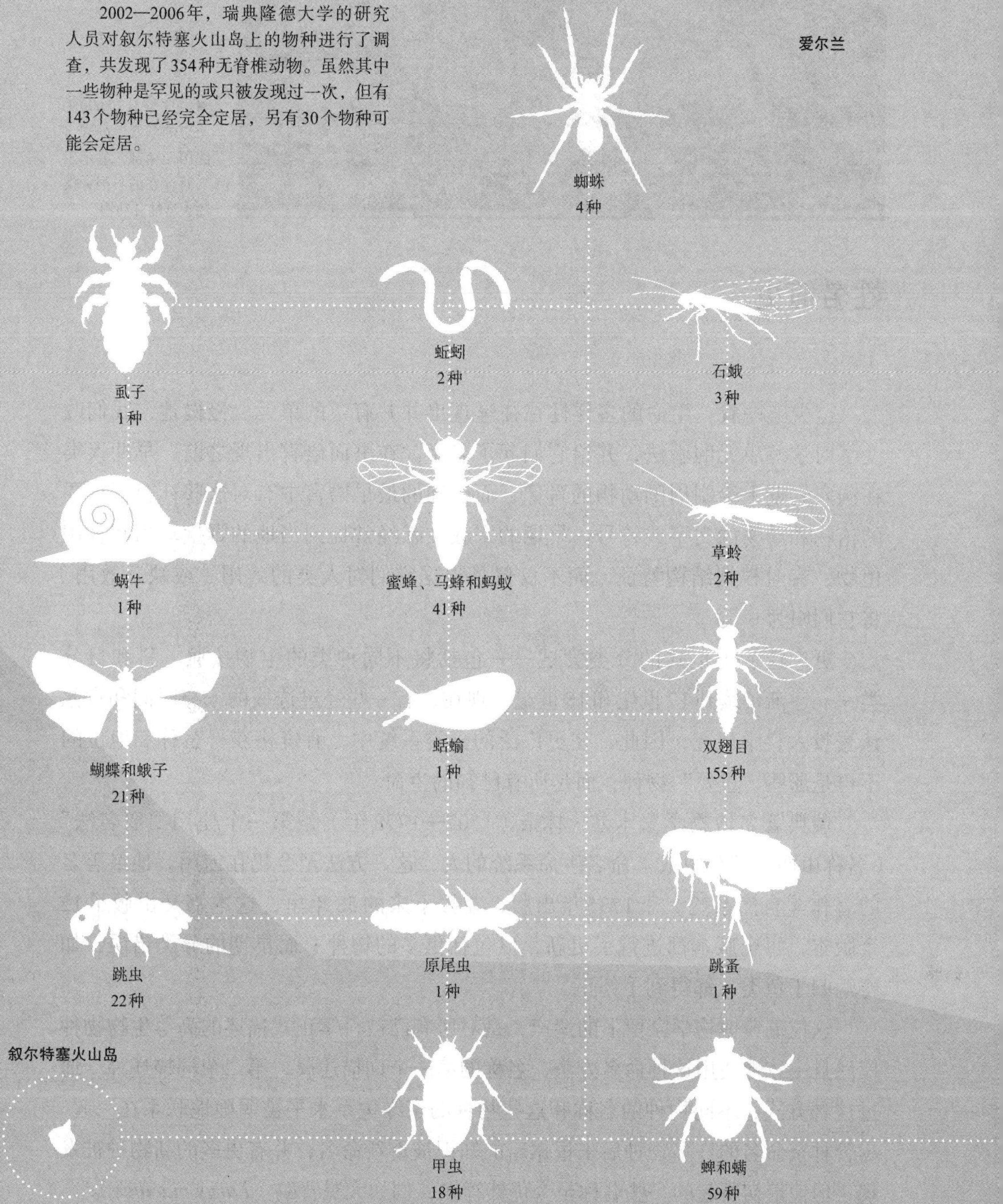

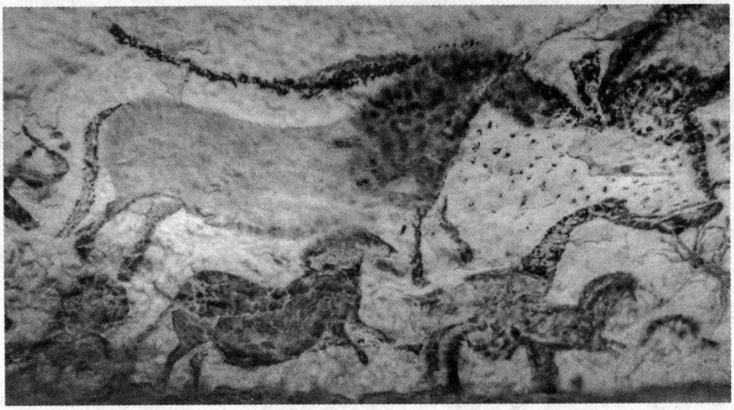

◄ 这幅有20 000年历史的洞穴壁画来自法国西南部，显示了当时存在的不同种类的大型哺乳动物。

姓名简史

至少乍一看，生命的多样性往往呈现出井井有条的单元。慢慢地，我们改变了对这些单元的看法，并给它们起了名字。在书面语言出现之前，早期人类在洞穴岩壁上绘制周围动物的肖像，而已知的最早语言中有对这些社会很重要的植物和动物的文字或符号。早期的宗教文献经常提到当地的野生动物和食用植物，有时根据结构特征，而不仅仅是根据它们对人类的效用（或缺乏效用）将它们归为一类。

更广泛、更正式的分类尝试——包括将不同种类的生物按属、科和目分类——逐渐延续到17世纪和18世纪。现在，有一些经过选拔的人有时间和意愿认真投入科学研究，因此，在更广泛的分类系统中，有资格获得名称和地位的不再是那些“重要”物种，而是所有已知的生命。

瑞典著名博物学家卡尔·林奈（1707—1778年）是第一个使用“双名法”（名称由两个部分组成）命名生命系统的人，这一方法至今仍在使用。他最著名的著作《自然系统》于1735年出版，在接下来的58年里，这本书又出版了12个版本，每个版本都进行了更新，以包括更多的物种；而早期的分类错误，如将鲸归于鱼类，都得到了纠正。

这位瑞典博物学家留下的遗产，是对所有已被科学正式描述的高等生物物种广泛且一致地使用这种命名方法，名称的第一个词描述属，第二个词描述种。通过这种方式，不同物种的名称和这些物种的亲缘关系水平被明确地联系在一起。尽管林奈命名的许多物种后来根据新的知识被重新命名，并有更多的新物种被发现，但他最初所起的一些名称至今仍然存在，例如大黑背鸥（*Larus marinus*）。

这张图片取材于I. 泰勒在1788年创作的一幅版画，名为《17世纪的鱼》，其中包括一对哺乳动物闯入者——一只独角鲸（标签为“Sea Unicorn”）和一只鲸鱼。然而，鲸目动物的一些哺乳动物特征在千百年前就被人［例如希腊哲学家亚里士多德（卒于公元前322年）］发现了。

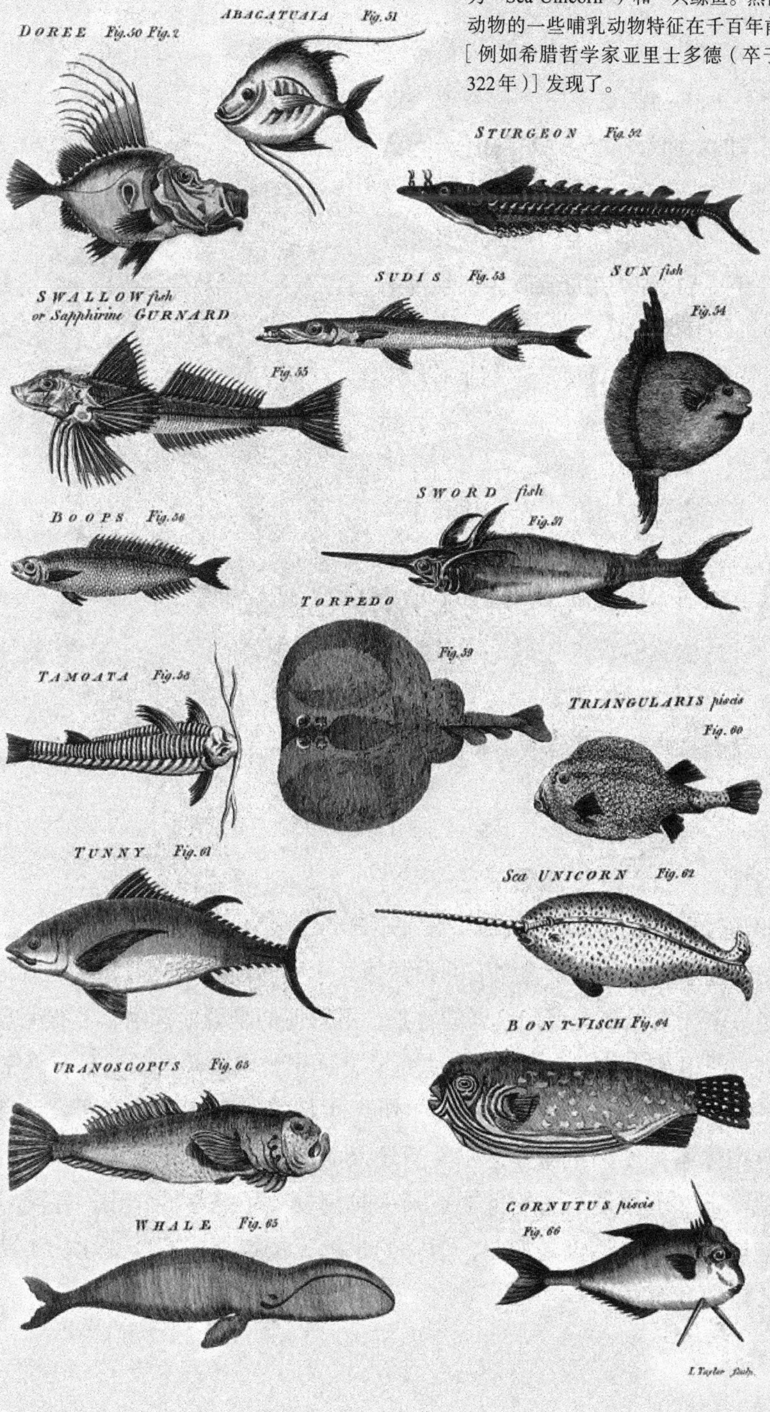

通过死亡来设计

在达尔文和进化论之前，人们普遍认为所有的生物都是（由一位神或别的神）创造的，而且这些创造物从一开始就以相同的形式存在。因此，地球上有数量有限的“种类”，化石表明过去有更多种类，其中一些已经灭绝。这使得对地球上的生命进行分类成为一项可以实现且简单的（尽管是巨大的）任务：生物学家所需要做的就是找到每一种“种类”，给它起一个名字，并将其放入正确的类群中。

▲ 达尔文的著作《人类的起源》（1871年）探讨了他对人是由其他灵长类动物进化而来的看法，并在上流社会引起了轩然大波。

然而，达尔文的进化论和共同血统论终结了一切。不再有数量有限的有机体，每一种特定的有机体不再是天生不可变的。达尔文的观点还揭示了科学与教会（在英国及其他国家）之间的巨大裂痕，这种观点认为生命的设计者是自然，而不是上帝。

此外，他还提出有一个盲目、迟缓、缺乏指导的设计师——当然不是一个有计划的设计师，也不是一个将人类分开并使其凌驾于其他所有生物之上的设计师。人类和黑猩猩有着相近的血统，这一观点对许多人来说都是令人愤怒的冒犯，不管他们是否信仰宗教；很明显，这一观点被广泛拒绝。事实上，尽管有大量支持证据，但在某些领域至今仍然如此。

进化论还破坏了（到那时为止）所有生物实体所使用的得到公认且广受尊重的分类体系，如果生命像达尔文所建议的那样不断变化，那么僵化的名称和类别就没那么有用了。它们可能在某一时刻发挥了足够的作用，甚至可能对已经灭绝的生物体来说也是如此，但它们永远无法捕捉到不断变化、不断生长的生命之树的真实画面。

THE LONDON SKETCH BOOK.

PROF. DARWIN.

This is the ape of form.
Love's Labor Lost, act 5, scene 2.

Some four or five descents since.
All's Well that Ends Well, act 3, sc. 7.

◄ 达尔文在他那个时代被大众嘲笑，因为他认为人类和其他类人猿是近亲。

异域视角

达尔文在谈到加拉帕戈斯岛时说："这个群岛的自然历史非常引人注目：它似乎是一个内部的小世界。"岛上的野生动物群落很小、很简单，有着小而美丽的适应性辐射（如唐纳雀和嘲鸫），这无疑帮助达尔文看到了进化的路径。通过观察这个"小世界"而形成的想法同样适用于更广阔的世界，但大片陆地上的复杂生态系统让进化模式更加混乱和复杂。

当生命在一个气候和地质多元化的星球上生活时，进化——自然选择对具有不同遗传特征的生物群体的作用——如果有足够的时间发挥作用，将不可避免地产生生物多样性。无论你称它们为物种、分支、种群，还是其他什么，都不可避免地会出现具有共同特征的不同生物群，而不是均匀的同种生物群。这是因为自然选择的作用是使这些群体越来越接近生态位，而不是使它们能够做任何事情。进化并不是一种渴望：对飞行的强烈渴望永远不会导致人类进化出一对翅膀，尽管它（碰巧）为人类提供了智慧，让他们找到非生物方式来实现飞行！

迄今为止，进化造就了一个几乎在每个地方都充满生命的世界。陆地上覆盖着各种植物，它们支持着各种各样的生物；而海洋则为各种生物提供了家园，它们的多样性甚至更广，从单细胞蓝藻到鲸——这是有史以来最大的动物。在生物多样性有限的岛屿栖息地，不同寻常的生命形式是从更普通的拓殖祖先进化而来的。一些野生动物甚至找到了在人类大城市——用无生命的石块、玻璃和金属建造的栖息地——繁衍生息的方法。例如，游隼通常习惯于在险峻的峭壁和海崖上筑巢，但高层建筑是很好的替代品。在这里，它们捕食城市里的鸽子，这些鸽子是同样来自野外峭壁和悬崖上的野生岩鸽的后代。

然而化石记录告诉我们，在所有已经进化的生命形式中，有99%以上已经灭绝了。生命依然存在，但这个星球在不断变化，绝大多数生命形式最终都遇到了令它们无法生存的环境变化。

生活在今天的许多物种极其脆弱，因为它们进化到"适合"一个狭窄的生态位，这极大地限制了它们的地理分布。一个单一的不利事件，如飓风、干旱或外来捕食者的到来，都可能在短时间内将它们消灭。加拉帕戈斯群岛已经受到气候变化的影响，而作为火山岛，它们本身就缺乏长期稳定性：即便有着世界上最美好的意愿，也并不是所有生物多样性都能维持数百万年。

我们再次回到加拉帕戈斯群岛，这张地图展示了主要岛屿的地质年代。和其他火山岛一样，它们形成得相对较快。随着时间的推移，没有新的物质加入，渐渐地，由于侵蚀作用，它们变得更小、更平坦。

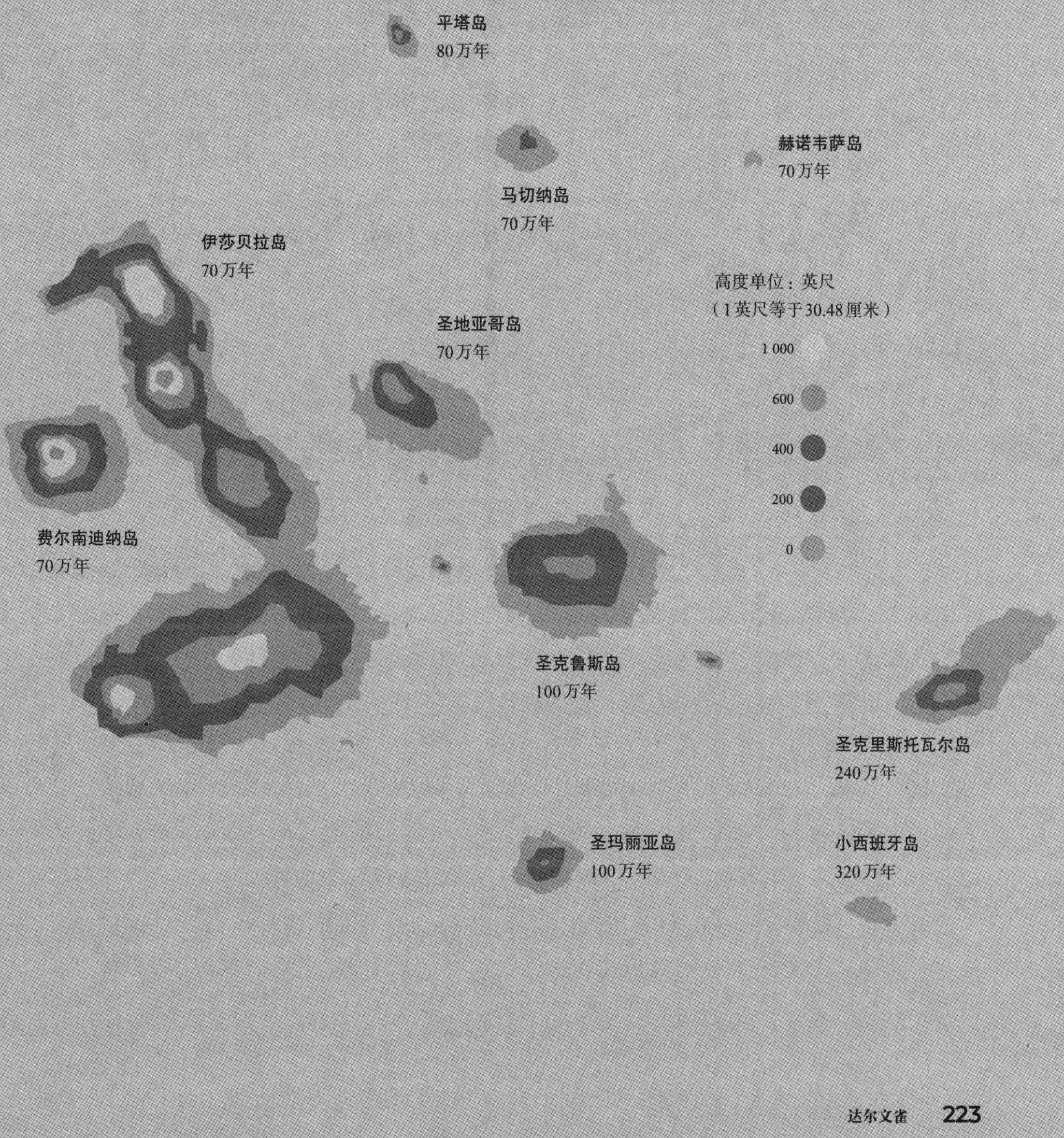

为未来而战

死亡是生命的事实，灭绝是地球上生命的事实。但这些事件可以是开始，也可以是结束。大灭绝为生命的飞跃创造了机会。加拉帕戈斯群岛突然从海洋中诞生，为适应性辐射的优雅展示提供了舞台，但世界大灭绝导致了全地球范围的辐射。

恐龙和其他大型陆地脊椎动物的灭绝，使哺乳动物得以扩展到它们留下的生态位。当恐龙还存在的时候，与它们一起生活的早期哺乳动物形态多样，但体型有限，体重超过10公斤的物种很少。今天，陆地和海洋中最大的动物都是哺乳动物，但再过几百万年，完全不同的东西可能会取代它们。人类或许不会在一旁将这些记录下来，但另一个智能物种可能在那里。

进化、生物多样性和系统发育的研究在实验室、化石层的岩石表面、森林中心和海洋深处进行。做这些研究的人自己也在继续进化——作为一种文化，同时也是一个物种，进化得非常迅速。一个漫长、缓慢、痛苦和必要的转变正在发生，它将我们从一个像其他物种一样为自己着想的物种，变为一个可以向外张望，帮助地球上其他生命繁衍生息的物种。我们需要为了我们自己的生存而实现这一目标，也许还需要为了我们作为一个物种的完整性而实现这一目标，这个物种已经进化出一种对生活世界的欣赏，它有着所有的辉煌色彩和最终不可分类的多样性。

当为其他物种灭绝而产生的悲痛似乎无法消解时，我们或许可以从史前的教训中得到一些安慰：大规模物种灭绝已经发生过好几次，之后的生活也发生了翻天覆地的变化。尽管我们可能会比我们希望的更快地加入灭绝的99%，但在地球被太阳吞噬之前，似乎可以肯定的是，不管怎样，它的生命之树将继续生长。

◄ 这是挖掘菊石化石的现场。我们星球的生物历史保存在岩石中，但是，地球生物的未来远非一成不变。

从大约5.4亿年前的古生代开始，这个星球上的动物生命就在多样性中成长，但这种多样性被五次大规模灭绝所打断。在每一次大灭绝之后，一系列新的生命形态会辐射到那些消失物种所腾出的生态位中。

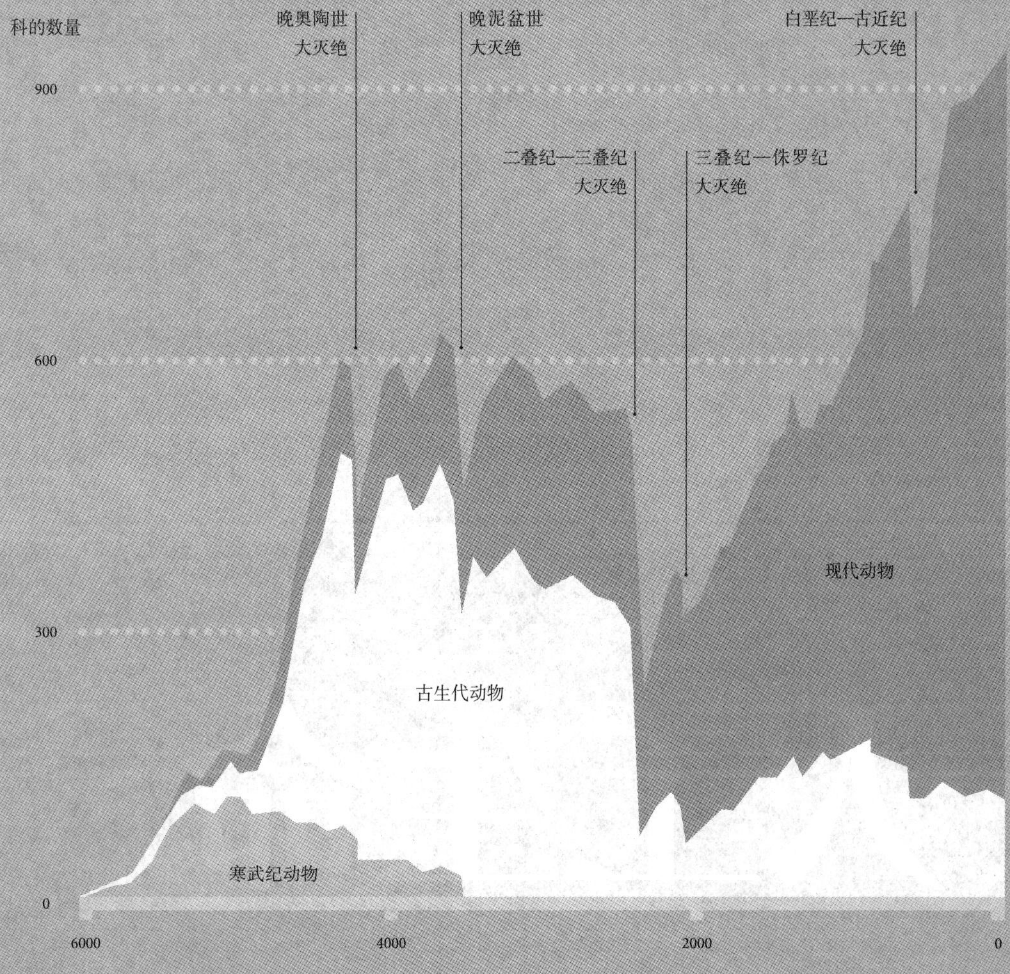

10½

人工生命

人工生命

界　未分类
门　未分类
纲　未分类
目　未分类
科　未分类
属　未分类
种　未分类

通过许多科学方法，人类每年都在更多地了解地球上的生命——包括人类自身——是如何进化的，以及还会如何继续进化。然而，尽管数百年来积累了各种各样的知识，但生命的本质，生命的火花，仍然难以捉摸。也许对它的研究超出了科学的能力范围，但试图创造某种人工生命仍然是一种合法的科学追求。

创造人工生命的想法让一些人感到兴奋，而另一些人则深感不安。对于生命的本质究竟是什么，当然需要进行特别深入的哲学思考：一个生物如何知道它是活着的，它的同伴是活着的，或是已经死了？我们很难确定不同种类的动物在遇到死亡时对死亡的认识程度。人类非常清楚死亡，而智人也许是唯一一种敏锐地意识到自己会不可避免地死亡的动物，无论每个人的死亡有可能出现在多远的未来。

当一个生物死亡时，发生的一些变化很容易被定义和描述：反应结束，生命的生化和生物过程停止。身体通常会被其他生物或其他东西所消耗，尽管这并不一定会发生。有时，一个死亡的有机体可能会在环境条件下保存多年甚至数百年而完好无损，这取决于死亡的确切地点。与之相似的是，一些人已经安排在死后将身体冷冻，希望未来的技术能够让他们复活。然而，在那之前，那些冰冻的尸体并不比装着它们的冰柜更具生命力。

今天，人类能够制造大量的物件，其中一些表现出表面的生命特征。拿最基本的来说，机器人吸尘器可以自行移动，似乎可以决定去哪里；例如，它会改变路线，而不是从楼梯上摔下来。一种更复杂的结构是植入人的胸部的起搏器，它可以在必要时发出电信号，鼓励不健康的心脏以正常的、维持生命的节奏跳动。要做到这一点，它需要感知宿主的心率、呼吸频率和身体运动，并对其做出反应；它尽管完全是人造的，但像一个完整的活器官一样有效地发挥作用。

还有许多计算机程序被设计用于模拟自然过程（例如一群鱼或鸟近乎同步的运动，动物可能会学习用这种方式在迷宫中导航），甚至模拟通过自然选择而开启的进化过程。然而，创造出真正符合生命形式的东西是另一回事。

▲ 第 226—227 页：机器在处理某些认知任务方面比普通人脑要好得多，但我们还没有创造出任何类似人类意识的东西。

人工选择

完整的人工生命的建模最好被视为一条线的终点，这条线的起点是从探索人为修改自然生命的方法开始的。优生学的概念将这一观点带入了相当不光彩的境地，其支持者主张使用选择性培育（以及选择性谋杀或绝育），按照预先确定的、通常对什么可能是“最佳”人类特征有高度偏见的想法来塑造人类群体。

虽然自然选择使生物种群更适合其环境，但自从开始种植作物和饲养家畜以来，我们就一直在对它们进行“人工选择”，人类的欲望施加了选择压力。

第一批在家畜上使用人工选择的人不会知道遗传的细节，但肯定会注意到许多性状似乎是遗传的，它们“繁殖对了”。例如，两只较大的绵羊产的羊羔比一对较小的绵羊产的羊羔更大，而产奶最多的母山羊可能会把这种特性传给它的女儿们。有选择性地培育那些结出最多果实或种子的植物，也是值得的。

今天，许多驯化的动植物物种通过选择性培育得到了极大的改变，几乎与野生祖先没有什么相似之处。最初，选择性培育完全是出于实用目的。就家鸡而言，它是从印度雉科的一员——红原鸡培育而来的*，一些品系是为肉用而培育的（因此选择了最大、最重的鸟类进行繁殖），另一些则是作为产蛋品种而培育的（因此选择了产蛋量最大、最美味的雌性用于未来的繁殖）。

狗也被驯养了很长时间，最古老的狗遗骸的基因与现代狗相似，可以追溯到大约15 000年前。起初，这些狗会在狩猎中充当助手，但今天它们有其他许多“工作”，包括直接的陪伴。早在40 000年前，它们的遗传途径就开始与它们的祖先物种灰狼分道扬镳。现代灰狼在基因上明显不同于家养狗和家养狗所源出的早已灭绝的狼群。

► 这是一只雄性红原鸡，该物种是世界上数十亿只家鸡的祖先。

* 有研究认为，中国西南、泰国北部、缅甸等地很可能是家鸡的起源地和驯化中心。——译注

驯养杂交

家养狗有300多个不同的品种，在外观上表现出巨大的多样性。这些品种属于为特定目的选择性培育的“家族”：有一些用于放牧，有一些用于追逐跑得快的猎物，有一些用于通过气味追踪猎物，有一些用于保护财产，诸如此类。为了反映数千年来的分化，家养狗被归为狼的一个亚种，拉丁文名为*Canis lupus familiaris*。

虽然家养的西伯利亚哈士奇更像野生灰狼，而不像哈巴狗或灰猎犬，但大多数犬种最多只存在了几百年。这个时间段还不够长，除了表面上的变化，其他东西都不能被培育到它们的基因组中：哈士奇、哈巴狗和灰猎犬仍然将彼此——以及它们自己——视为狗。由于身高的原因，它们可能无法进行身体上的交配，但它们的配子在结合上不会有困难，从而产生与父母任何一方一样的“狗”的杂交后代。

在生物学家那里，选择性培育的家畜品系被称为品种，而不是物种，两个品种之间杂交产生的是杂交品种，而不是杂交种。犬类的选择性培育是否最终会产生一种应该被视为完全独立的物种，将取决于人为规定的分类线被画在哪里。

在狗的世界里，选择性培育可以增强和传播农夫或狗饲养者喜欢的性状；但在其他领域，也可以通过将不同的物种混合来引入（或尝试引入）理想性状。例如，世界各地种植的普通小麦（*Triticum aestivum*）每年产量近8亿吨，它长期以来一直被认为是一种杂交小麦，对其染色体的分析揭示了其祖先中的三个不同物种：乌拉尔图小麦（*Triticum urartu*）、拟斯卑尔脱山羊草（*Aegilops speltoides*）和节节麦（*Aegilops tauschii*）。选择性培育在创造富含脂肪的种子方面发挥了重要作用，这些种子喂养了全世界这么多人。

同样，虽然狗是狼的一个亚种，但其他一些

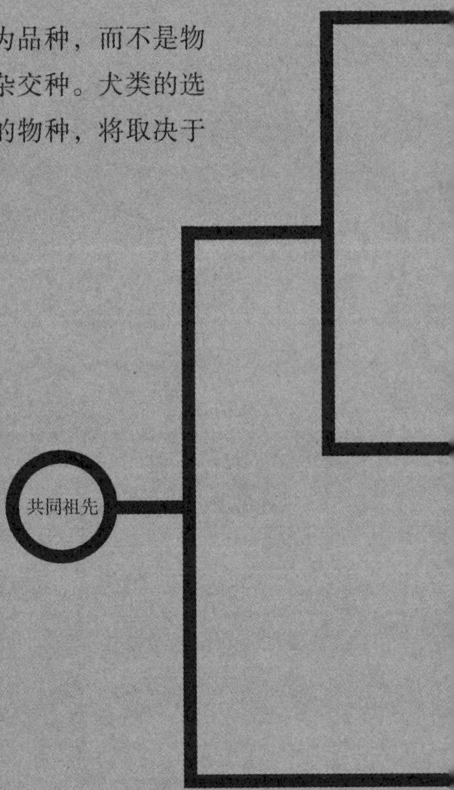

家养动物通常被视为与其祖先不同的物种，例如家猫（*Felis catus*）就是非洲野猫（*Felis lybica*）的后裔。长期以来，家猫被选择性地培育，以提供比其野生祖先非洲野猫（棕色的皮毛上带有深色条纹）更多的皮毛颜色。这些新颜色最初都是通过自然变异产生的，但经过选择性育种后，它们会传给后代。

然而，在将亚洲豹猫引入家猫基因池之前，家猫身上从未出现过玫瑰花结图案（中心呈淡黄色的斑点）。这种野生猫科动物身上有着美丽的玫瑰花结图案，这种图案被传给了一些第一代家猫/豹猫杂交种。如今，孟加拉猫是一个公认的品种，尽管该品种已经与家猫回交，豹猫基因在其基因组中所占的比例不到10%，但大多数孟加拉猫都有引人注目的玫瑰花结图案。

这是家养狗及其近亲的谱系。狗和灰狼都被认为是狼（*Canis lupus*）的亚种，而郊狼与狗、灰狼的亲缘关系仍然很密切，能够与它们一起繁殖，并分别产生“郊狼–狗”和“郊狼–狼”杂交种。

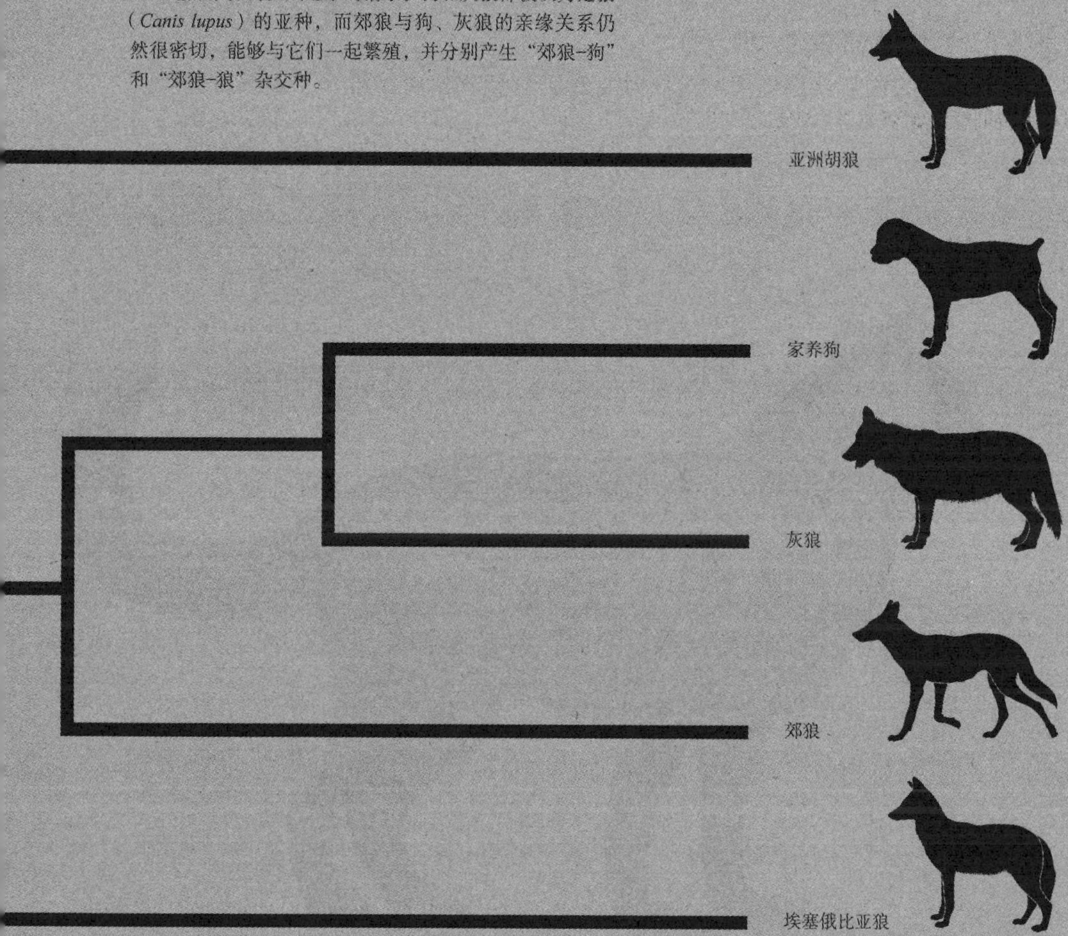

驯化实验

我们熟悉的家养动物与人类生活在一起的时间如此之长，以至于几乎没有关于驯化过程是如何开始和发展的记录。然而，在20世纪50年代末，一位名叫德米特里·别利亚耶夫的俄罗斯科学家对这一概念产生了兴趣，并开始了一项实验，对一个以前没有被驯化的物种进行研究。别利亚耶夫选择了银狐——这是广泛分布的红狐（*Vulpes vulpes*）的一种颜色变种——并与他的实习生建立了繁育基地。然后，他们从俄罗斯各地的毛皮农场收购狐狸幼崽，选择了100只雌狐狸和30只雄狐狸，并且只挑选那些在笼子打开时仅表现出微弱恐惧反应的狐狸。这些动物被饲养在一起，幼年时就被人用手抚摸和喂食。每一代里最驯服的幼崽都会留在这个项目中。

这项密集的、严格组织的选择性育种计划旨在培育一批有“驯服基因”的

银狐的选择性培育既使银狐更温顺，也导致了某些结构性特征的发展，这表明控制这些特征的基因可能在集群中被激活。下垂的耳朵、短短的吻部、卷曲的尾巴和新的颜色模式在谱系中出现，这在其他一些驯化物种中也有反映。

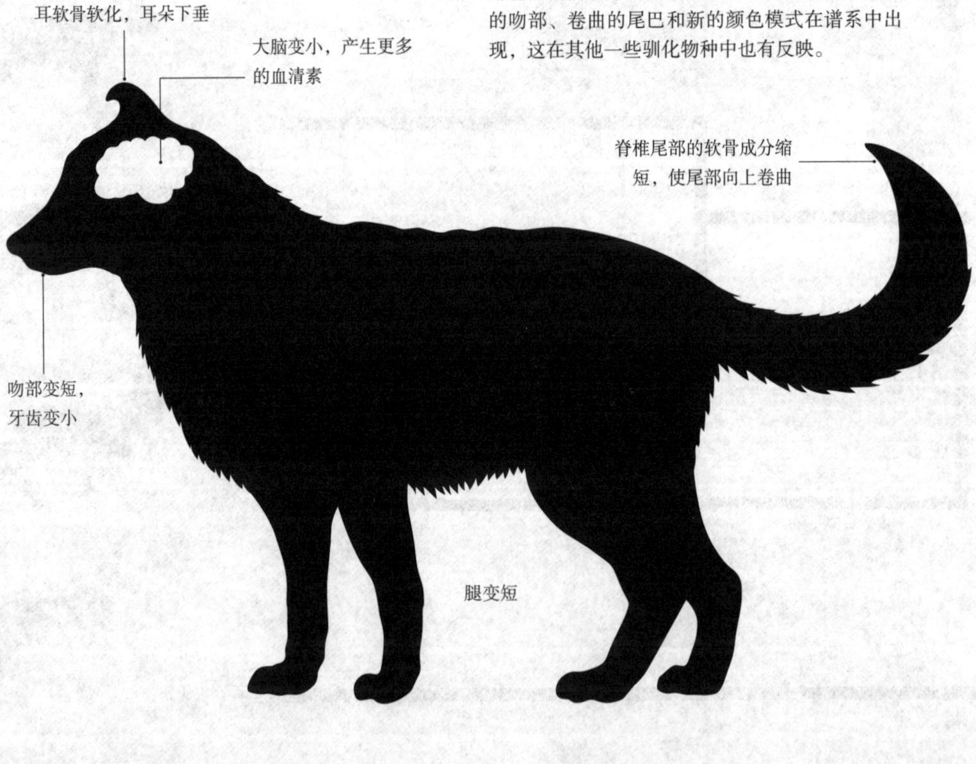

◄ 德米特里·别利亚耶夫逗弄着他的一只驯顺的狐狸。他的开创性实验为动物驯化背后的遗传学提供了新的线索。

狐狸，并在很短的时间内取得了显著成果。到了第四代，幼小的狐狸们开始积极寻找饲养员的陪伴，并表现得十分亲近人。也许是为了吸引人类的注意，它们开始对野狐发出不同的叫声。

然而，真正让研究人员感到惊讶的是，其他广泛的特征也开始出现了。尽管用于繁殖的狐狸是在温顺的基础上挑选出来的，但随着实验的进行，狐狸开始发展出其他家养哺乳动物所具有的特征。首先，它们竖起的耳朵开始下垂，尾巴卷曲，出现了新的颜色变体——花斑、白色和斑点。在进一步的实验过程中，它们的吻部和腿变短了，所以成年后仍保持着幼崽的外观。它们在更年轻的时候就性成熟，繁殖季变得更长。生化变化也被注意到了：它们的大脑中血清素含量较高，而血清素是一种与攻击性降低相关的神经递质。这项研究似乎表明，性状和影响性状的基因可以集群发挥作用；因此，虽然你可以选择一种性状，但其他性状也会随之产生。这个实验也强烈暗示了表观遗传效应。

这项研究至今仍在继续，研究人员在驯化的狐狸和“自我驯化”的人类之间做出了一个有趣的类比。人类的进化过程依赖于一个密切合作的社会，也涉及一种选择性的压力，即更宽容、侵略性更少和更友好。虽然我们倾向于认为，我们有组织的社会是人类智力迅速发展的产物，但也许恰恰相反，正是通过增强的社会性，我们创造了鼓励更高智力进化的生活条件。

人工生命：为什么？

选择性培育允许人类改变其他物种的基因组，但方式非常不精确。有性生殖包括来自父母双方各50%的基因的随机组合，因此所需的性状可能会被传递，也可能不会被传递。在银狐研究中，每一代中只有大约10%的个体被保留下来，作为繁殖动物，其余的90%被排除在外。

然而，随着细胞生物学技术的日益成熟，直接改变基因序列成为现实。1968年，微生物学家沃纳·阿伯发现了可以在特定位置破坏DNA分子的酶。到了1973年，斯坦利·科恩和赫伯特·博耶发明了重组断裂DNA链的技术。他们将重组DNA放入大肠杆菌中，并注意到细菌细胞能够正常繁殖。

今天，微生物学家可以很容易地利用基因工程使细菌产生特定的蛋白质类型。新的DNA（取自另一种生物体）被放入细菌细胞中，然后细菌合成蛋白质。其他生物体，包括病毒、酵母、植物和动物，也可以用来生长特定的蛋白质；例如，乙型肝炎疫苗的成分之一是由酵母细胞产生的，酵母细胞中插入了乙型肝炎病毒的基因。一些医疗产品，如人类生长激素，也是通过对长期建立起来的人类细胞实验室谱系进行基因工程改造而产生的。

处理对农作物造成严重损害的害虫是这门科学的另一项应用，它会直接操纵这些害虫的遗传密码，以影响其繁殖、代谢和其他关键的生存功能。例如，我们可以培育能够交配但不育的转基因害虫种群，大量释放此类昆虫意味着下一代的数量将少得多，因为大多数交配不会导致成功的繁殖。与此同时，作物本身能够通过基因工程改造来抵抗攻击，其方法可以是使它们的组织对害虫而言有毒，但是随着时间的推移，进化很可能导致害虫对毒素产生抗性。

► 现在我们可以操纵哺乳动物（如老鼠）配子的遗传密码，制造突变个体。

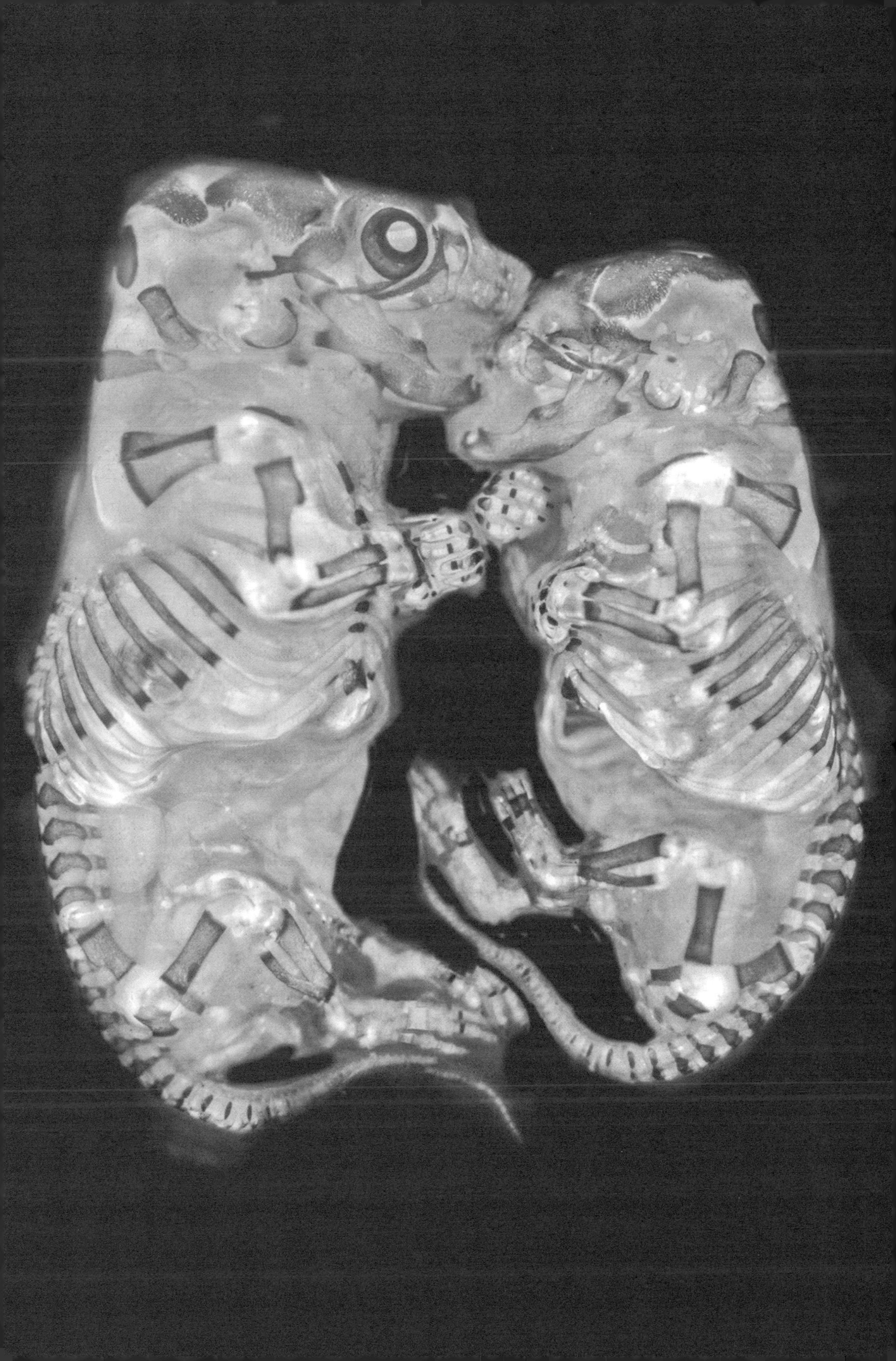

控制论

几十年来，科学和科幻小说一直致力于将活体组织与非活体的功能性部件紧密结合。如前所述，起搏器是一种人工制造的机器，可与人体内的活体有机组织进行沟通，并直接影响这些组织。由金属和塑料制成的人工关节也经常被植入衰老的人体，以取代其自身的天然（但失效的）关节，并与活体组织结合。但这一过程还能走多远呢？大脑能被会计算和学习的电脑所取代吗？

目前还没有一台电脑具有像人脑那样的处理能力，但脑电图（EEG）技术已经开发出来，它可以使大脑和电脑直接交互。该机器检测大脑活动，并将其转换为通过其他机器（例如电灯开关的控制器）执行的外部动作。脑电图技术也被用于在两只或更多动物之间创建“网络化”大脑。在这样的一项研究中，三只猴子的大脑连接在一起，通过集体决策，它们能够执行比单只猴子所能处理的更复杂的任务。

同样的技术也被用来让严重瘫痪的人更充分地与周围的世界互动。2006年，一位脊髓麻痹患者安装了一种植入物，它使他能够用大脑控制电脑光标。脑机接口工作的其他显著成功案例包括在部分瘫痪患者身上安装大脑植入物，使他们能够仅仅通过思考来控制机械臂。用于这些系统的植入物最初具有很高的侵入性和潜在的危险性（随着时间的推移，有时使脑组织受损和留下疤痕），现在侵入性较小的方法已经得到了发展。

有远见的埃隆·马斯克旗下的神经链接公司继续致力于改进脑机接口的方法，使用比人类头发细得多的线在大脑和机器之间传输电信号。这些细线不太可能对人体造成伤害，并能被更精确地放置。虽然开发这些类型的接口主要是为了帮助残疾人，但这项技术在未来可能对健康人来说会有更广泛的用途，并有助于激活或甚至潜在地替代阿尔茨海默病等疾病患者的脑组织。

探索这些想法的科幻小说在更广阔的领域表明，在遥远的未来，人类可以将自己的思想和记忆直接下载到硬盘上，甚至可以将自己的整个意识转移到新的宿主身上。这些想法很吸引人，值得深思，并引发了一些非常复杂的哲学难题。如果人类不能在垂死的太阳吞噬家园之前逃离地球，那么人类的本质也许可以用“记忆驱动器”的形式保存下来，这种驱动器被加载到火箭上，并被发送到远离地球轨道的地方。

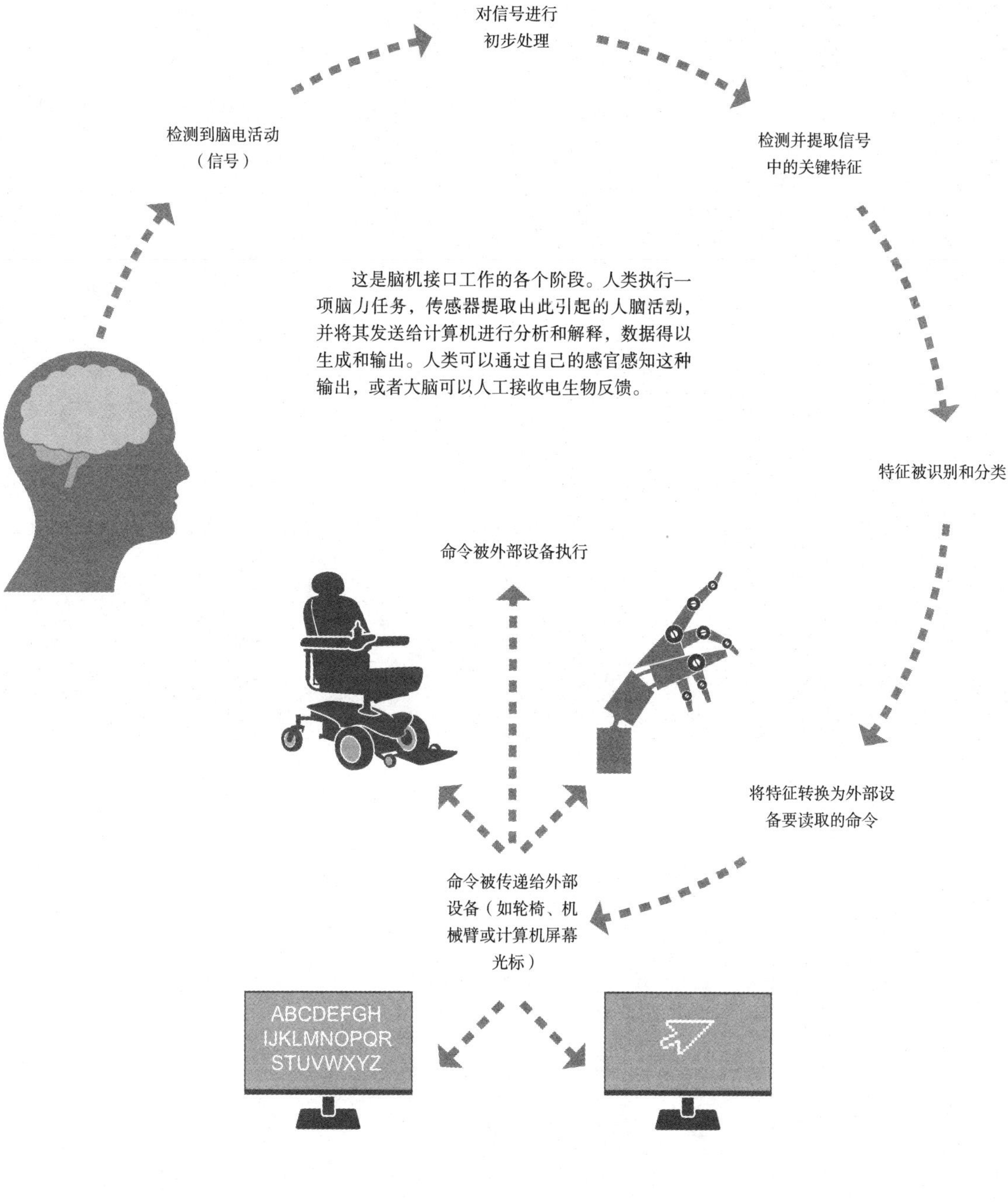

这是脑机接口工作的各个阶段。人类执行一项脑力任务，传感器提取出此引起的人脑活动，并将其发送给计算机进行分析和解释，数据得以生成和输出。人类可以通过自己的感官感知这种输出，或者大脑可以人工接收电生物反馈。

生命建模

虽然所涉及的技术仍处于起步阶段，但科学家已经可以在实验室中对生命进行重大的修改。然而，利用非生命成分创造有生命特征的新事物则是另外一回事。有许多可能的方法来应对这一挑战，其中之一就是使用计算机模拟。

“基因池”是一个计算机程序，由美国软件艺术家杰弗里·文特雷拉于20世纪90年代末编写。它通过自然选择对进化进行了简单但有效的模拟，其起点是一只虚拟的水箱，里面堆满了食物颗粒和一群“游泳机器人”——一些随机生成的生物，它们试图通过扭动身体部位来游泳。

每一个游泳机器人都有一个遗传密码，它决定其大小、节数、形状（枝状或杆状）、颜色和运动速度。游泳机器人的生命有两个目标：觅食和交配。当它的能量很高时，它会寻找配偶；但当能量水平下降到一定程度时，它会放弃这

种追求，转而寻找食物，只有在恢复了能量后才重新开始寻找配偶。当一对游泳机器人交配时，它们的后代会随机地以50∶50的比例继承它们的性状，并伴随着一些新的“突变”。游得好的会活得更长，产下更多的后代，而那些游得弱的会在很小的时候饿死，不会留下后代。

随着时间的推移，虚拟水箱中的种群不再是随机和变化的，而是会“进化”成几个不同的“物种”。它们可能长得完全不同——比如像蠕虫或像鱿鱼，大或小，色彩鲜艳或单调——但它们的共同点是游泳的速度和效率远远高于它们的祖先。

由于多种原因，“基因池”是通过自然选择进行进化的有效模型。每次模拟程序运行时，结果都不同；在某些情况下，如果没有优秀的“游泳者”进化，整个种群很快就会灭绝。遗传漂变也很明显，因为一只水箱通常会很快充满体形相同的快速游泳生物。这种受欢迎的体形可以持续数千代，但在整个种群中仍会看到不影响其生存的性状的随机变化，例如颜色的变化。

▼ 进化模拟器“基因池”正在运行。图1显示了一只新的水箱，里面挤满了随机的游泳机器人。图2显示了经过30分钟自然选择的同一只水箱。从随机的创始种群中，进化出了两个高效游泳的“物种”；二者都像乌贼，但一个为红色，大而细长，另一个为蓝绿色，小且粗短。

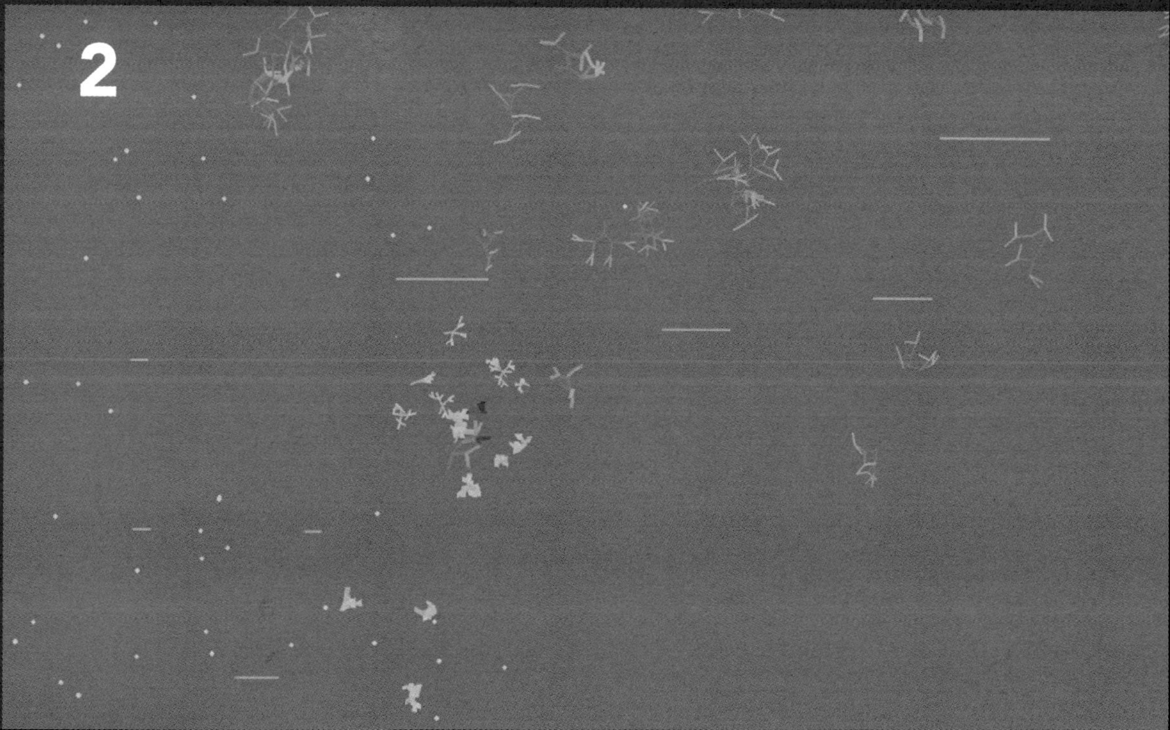

非机器人的机器人

“开放蠕虫”项目的科学家们正试图在电脑上创建第一个虚拟生物，他们绘制了秀丽隐杆线虫（*Caenorhabditis elegans*）的整个大脑。然后，科学家们创建了一个软件来模拟它的大脑（由302个神经元组成），完成了大脑的所有连接，并将其放入一个简单的乐高机器人中。当机器人被激活时，它会表现出它所模仿的线虫的典型行为，当它的食物感应“大脑”区域受到刺激时，它会脱离接触并向前移动。

电脑模拟也被用于尝试提供具有人类水平的人工智能。在过去的几十年中，人们曾多次尝试创建一个通过“图灵测试”的对话电脑程序，这意味着它可以与人类用户进行非常顺畅的对话，以至于外部人类评估师无法判断对话伙伴中的哪一个是机器，哪一个是真人。为了创建这样一个程序，程序员必须赋予机器应用推理的能力，使其拥有一个能够通过学习而扩展的知识库，并以一种自然的、类似人类的方式组合单词。然而，到目前为止，还没有一台机器通过扩展版“图灵测试”。

另一个成果颇丰的研究领域是创造出能够像生物一样行动，甚至能够经历进化过程的移动机器人。如今，移动机器人可以像四足哺乳动物一样奔跑，或者像双翅目昆虫一样飞行，同时在三维空间中绕过障碍物。机器人学专业的学生当中最流行的项目创意之一，就是设计一种机器人，它能够通过从错误中学习来逃离迷宫。

但是，这些创造物是否符合本书第44页对生命的定义呢？虽然上面描述的人工生命模型满足其中一些标准，但它们不能满足所有的标准。也许人类可以制造出满足所有条件的东西，一直到膜细胞的层次，但这不是科学家的优先事项：制造有实际用途的仿生机器或设计有实际用途的仿生模拟，比试图完美复制自然的、有机的、进化的生命更为重要。尽管如此，一些非常像生命的实体已经在实验室中被创造出来，但它们是否可以被视为生命形式，是哲学家的问题，而不是生物学家的问题。

► 著名的人形机器人“索菲娅”由汉森机器人公司于2016年创造。她会说话和学习，并展现适当的面部表情。

“真正的”生命

全新世的大灭绝正在发生，越来越多的人开始意识到这场危机的规模。人类的需求和庞大的人口造成了如今可能无法弥补的大规模环境变化，虽然让整个地球失去生命的前景已经足够令人震惊，但更可怕的是意识到目前没有其他星球可以逃往。人们对此的反应各不相同。有些人因为恐惧、怀疑而忽视了这种情况，或者认为时机已经失去而听之任之；而另一些人则在醒着的每一刻尽其所能——在个人层面上——避免这种情况，希望现在还为时不晚。

与此同时，其他人也在努力应对迫在眉睫的灾难，以便人类能够继续成功地生活在一个不再对生物友好的世界里。我们吃的很多食物都来自由昆虫授粉的植物，但如果有一天这些昆虫消失了呢？飞行机器人传粉者的想法多年来一直出现在科幻小说中，但可能很快会成为现实。荷兰代尔夫特理工大学开发了一些前景看好的原型，即代尔夫特无人机，它可以快速转弯和慢速盘旋，同时每秒拍打膜状翅膀17次。无人机需要空间传感器才能找到花朵并避开障碍物，但开发人员估计，最迟到2028年，无人机将能够为温室植物授粉。

太阳产生光子，这是一种能量来源

植物对地球上其他几乎所有生命都至关重要，这要归功于它们消耗二氧化碳和释放氧气的活动。我们为了自用而播种的植物对这项任务的贡献远不及热带雨林，而这些森林的贡献，相对于海洋植物和藻类组成的海底森林的贡献来说，又相形见绌了。我们当前的工业活动，意味着地球大气层中的二氧化碳含量正随着21世纪的发展急剧上升，而地球正在迅速失去陆地和海底森林。因此，多余的二氧化碳并没有像需要的那样迅速被清除，而且二氧化碳含量升高的大气吸收了更多的热量，地球正在变暖。

但是，植物可以被一个或多个具有相同作用的人造替代系统所取代吗？人工光合作用并不是一个新概念，而且太阳能电池已经被广泛运用。然而，光合作用涉及利用这种能量将二氧化碳转化为其他分子，而为此开发的人工化学过程迄今为止效率太低，并且过于依赖稀缺的纯元素，无法被大规模应用。如果我们要用技术取代植物，我们将需要开发能更有效地利用阳光的太阳能电池，以及新的或改进的方法，即用化学方式来分解收集到的二氧化碳，并将其转化为更复杂的有机分子，以作为燃料。

正如我们所知，地球上的生命离不开植物和其他光合生物，而它们是通过利用太阳能的可再生（目前）能源来生产食物和释放大气中的氧气，从而推动整个过程的。大规模创造人工生命的尝试需要从复制这一过程开始。

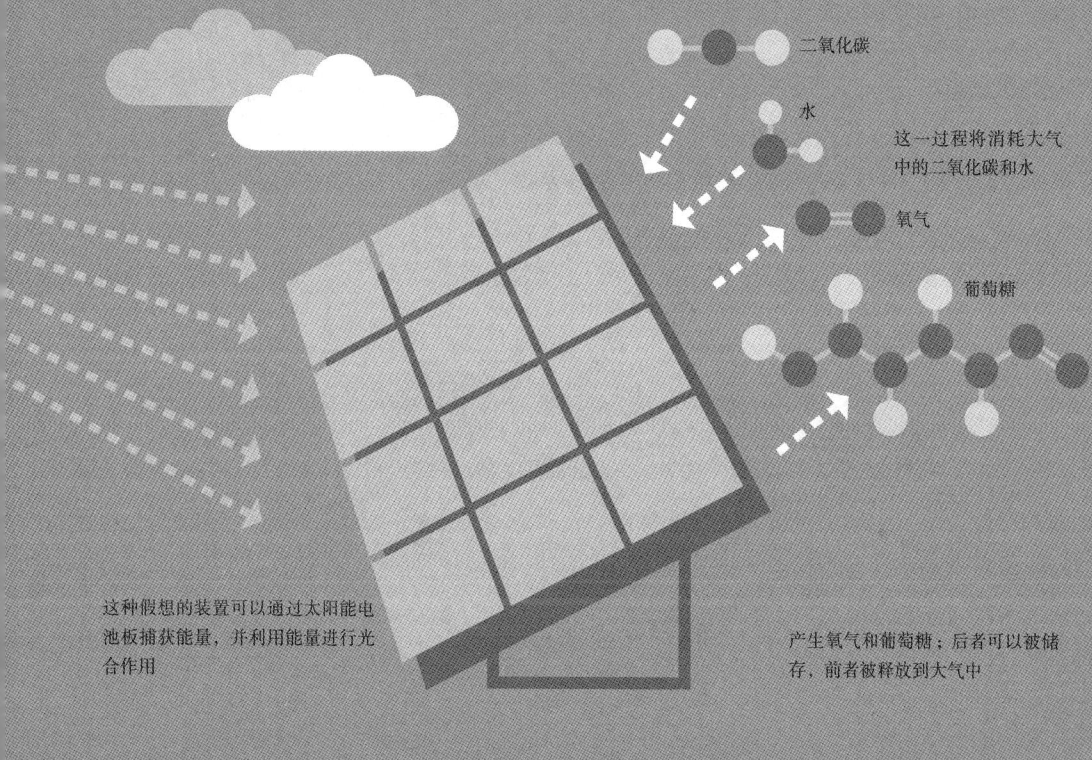

火车头和人造食物

纵观现代人类进化史，人的许多需求和欲望都通过其他生物得到了满足，但现在情况已不再如此。被驯化和训练过的马、骆驼和大象曾载着我们，比我们自己走得更远、更快，而如今它们在世界大部分地区已被轮式机器所取代；曾经用来捕捉其他动物以作人类食品的猛禽和狗，已经被弓与枪所取代；蚕茧和羊毛被人造的塑料纤维所取代。这样的事情还在继续发生。

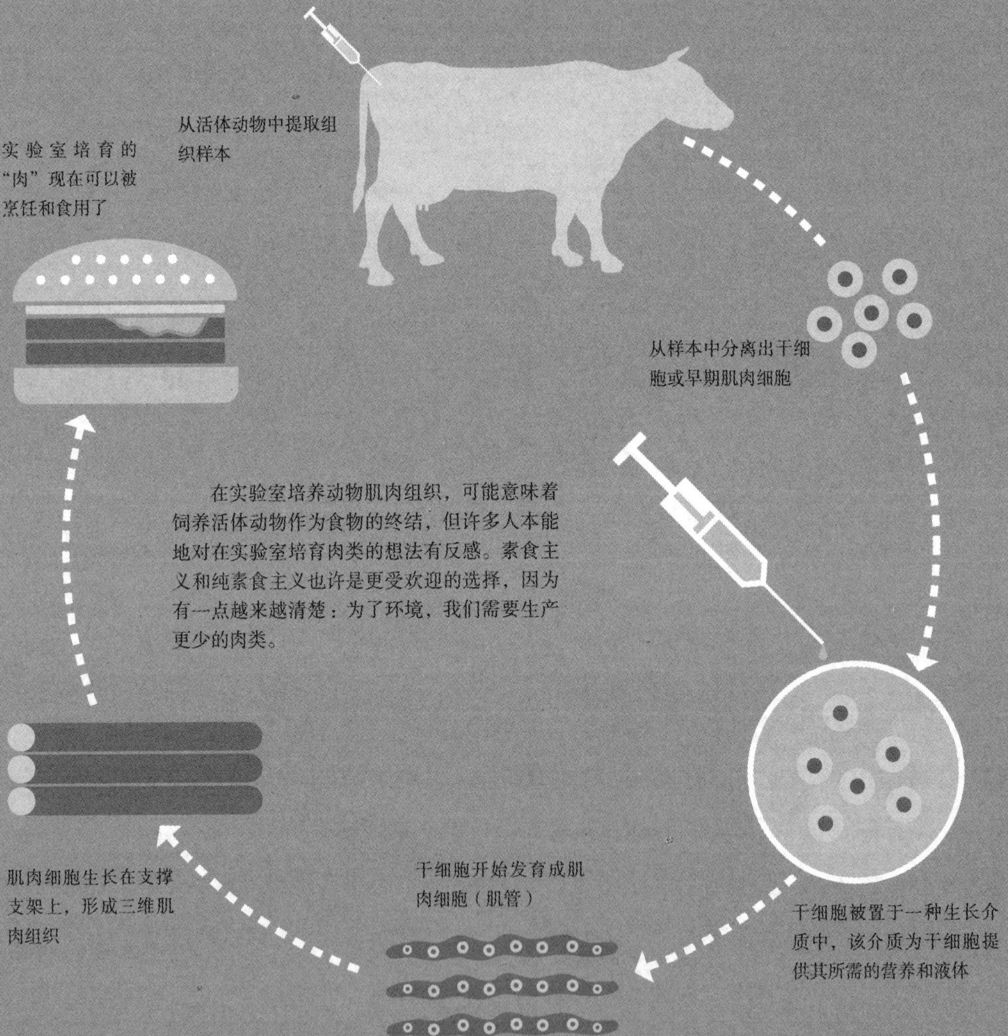

在实验室培养动物肌肉组织，可能意味着饲养活体动物作为食物的终结，但许多人本能地对在实验室培育肉类的想法有反感。素食主义和纯素食主义也许是更受欢迎的选择，因为有一点越来越清楚：为了环境，我们需要生产更少的肉类。

▲ 如果作物种植于封闭和被严格控制的环境中，那么机器人可以有效地为花朵授粉。

随着过去几个世纪的技术进步，我们对动物的需求减少了，尤其是在发达国家。然而，为了生存，我们仍然需要食用来自植物、动物和真菌的有机物，而地球上的空间以及种植作物和饲养牲畜所需的资源，是造成地球当前环境问题的重要因素。

那么，是否有可能（也许更好）人工制造可食用有机物呢？科学家已经开始在实验室里“培育”牛肉、鸡肉和鸭子，而不需要真正的活体动物，虽然目前这一过程效率很低（而且不是每个人都喜欢食用实验室制造的肉），但这可能是一种对环境的破坏性小得多的制造和消费肉类的方式。人工光合作用也可能是一种可行的食物制造方法，尽管其形式与我们以前吃过的食物不同。

最终，利用技术复制生命——或至少复制生命的某些方面——可能是我们生存的最后希望。我们可以采取的最绝望的步骤是离开这个星球，在其他地方重新开始——要么在一个已经进化出生物生命的星球上，要么利用一切可能的生物工程方法，将一个没有生命的星球变成“第二个地球”。实现这一目标所需的技术是否超出了人类的能力，还有待观察；但无论发生什么，无论生命存在于何处，生命之树都将继续生长，抽出新的嫩枝，它们终有一天会变成新的树枝。

致谢

首先，我要感谢尤尼出版社的团队对本项目的支持。我最初与奈杰尔·布朗宁讨论这些提议，他推动了事情的进展，并让我与凯特·沙纳汉取得了联系。凯特关于如何组织这本书的想法非常鼓舞人心，她从第一天起就对这个项目充满了热情。本项目随后由娜塔莉亚·普莱斯·卡夫雷拉管理。2020年初，随着新冠肺炎的到来，地球生命的故事发生了意想不到的转折，给我们的工作生涯以及其他一切都带来了挑战。即使在这样的时刻，她也以令人钦佩的稳健之手指导着一切。

我还要感谢克里斯·加图姆编辑文稿并找到这些精彩的图片，韦恩·布莱德做了精彩的设计，约翰·伍德科克和韦恩制作了漂亮的插图——这是一个巨大的挑战，但最终的结果不言而喻。我也非常感谢娜塔莉亚校对了排好版的最终文本。

我对整个科学界深表感谢，他们在野外与实验室中的努力产生了如此多的数据和见解。生物分类领域长期以来对我有着深刻的吸引力，尽管它的形象曾经有轻微的问题，使人觉得这是一门相当枯燥、尘土飞扬的“过气科学”，属于博物馆而不是“真实世界”。由于DNA测序的出现，它在生物科学前沿的重生是一个令人愉快的过程，尤其要感谢该领域的先驱们，以及他们为了使这个新世界被所有人看到和理解所做的努力。

最后，感谢我的朋友和家人对这个项目的支持与兴趣，尤其感谢那些读了我的文稿并提供了非常有价值和诚实的反馈的人。这是给你们所有人的——我最喜欢的人类同胞们。

术语表

等位基因（Allele）

基因的替代版本。新的等位基因通过基因突变而形成。不同的等位基因构建不同的蛋白质。

氨基酸（Amino acid）

构成蛋白质的分子，由碳、氢、氧和氮形成。

细胞（Cell）

一种活的、独立运作的显微结构，由细胞膜和其包裹的细胞质组成。是构建复杂生物体的单一单元。

细胞核（Cell nucleus）

含有细胞染色体的细胞器。

细胞复制（Cell replication）

作为生长或繁殖的一部分，一个细胞分裂为两个；是一个从创建细胞染色体的新副本开始的过程。

染色体（Chromosome）

一段DNA，包含数千个基因。在大多数生物体中，染色体成对存在，并且存在于生物体的所有细胞中。

分支（Clade）

由共同祖先及其所有后代组成的一组相关生物。

分支系统学（Cladistics）

根据进化原理进行的生物分类。

纲（Class）

分类等级。由一组关系密切的目组成。

分类（Classification）

参见“分类法”词条。

保护（Conservation）

试图增加野生动植物的数量，保护它们及其栖息地不受破坏的做法。

脱氧核糖核酸（DNA, Deoxyribonucleic acid）

一种具有双螺旋结构的分子，基因和染色体由其形成。

生态系统（Ecosystem）

相互依存的有机体群落。

真核生物（Eukaryote）

有复杂细胞的有机体，包括一个细胞核和多个细胞器。

进化（Evolution）

通过基因突变和自然选择，群体内性状随时间而变化的过程。

科（Family）

分类等级。由一组关系密切的属组成。

配子（Gamete）

一种性细胞（卵子或精子）。与另一种细胞结合，形成一种新的生物。

基因（Gene）

染色体中 DNA 的一部分，这种染色体为制造一种特定的蛋白质提供编码指令。

基因突变（Gene mutation）

一个基因在细胞复制过程中发生错误而产生改变。配子内的突变可能会遗传给后代。

基因组（Genome）

特定有机体所拥有的全部基因。

属（Genus，复数为 genera）

分类等级。由一组关系密切的种组成。

界（Kingdom）

分类等级。由一组关系密切的门组成。

单系的（Monophyletic）

指一组有机体，由共同祖先及其所有后代组成。

自然选择（Natural selection）

生物种群更好地适应其环境的过程，因为只有具有“最佳”性状的个体才能生存和繁殖。

包含型等级系统（Nested hierarchy）

分类学排序的本质——几个种被包含在一个属中，这个属是一个科中的几个属之一，依此类推。

目（Order）

分类等级。由一组关系密切的科组成。

细胞器（Organelle）

真核细胞内具有特定功能的结构；例如，核糖体是参与蛋白质合成的细胞器。

有机化学（Organic chemistry）

生物的化学，涉及主要由碳、氧和氢形成的分子之间的相互作用。

有机体（Organism）

任何种类的独立生命实体。

系统发育（Phylogeny）

确定一个物种或其他分类群进化历史的科学。

门（Phylum，复数为 phyla）

分类等级。由一组关系密切的纲组成。

原核生物（Prokaryote）

一种简单的单细胞有机体，如细菌。缺乏细胞核和大多数细胞器。

蛋白质（Protein）

一种有机分子，包含一条氨基酸链。蛋白质种类繁多，在细胞和生物体中具有多种功能。

核糖核酸（RNA, Ribonucleic acid）

一种具有单螺旋结构的分子，参与染色体复制和蛋白质合成。

物种形成（Speciation）

随着时间的推移，一个创始物种变成两个物种的进化过程。

种（Species）

在外表、生理和遗传组成上相似的生物种群，种内彼此间可以自由杂交。

物种概念（Species concept）

一种科学定义物种的方法。

亚种（Subspecies）

存在于同一物种内的分化形态，通常在地理上彼此分离。是物种形成过程的中间步骤。

分类单元（Taxon，**复数为** taxa）

生物分类中的一组——参见“分支”，但通常是符合经典分类学指定类别的一组，如一个物种、一个属或一个科。

分类法（Taxonomy，**亦称** Classification）

给生物体命名，并根据其生物性状将它们归入包含型等级系统的科学。

译名对照表

A

Acoelomorpha　无腔动物门
adaptive radiation　适应性辐射
aerobic respiration　有氧呼吸
Afrotheria　非洲兽总目
Albinism　白化病
Aldabra giant tortoises　阿尔达布拉象龟
Aldabra rails　阿岛秧鸡
algae　藻类
alleles　等位基因
amino acids　氨基酸
ammonia　氨
ammonites　菊石
Amur leopards　远东豹
anaerobic respiration　无氧呼吸
Angolan giraffes　安哥拉长颈鹿
Annelida　环节动物
Anomalocaris　奇虾
Arber, Werner　沃纳·阿伯
Archaea　古细菌
Archaeocyatha　古杯动物门
Aristotle　亚里士多德
arthropods　节肢动物
artificial intelligence　人工智能
artificial life　人工生命
artificial meat　人造肉
artificial selection　人工选择
asexual reproduction　无性繁殖
Australopithecus　南方古猿

B

bacteria　细菌
Belyaev, Dmitry　德米特里·别利亚耶夫
Bengal cats　孟加拉猫
biodiversity　生物多样性
Biological Species Concept (BSC)　生物种概念
bipedalism　两足动物
bivalves　双壳类
blue-green algae　蓝藻
bovine spongiform encephalopathy (BSE)　疯牛病
Boyer, Herbert　赫伯特·博耶
Brains　大脑
David, Brown　戴维·布朗
Burgess Shale　伯吉斯页岩

C

Caenorhabditis elegans　秀丽隐杆线虫
Californian condors　加州神鹫
Cambrian period　寒武纪
capsid　衣壳
captive breeding　人工繁殖
carbohydrates　碳水化合物
carbon　碳
carbon dioxide　二氧化碳
carbon monoxide　一氧化碳
Carboniferous period　石炭纪
Carolina parakeets　卡罗来纳鹦哥
cats　猫
Cavalier-Smith, Thomas　托马斯·卡瓦利

尔-史密斯
cave fish 洞穴鱼
cell division 细胞分裂
cellular organization 细胞组织
cephalopods 头足类
Chatham Island black robins 查岛鸲鹟
chemosynthesis 化能合成
Chimpanzee-Human Last Common Ancestor (CHLCA) 黑猩猩-人类最后共同祖先
chlorophyll 叶绿素
chloroplasts 叶绿体
Chordata 脊索动物
Chromista 管毛生物界
chromosomes 染色体
cilia 纤毛
cinnamon fern 桂皮紫萁
cirri 腕
clades 类别
class 纲
climate change 气候变化
clones 克隆
Cnidaria 刺胞动物门
coelacanths 腔棘鱼
Cohen, Stanley 斯坦利·科恩
collagen 胶原蛋白
computer simulations 计算机模拟
convergent evolution 趋同进化
Copeland, Herbert F 赫伯特·F. 考柏兰
Covid-19 新型冠状病毒肺炎
crabeater seals 锯齿海豹
Cretaceous period 白垩纪
crop pests 农作物害虫
cyanobacteria 蓝藻
cybernetics 控制论
cytoplasm 细胞质

D

Darwin, Charles 查尔斯·达尔文
Darwin's finches 达尔文雀
Delfly drones 代尔夫特无人机
Denisovans 丹尼索瓦人
diatoms 硅藻
dinosaurs 恐龙
DNA (deoxyribonucleic acid) 脱氧核糖核酸
dodos 渡渡鸟
dogs 狗
Dolly the sheep 多莉羊
domains 域
domesticated species 驯化物种
downy woodpeckers 绒啄木鸟
dusky seaside sparrows 海滨灰雀
dwarfism 侏儒症

E

Ebola virus 埃博拉病毒
Echinodermata 棘皮动物门
EDGE of Existence project “生存边缘”项目
electro-encephalogram (EEG) 脑电图
electron microscopy 电子显微镜
electrons 电子
environmental changes 环境变化
epigenetics 表观遗传学
erosion 侵蚀
eugenics 优生学
eukaryotes 真核生物
evolution 进化
Evolutionarily Significant Unit (ESU) 进化显著单元
Evolutionary Species Concept 进化物种概念

extinction　灭绝

F

family　科
fatal insomnia　致命性失眠
ferns　蕨类植物
fertilization　受精
fish　鱼
flagellum　鞭毛
flight　翼展
flowerpiercers　刺花鸟
flowers　花朵
fossa　马岛獴
fossil fuels　化石燃料
fossils　化石
founder effect　创始人效应
fungi　真菌

G

Galápagos giant tortoises　加拉帕戈斯象龟
Galápagos islands　加拉帕戈斯群岛
Galápagos mockingbirds　加拉帕戈斯嘲鸫
gemmules　胚芽
Gene Pool　“基因池”
genetic diversity　基因多样性
genetic drift　遗传漂变
genetic engineering　基因工程
genetics　遗传
genotype　基因型
genus　属
gigantism　巨人症
giraffes　长颈鹿
glass sponges　六放海绵
glaucous-winged gulls　灰翅鸥
Global Wildlife Conservation　世界野生动物保护协会
glycine　谷氨酸
goldfinches　红额金翅雀
gorgeted pufflegs　饰颈毛腿蜂鸟
Gould, John　约翰·古尔德
gray wolves　灰狼
great apes　大猩猩
Great Oxidation Event　大氧化事件
greenfinches　欧金翅雀
Groves, Colin　科林·格罗夫斯
growth　增长
Grubb, Peter　彼得·格拉布
gymnosperms　裸子植物

H

Haeckel, Ernst　恩斯特·海克尔
hairy woodpeckers　长嘴啄木鸟
Hallucigenia　怪诞虫
Hassanin, Alexandre　亚历山大·哈桑宁
hepatitis B virus　乙型肝炎病毒
hermaphrodites　雌雄同株
Hibiscadelphus woodii　光叶岳槿
Holocene (sixth) mass extinction　全新世（第六次）大灭绝
homeostasis　体内稳态
Homo erectus　直立人
Homo florensiensis　弗洛勒斯人
Homo habilis　能人
Homo heidelbergensis　海德堡人
Homo neanderthalis　尼安德特人
honeycreepers　旋蜜雀
Hood island tortoises　小西班牙岛象龟
humans　人类
genetic bottleneck　遗传瓶颈
hybridization　杂交
hydrogen atoms　氢原子

hydrothermal vents　热液喷口
Hyolithida　软舌螺目
hyponome　漏斗

I

Iberian lynx　伊比利亚猞猁
immune response　免疫反应
in vitro fertilization　体外受精
inbreeding depression　近交衰退
insects　昆虫
invasive species　入侵物种
island dwarfism　岛屿侏儒症
island ecosystems　岛屿生态系统
island gigantism　岛屿巨人症
island species　岛屿物种
IUCN　世界自然保护联盟

J

Johanson, Donald　唐纳德·约翰逊

K

kingdoms　界
Koboyashi, Kensei　小林健成
Kordofan giraffes　科尔多凡长颈鹿

L

Lamarck, Jean-Baptiste　让-巴蒂斯特·拉马克
Lamarckism　拉马克主义
landmasses　陆地
Lazarus species　拉撒路物种
Linnaeus, Carl　卡尔·林奈
lions　狮子
living fossils　活化石
longshore drift　沿滨泥沙流
Lord Howe Island　豪勋爵岛
Lord Howe Island stick insects　豪勋爵岛竹节虫
Lord Howe woodhens　豪岛秧鸡
lost species　消失物种

M

Manx shearwaters　大西洋鹱
marsupials　有袋动物
Masai giraffes　马赛长颈鹿
mass extinctions　大灭绝
Mayr, Ernst　恩斯特·迈尔
melanin　黑色素
Merrit Island　梅里特岛
mesohyl (or mesoglea)　中质层
messenger RNA　信使RNA
metabolism　新陈代谢
methane　甲烷
methyl tagging　甲基标记
Miller, Stanley　斯坦利·米勒
mitochondria　线粒体
mitochondrial DNA　线粒体DNA
Mollusca　软体动物门
monkeys　猴子
Musk, Elon　埃隆·马斯克
mutations　突变

N

natural selection　自然选择
nautiluses　鹦鹉螺
Neanderthal man　尼安德特人
nematode worms　线虫
nested hierarchies　包含型等级系统
Neuralink　神经链接公司
neutrons　中子

Niche: A Genetics Survival Game 生态位：遗传学生存游戏
niches 生态位
nitrogen 氮气
norovirus 诺如病毒
Nubian giraffes 努比亚长颈鹿
nucleic acids 核酸
nucleotides 核苷酸

O

okapi 獾㹢狓
Olympic gulls 奥林匹克鸥
Opabinia 欧巴宾海蝎
OpenWorm project “开放蠕虫”项目
order 目
oxbow lakes 牛轭湖
oxygen 氧气

P

pandoraviruses 潘多拉病毒
pangolins 穿山甲
paralysis 瘫痪
passenger pigeons 旅鸽
permineralization 矿化
phasmids 竹节虫目
Phenetic Species Concept 表型物种概念
phenotype 表型
phloem 韧皮部
photosynthesis 光合作用
phyla 门
Phylogenetic Species Concept (PSC) 系统发育种概念
phylogeny 系统发育
Piltdown Man 皮尔当人
Pinta island tortoises 平塔岛象龟
placental mammals 胎盘类哺乳动物
pollination 授粉
pollution 污染
prions 朊病毒
prokaryotes 原核生物
protein 蛋白质
Protista 原生生物界
protons 质子
protozoa 原生动物
pubic louse 阴虱

R

radiometric dating 辐射定年法
rats 老鼠
recurrent laryngeal nerve 喉返神经
Reinhardt, Johannes 约翰·莱因哈特
reproduction 繁殖
reptiles 爬行动物
respiration 呼吸
reticulated giraffes 网纹长颈鹿
ribosomes 核糖体
Ridley, Mark 马克·里德利
RNA (ribonucleic acid) 核糖核酸
RNA World RNA世界
robotics 机器人学
Rothschild's giraffe 罗氏长颈鹿
Ryder, Oliver 奥利弗·赖德

S

Saint Bathans mammal 圣巴森斯哺乳动物
Savery, Roelant 罗兰特·萨弗里
Scottish wildcats 苏格兰野猫
Scott's seaside sparrows 斯氏海滨沙鸦
serotonin 血清素
sex chromosomes 性染色体
sexual reproduction 有性生殖

Seychelles giant tortoises　塞舌尔象龟
silica　二氧化硅
silicon　硅
silver foxes　银狐
Sir David's long-beaked echidnas　爱氏长喙针鼹
Sivatherium　西瓦鹿
solar cells　太阳能电池
South African giraffes　南非长颈鹿
speciation　物种形成
species　物种
sponges　海绵
stick insects　竹节虫
stimuli response　刺激反应
storm petrels　暴风海燕
subspecies　亚种

T

T-cells　T 细胞
tanagers　唐纳雀
Tardigrada　缓步动物门
Tasmanian masked-owls　塔斯马尼亚草鸮
Tasmanian tigers　塔斯马尼亚虎
Taylor, I.　I. 泰勒
tenrecs　马岛猬
Thornicroft's giraffes　赞比亚长颈鹿
Thraupidae　裸鼻雀科
thylacines　袋狼
tortoises, giant　象龟
Tribrachidium heraldicum　三星盘虫
Trilobozoa　三叶虫
tubeworms　管虫
Turing test　图灵测试
tyrosinase　酪氨酸酶

U

Urey, Harold　哈罗德·尤里

V

vampire ground finches　吸血地雀
variant Creutzfeldt-Jakob disease (vCJD)　变异型克雅氏病
Ventrella, Jeffrey　杰弗里·文特雷拉
virions　病毒粒子
viroids　类病毒
viruses　病毒
Volcán Wolf giant tortoises　沃尔夫火山象龟

W

West African giraffes　西非长颈鹿
western gulls　西美鸥
wheat　小麦
white-throated rails　白喉秧鸡
Whittaker, Robert　罗伯特·魏泰克
wolves　狼
woodpecker finches　拟䴕树雀
World War II　第二次世界大战

X

xylem　木质部

Y

Yangtze giant softshell turtles　斑鳖